国家出版基金项目
NATIONAL PUBLICATION FOUNDATION

中国草原保护与牧场利用丛书

（汉蒙双语版）

名誉主编　任继周

青贮玉米种植与利用技术

陶　雅　娜日苏　其力莫格

著

上海科学技术出版社

图书在版编目（CIP）数据

青贮玉米种植与利用技术 / 陶雅，娜日苏，其力莫格著. -- 上海 : 上海科学技术出版社，2021.1
（中国草原保护与牧场利用丛书 : 汉蒙双语版）
ISBN 978-7-5478-5034-3

Ⅰ. ①青… Ⅱ. ①陶… ②娜… ③其… Ⅲ. ①青贮玉米－栽培技术－汉、蒙 Ⅳ. ①S513

中国版本图书馆CIP数据核字(2020)第137239号

中国草原保护与牧场利用丛书(汉蒙双语版)

青贮玉米种植与利用技术

陶　雅　娜日苏　其力莫格　著

上海世纪出版(集团)有限公司
上　海　科　学　技　术　出　版　社　出版、发行
(上海钦州南路71号　邮政编码200235　www. sstp. cn)
上海中华商务联合印刷有限公司印刷
开本 787×1092　1/16　印张 13.5
字数 220千字
2021年1月第1版　2021年1月第1次印刷
ISBN 978-7-5478-5034-3 / S · 202
定价: 80.00元

序

“中国草原保护与牧场利用丛书（汉蒙双语版）”很有特色，令人眼前一亮。

这是一套朴实无华，尊重自然，贴近生产，心里装着牧民和草原生态系统的小智库。该套丛书采用汉蒙两种语言表达了编著者对草原的理解和关怀。这是我国新一代草地科学工作者的青春足迹，弥足珍贵。它记录了编著者的忠诚心志和科学素养，彰显了对草原生态系统整体关怀的现代农业伦理观。

我国是个草原大国，各类天然草原近4亿公顷，约占陆地面积的40%以上，为森林面积的2.5倍、耕地面积的3.2倍，是我国面积最大的陆地生态系统。草原不仅是我国陆地的生态屏障，也是草原与它所养育的牧业民族所共同铸造的草原文明的载体。这是无私的自然留给中华民族的宝贵遗产。我们应清醒地认知，内蒙古草原，尤其是呼伦贝尔草原是欧亚大草原仅存的一角，是自然的、历史的遗产。

这里原本是生草土发育良好，草地丰茂，畜群如云，居民硕壮，万古长青的草地生态系统，人类文明的重要组分，是中华民族获得新鲜活力的源头之一。但是由于农业伦理观缺失的历史背景，先后被农耕生态系统和工业生态系统长期、不断地入侵和干扰，草原生态系统的健康遭受破坏，变为“生态脆弱区”。

目前大国崛起的形势已经到来，我们对草原的科学保护、合理利用、复壮草原生态系统势在必行。党的十九届四中全会提出“坚持和完善生态文明制度体系，促进人与自然和谐共生”。保护好草原，建设好草原生态文明，就是关系边疆各族人民生产、生活和生态环境永续发展，维护草原文化摇篮的千年大计。必须坚持保护优先、自然恢复为主，科技先行、多种措施并举，坚定走生产发展、生活富裕、生态良好的草原发展道路。

目前，草原科学新理念、新技术、新成果多以汉文材料为主，草原牧民汉语识别能力较弱，增加了在少数民族牧民中推广的难度。为此，该套丛书采用汉蒙双语对照，图文并茂，以便牧区广大群众看得懂、学得会和用得上，广泛推广最新研究成果，促进农牧民对汉字的识别能力。

该套丛书涵盖了草原保护与利用、栽培草地建植与管理等实用技术与原理，贯彻最新中央精神，可满足全国高校院所、农业、林业和草业部门对草牧业教材和乡村振兴战略读本的迫切需求。该套丛书的出版，可为恢复“风吹草低见牛羊”的富饶壮美的草原画卷提供有力支撑。

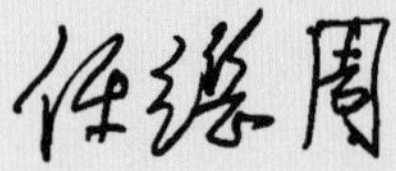

序于涵虚草舍，2019年初冬

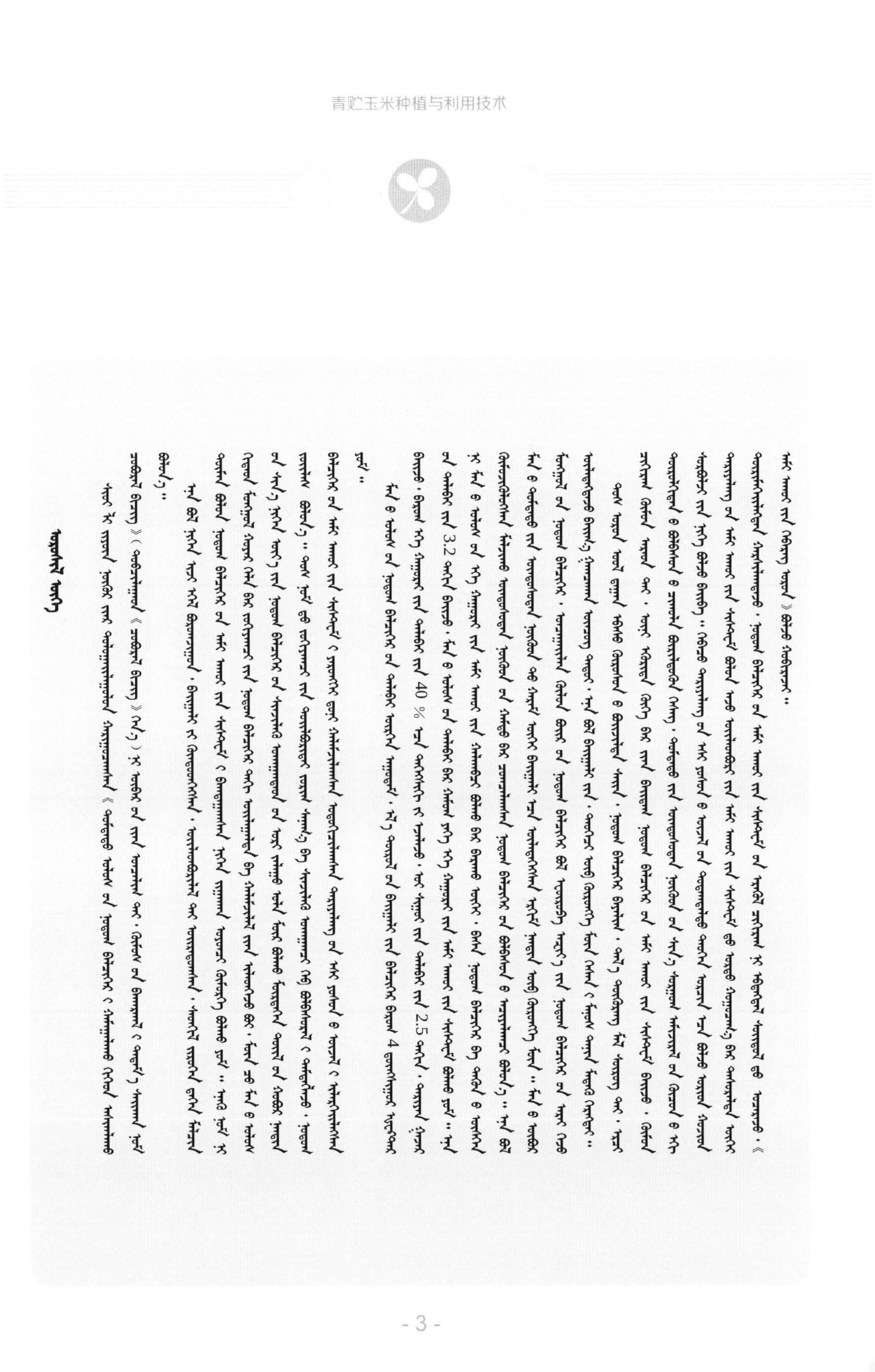

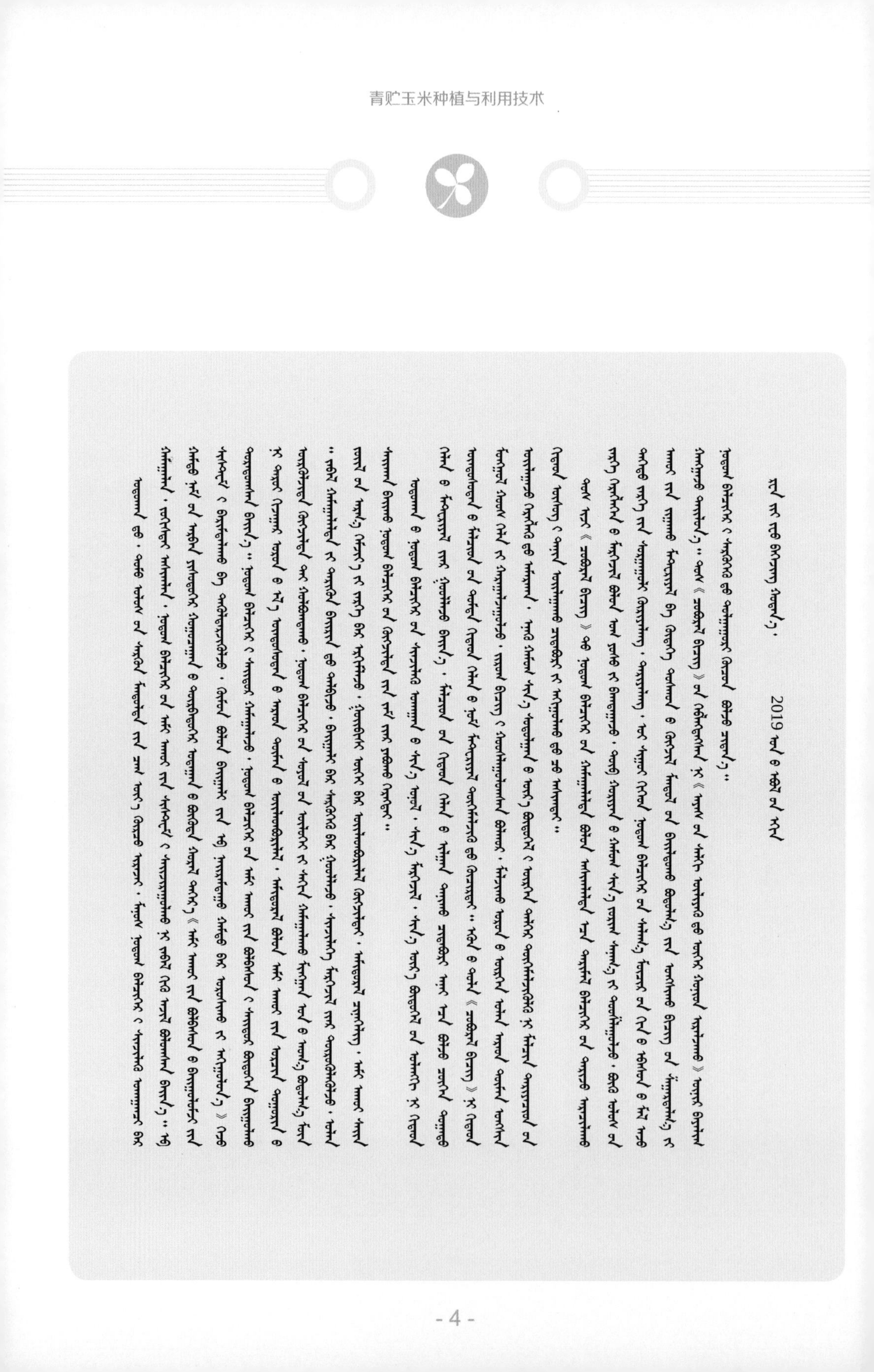

[illegible] 2019 [illegible]

[illegible] ᠃

[illegible] ᠃

[illegible] ᠃

[illegible] ᠃

[illegible]

前／言

我国人口众多、人均耕地面积少等国情决定了农业政策的重点一直是粮食作物。受到传统观念的束缚以及机械设备的不足等原因，青贮玉米事业发展缓慢。

2015年，由农业农村部提出开展“粮改饲”农业改革政策，大力推动了我国青贮玉米种植产业的发展。“粮改饲”政策的目的在于优化种植结构，优化草食家畜的粗饲料供给结构，特别是奶牛的粗饲料供给结构，使耕地出现培肥地力的效果。该政策实施的重点就是调整玉米种植结构，大规模发展适应肉牛、肉羊、奶牛等草食畜牧业需求的青贮玉米。但是，关于青贮玉米种植、利用与品种方面的读物较缺乏，尤其广大农牧民所得到的信息不连贯，不成体系。

针对目前适宜内蒙古农牧业一线上的蒙古族的蒙古文实用技术读物较少的现实情况，为响应时代的需求，同时考虑到少数民族地区农牧业发展的需要，我们组织撰写了《青贮玉米种植与利用技术》（汉蒙双语版）一书。书中内容除了关于青贮玉米的品种、栽培技术等知识之外，在加工利用方面增加了最新技术等方面的内容，考虑到农牧民对机械设备的要求，也安排相应篇幅进行了介绍。

本书内容编写工作如下：第一章至第四章陶雅，第五章娜日苏，第六章娜日苏、温馨，第七章陶雅、马程；蒙文部分第一章、第二章娜日苏，第三章至第六章其力莫格，第七章苏亚拉图。

本书在撰写过程中，中国农业科学院草原研究所孙启忠教授、中国农业大学的玉柱教授提出了宝贵的建议并提供部分图片。书中有少部分图片来源于有关网站或企业宣传资料，这里一并表示感谢。

由于内容涉及领域广，作者水平有限，书中错误或不足之处请广大读者指正。

娜日苏

2020年6月

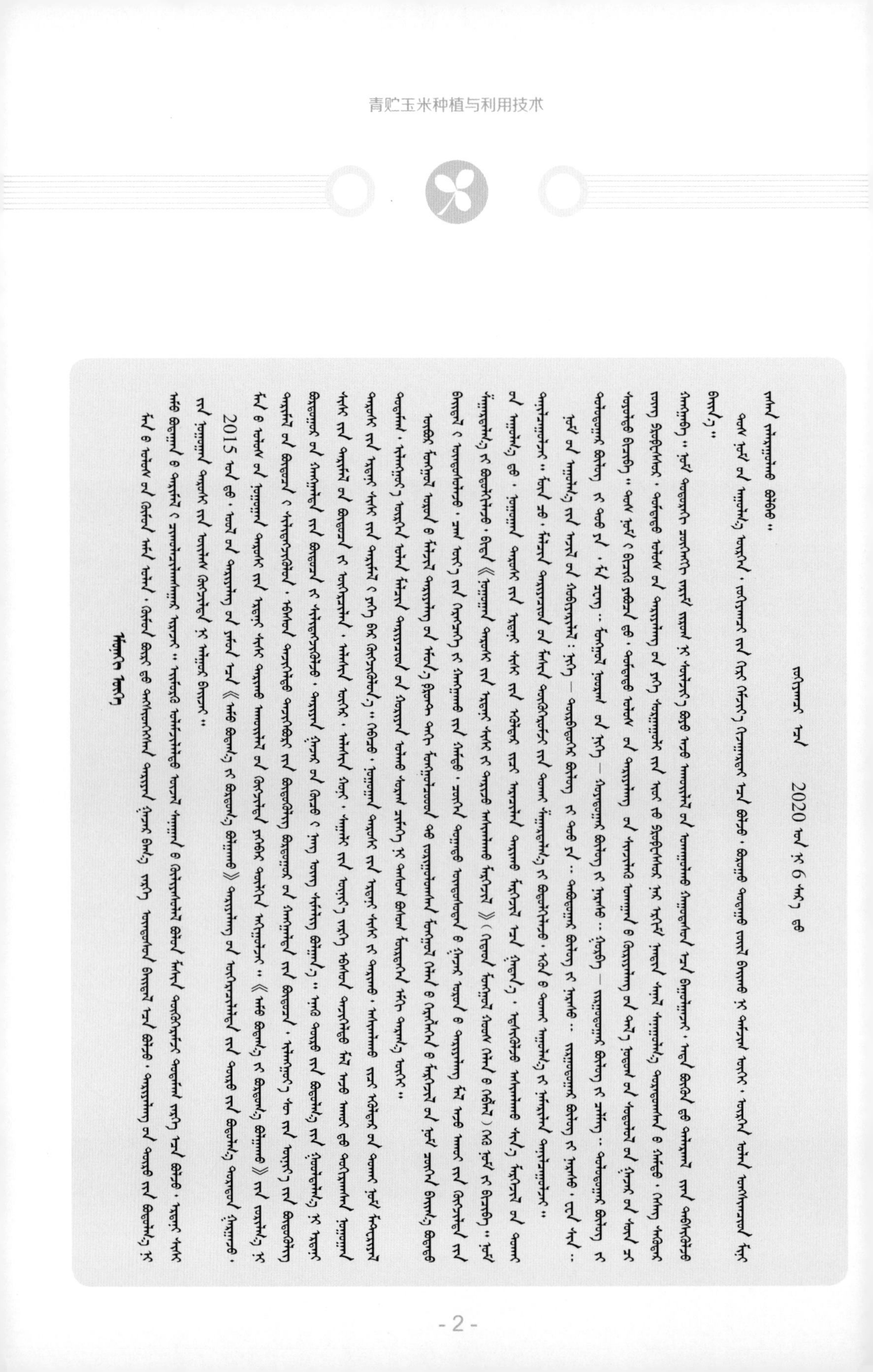

[illegible]

目 / 录

ᠭᠠᠷᠴᠠᠭ

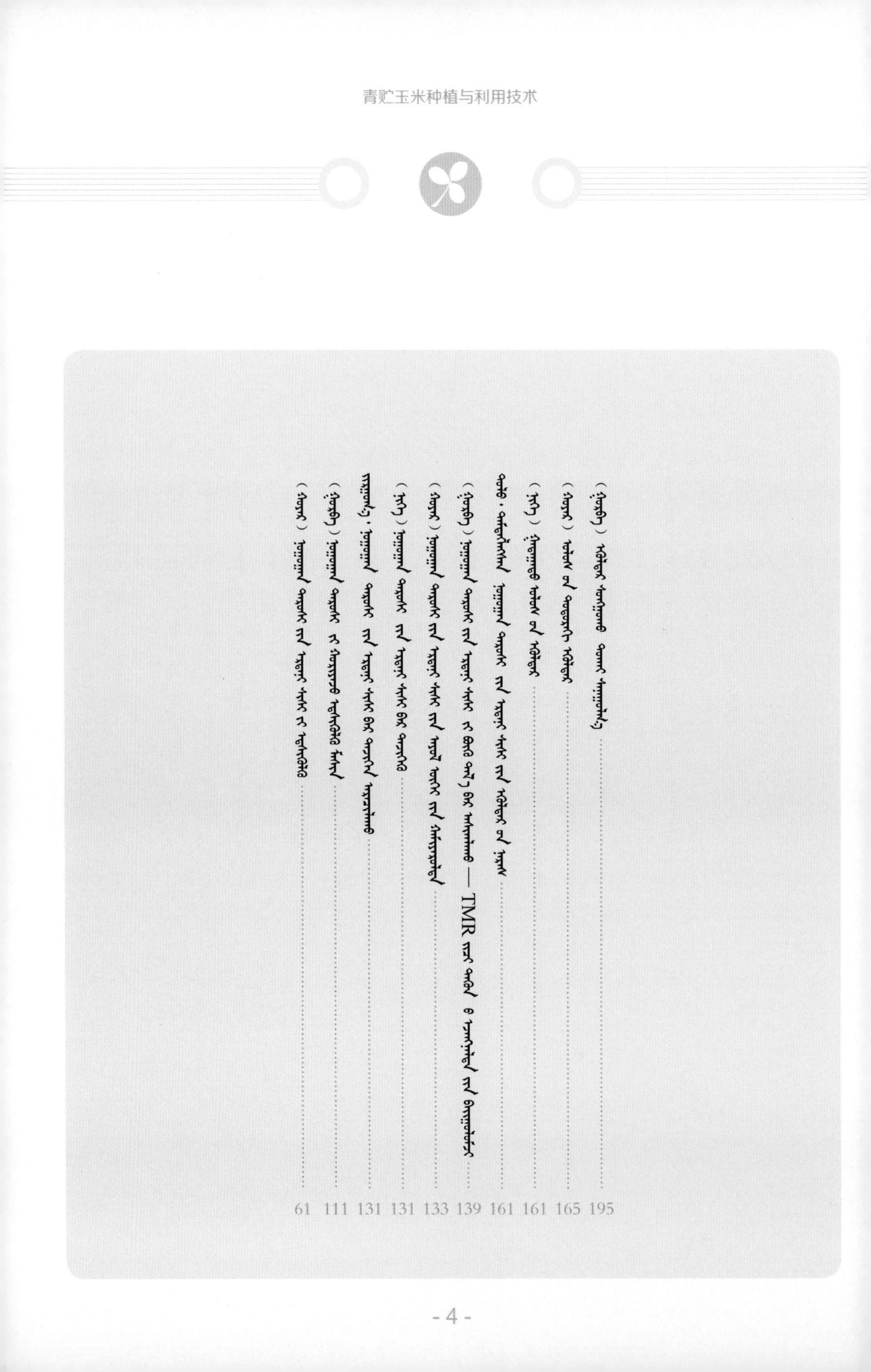

（汉蒙双语版）

青贮玉米种植与利用技术

一、概　述

（一）青贮玉米及其种类

玉米（*Zea mays* L.）是禾本科玉蜀黍属一年生草本植物。原产于中南美洲。玉米植株高大、茎强壮、叶丰富、籽实产量多，是重要的粮食作物和饲料作物，也是全世界总产量最高的农作物。现在世界各地均有栽培，其中栽培面积最多的是美国、中国、巴西、墨西哥、南非、印度和罗马尼亚。

青贮玉米，是指在适宜收获期内收获包括果穗在内的全部地上绿色植株，经切碎、加工，并用青贮发酵的方法来制作青贮饲料以饲喂牛、羊等为主的草食性家畜的一种玉米。与一般籽粒玉米相比，青贮玉米具有生物产量高、纤维品质好、持绿性好、干物质和水分含量适宜用厌氧发酵的方法进行封闭青贮的特点。

青贮玉米分为三种类型：青贮专用玉米、粮饲兼用玉米和粮饲通用玉米。青贮专用玉米是指只适合青贮的玉米品种，在乳熟期至蜡熟期内，收获包括果穗在内的地上部分，然后调制成青贮饲料的玉米品种；粮饲兼用玉米是指在成熟期先收获玉米籽粒，然后再收获青绿的茎叶青贮；粮饲通用玉米是指在籽料成熟后先收获籽粒，或者在乳熟期至蜡熟期收获地上整株制作青贮料。

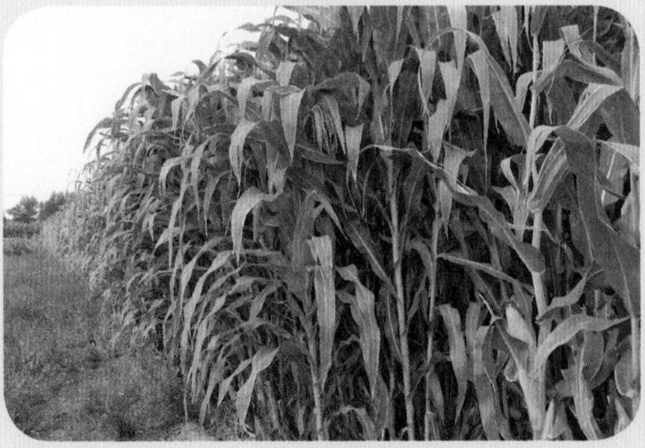

青贮玉米植株

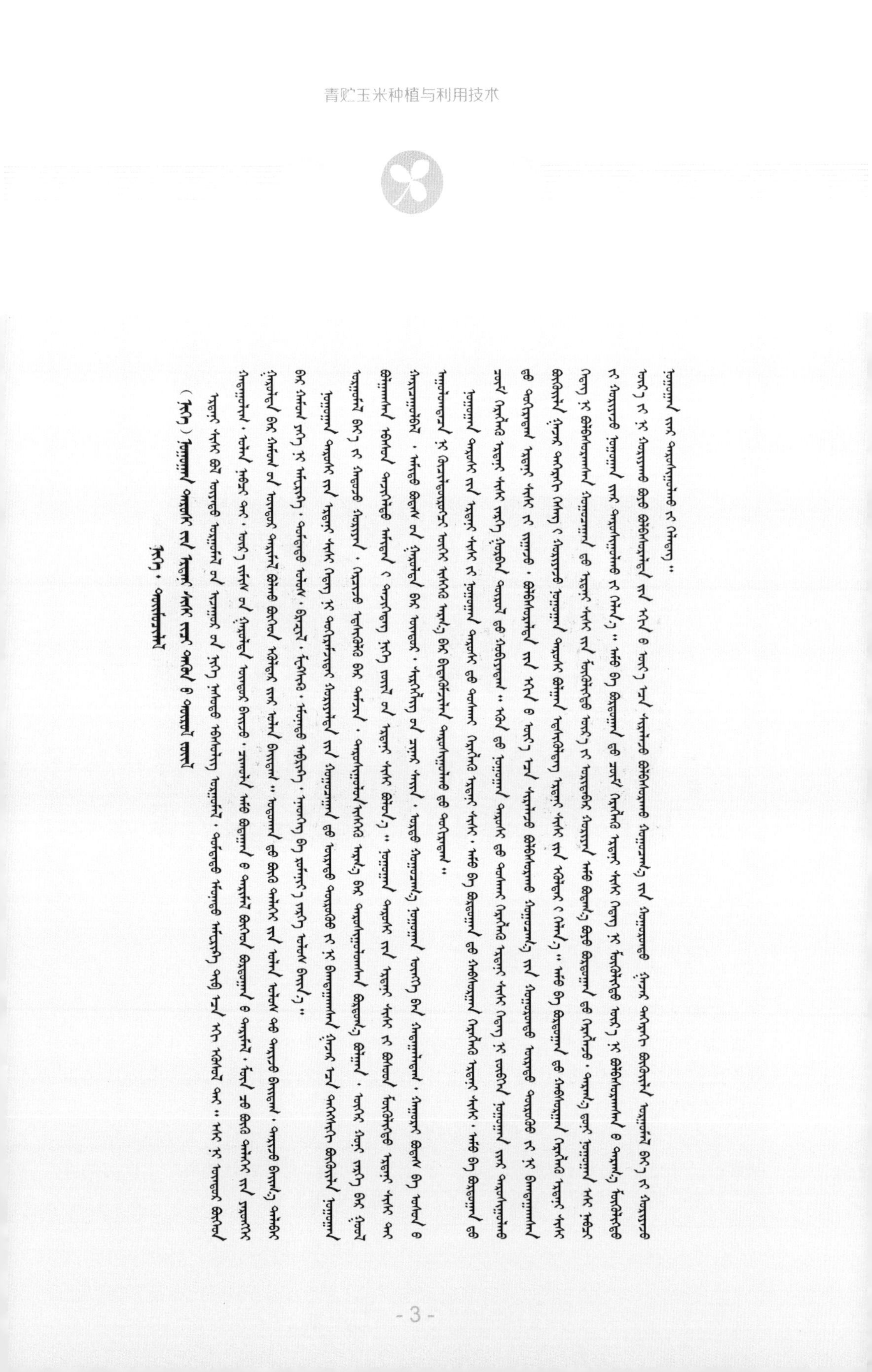

[illegible]

可见，青贮玉米是全部或部分用于饲喂草食家畜的，是饲用植物；还有，不仅玉米果穗，而且地上的茎叶等部分全部利用了，是非常经济的一种作物；主要利用方式为青贮。

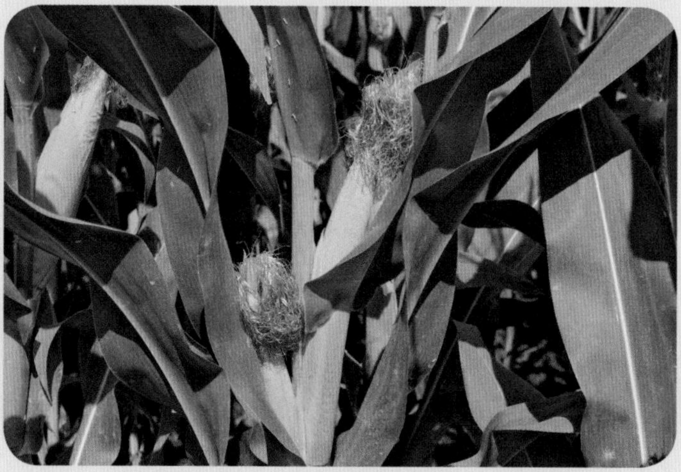

青贮玉米果穗

（二）青贮的起源和发展

纵观世界，青贮利用历史悠久，可追溯到几千年前。从古代埃及壁画推测，公元前3 000年人类已经有了类似于今天青贮的调制技术。但是，作为饲草的贮藏方法被大众所认识和利用，以及相关的实验和调制利用技术的系统发展是19世纪后半叶以后的事了。

玉米的利用，最初人们把玉米果穗摘下后用其茎叶做青贮。玉米茎叶适合调制青贮，几乎不用任何添加剂，水分含量恰当的时候密封好就能够产生良好的发酵。后来，茎叶连果穗一起青贮，就诞生了青贮专用玉米。

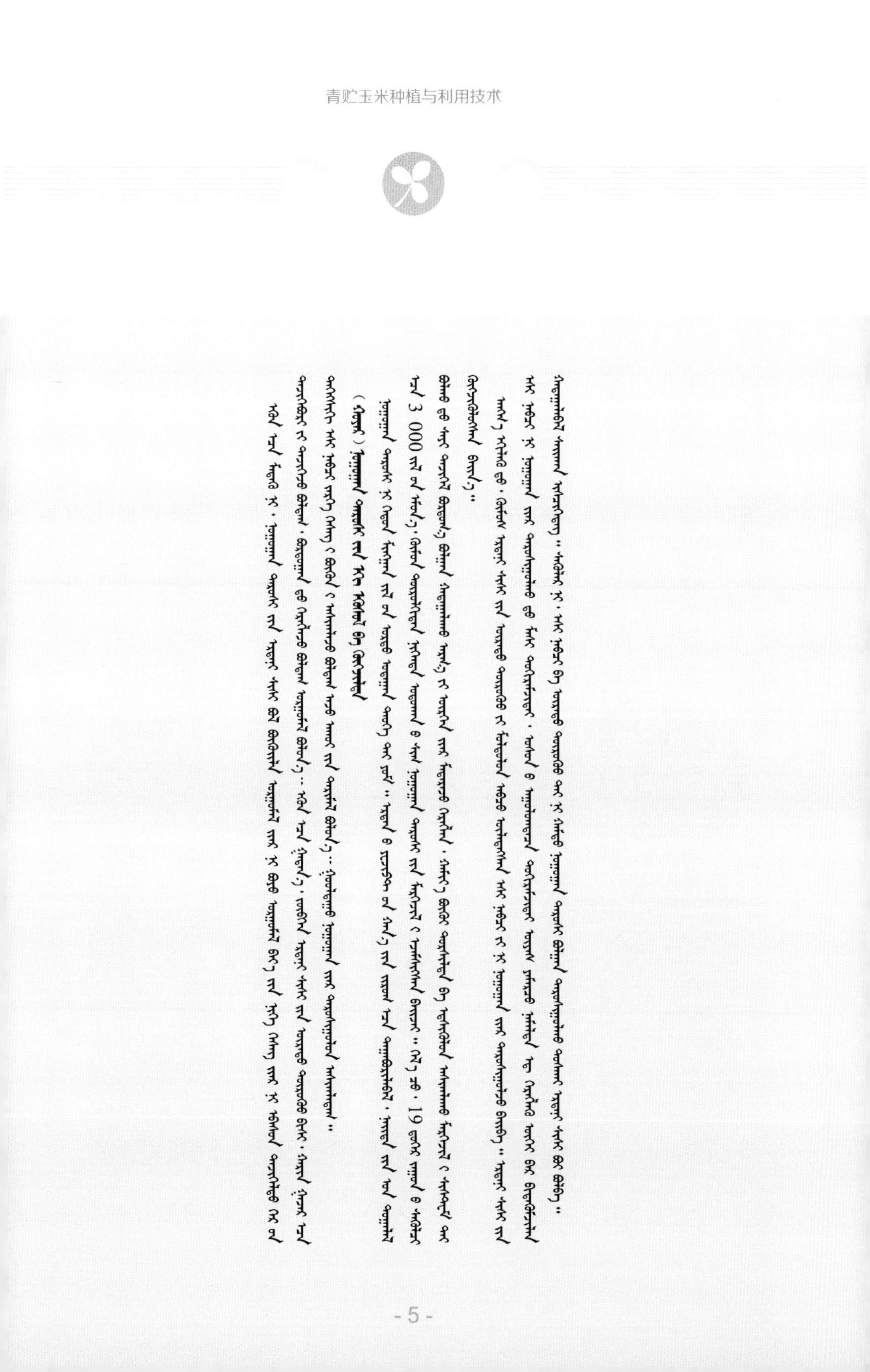

在欧美等畜牧业发达国家，青贮玉米的利用已有上百年。特别是奶牛、肉牛、奶羊和肉羊等产业发达的国家，都大量种植青贮玉米。以美国为例，2015～2017年每年收获的青贮玉米面积为350万hm^2左右，在玉米总面积中占7%以上；每年产全株青贮玉米量1 250亿kg以上。同期，欧洲青贮玉米种植面积约615万hm^2，占玉米总面积的42%。其中，德国的青贮玉米种植面积占玉米总面积的85%；法国的青贮玉米种植面积占玉米总面积的50%以上。日本的青贮调制开始于19世纪80年代，现在奶牛和肉牛饲养业常年利用青贮饲料。可见，青贮利用最普及的国家都是工业发达国家。青贮可以说是工业革命的产物，因为青贮加工利用不仅需要良好的设施设备和机械条件，而且需要精细的工艺流程和管理。

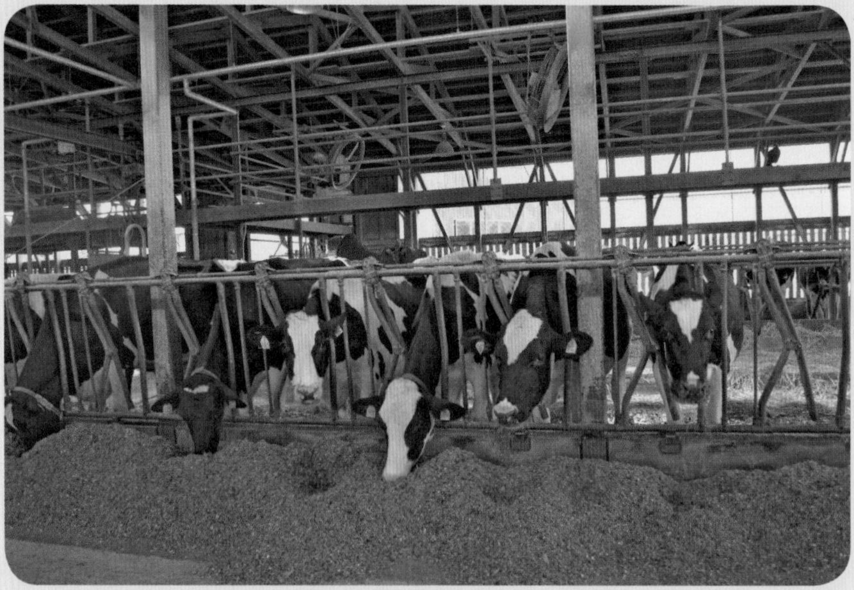

青贮玉米（TMR）的饲喂

ᠬᠡᠷᠡᠭᠯᠡᠭᠡᠨ ᠬᠢᠭᠰᠡᠨ ᠲᠠᠯᠠᠪᠠᠢ ᠶᠢᠨ ᠬᠡᠮᠵᠢᠶ᠎ᠡ ᠨᠢ ᠳᠡᠯᠡᠬᠡᠢ ᠳᠦ ᠨᠢᠭᠡᠳᠦᠭᠡᠷ ᠣᠷᠤᠨ ᠢ ᠡᠵᠡᠯᠡᠵᠡᠢ ᠄ ᠬᠠᠮᠤᠭ ᠤᠨ ᠶᠡᠬᠡ ᠡᠭᠦᠷᠭᠡ ᠪᠠᠷ ᠳᠠᠷᠤᠭᠰᠠᠨ ᠡᠭᠦᠰᠦ ᠶᠢᠨ ᠲᠠᠷᠢᠯᠠᠯᠲᠠ ᠶᠢᠨ ᠬᠡᠮᠵᠢᠶ᠎ᠡ ᠨᠢ ᠵᠢᠯ ᠪᠦᠷᠢ ᠨᠡᠮᠡᠭᠳᠡᠵᠦ᠂ ᠲᠠᠷᠢᠯᠠᠯᠲᠠ ᠶᠢᠨ ᠬᠡᠮᠵᠢᠶ᠎ᠡ ᠨᠢ ᠵᠢᠯ ᠪᠦᠷᠢ ᠶᠡᠬᠡᠰᠴᠦ᠂ ᠬᠡᠮᠵᠢᠶᠡᠨ ᠳᠦ ᠄ ᠬᠤᠷᠢᠶᠠᠭᠤᠯᠪᠠᠯ ᠪᠠᠶᠢᠳᠠᠯ ᠄ 2015 ~2017 ᠣᠨ ᠳᠤ᠂ ᠵᠢᠯ ᠪᠦᠷᠢ 350 ᠲᠦᠮᠡᠨ hm² ᠲᠠᠷᠢᠯᠠᠯᠲᠠ ᠶᠢᠨ ᠬᠡᠮᠵᠢᠶ᠎ᠡ ᠲᠠᠶ ᠦᠨᠡᠨ ᠰᠦᠦ ᠶᠢᠨ ᠦᠬᠡᠷ ᠦᠨ ᠲᠡᠵᠢᠭᠡᠯ ᠦᠨ 7% ᠲᠠᠶ ᠬᠠᠷᠢᠴᠠᠭᠤᠯᠪᠠᠯ ᠄ ᠲᠡᠭᠦᠨ ᠦ ᠲᠡᠵᠢᠭᠡᠯ ᠦᠨ ᠦᠨᠡᠨ ᠰᠦᠦ ᠶᠢᠨ ᠦᠬᠡᠷ ᠦᠨ ᠨᠢᠭᠡ ᠪᠦᠷᠢ ᠳᠦ 1250 ᠺᠢᠯᠣᠭᠷᠠᠮ kg ᠲᠠᠶ ᠬᠠᠷᠢᠴᠠᠭᠤᠯᠪᠠᠯ ᠄ ᠤᠯᠤᠰ ᠤᠨ ᠬᠡᠮᠵᠢᠶᠡᠨ ᠳᠦ ᠲᠠᠷᠢᠯᠠᠯᠲᠠ ᠶᠢᠨ ᠬᠡᠮᠵᠢᠶ᠎ᠡ 615 ᠲᠦᠮᠡᠨ hm² ᠪᠣᠯᠵᠤ᠂ ᠦᠨᠡᠨ ᠰᠦᠦ ᠶᠢᠨ ᠦᠬᠡᠷ ᠦᠨ ᠲᠣᠭ᠎ᠠ ᠲᠤᠯᠭ᠎ᠠ ᠨᠢ 42% ᠢ ᠡᠵᠡᠯᠡᠨ᠎ᠡ ᠄ ᠲᠡᠭᠦᠨ ᠳᠦ᠂ ᠮᠠᠯ ᠤᠨ ᠲᠡᠵᠢᠭᠡᠯ ᠦᠨ ᠬᠡᠮᠵᠢᠶ᠎ᠡ ᠨᠢ 85% ᠢ ᠡᠵᠡᠯᠡᠵᠦ᠂ ᠪᠦᠬᠦ ᠯᠡ ᠲᠠᠷᠢᠯᠠᠯᠲᠠ ᠶᠢᠨ ᠬᠡᠮᠵᠢᠶ᠎ᠡ ᠨᠢ 50% ᠲᠠᠶ ᠬᠠᠷᠢᠴᠠᠭᠤᠯᠪᠠᠯ ᠄ ᠬᠦᠷᠴᠦ ᠪᠠᠶᠢᠨ᠎ᠠ ᠄ ᠲᠡᠷᠡ ᠨᠢ 19 ᠳᠦᠭᠡᠷ ᠵᠠᠭᠤᠨ ᠤ ᠲᠠᠷᠢᠯᠠᠯᠲᠠ ᠪᠠᠷ ᠲᠠᠷᠢᠯᠠᠯᠲᠠ ᠶᠢᠨ ᠬᠡᠮᠵᠢᠶ᠎ᠡ ᠨᠢ ᠡᠷᠲᠡ ᠡᠴᠡ ᠡᠬᠢᠯᠡᠨ ᠨᠡᠮᠡᠭᠳᠡᠭᠰᠡᠭᠡᠷ ᠪᠠᠶᠢᠨ᠎ᠠ ᠄ ᠲᠡᠷᠡ ᠳᠦ᠂ ᠲᠠᠷᠢᠯᠠᠯᠲᠠ ᠶᠢᠨ ᠬᠡᠮᠵᠢᠶ᠎ᠡ ᠨᠢ ᠬᠠᠮᠤᠭ ᠤᠨ ᠶᠡᠬᠡ ᠤᠯᠤᠰ ᠤᠨ ᠨᠢᠭᠡ ᠪᠣᠯᠵᠤ᠂ ᠬᠠᠮᠤᠭ ᠤᠨ ᠶᠡᠬᠡ ᠳᠠᠷᠤᠭᠰᠠᠨ ᠡᠭᠦᠰᠦ ᠶᠢᠨ ᠲᠠᠷᠢᠯᠠᠯᠲᠠ ᠶᠢᠨ ᠰᠢᠨᠵᠢᠯᠡᠬᠦ ᠤᠬᠠᠭᠠᠨ ᠤ ᠬᠦᠭᠵᠢᠯ ᠢ ᠳᠠᠭᠠᠨ ᠪᠠᠷ ᠦᠯᠡᠳᠡᠭᠡᠭᠰᠡᠨ ᠬᠤᠪᠢ ᠶᠢ ᠬᠠᠮᠤᠭ ᠤᠨ ᠡᠮᠦᠨ᠎ᠡ ᠪᠠᠶᠢᠨ᠎ᠠ ::

在我国，关于青贮饲料的最早试验报道见于1944年。新中国成立以后，青贮事业得到真正的推广。20世纪60～80年代，我国的畜牧业科研、生产和管理部门就大力提倡种植和应用青贮玉米，但推广难度很大。主要原因，当时我国缺少专用青贮玉米品种，栽培品种生物产量不高、加工机械配套不完备、调制条件不具备及调制技术不成熟等，制约着青贮栽培面积的扩大。长期以来，青贮玉米品种的种植面积和品质已远远不能满足我国畜牧业发展的需要。

今天，在农业农村部主导的“粮改饲”工作推动下，随着养殖业快速发展，种植青贮玉米进行全株玉米青贮已很普遍。全国的青贮玉米总种植面积逐年增加，种植水平逐年提升。在加工方面，各种规模的养殖场饲草加工机械逐步配套，窖贮、袋贮、裹包青贮的技术和质量普遍提高且得到普及，相关的机械设备不断出现并完善性能，青贮效果都比较好。但是，我国青贮玉米种植业仍处于起步阶段，成效依然显著低于世界上青贮玉米发达国家。在这样的背景下，系统介绍青贮玉米的种植技术，包括加工利用知识、品种特征等，对广大农牧民的生产实践提供前沿信息和指导，具有重要的现实意义。

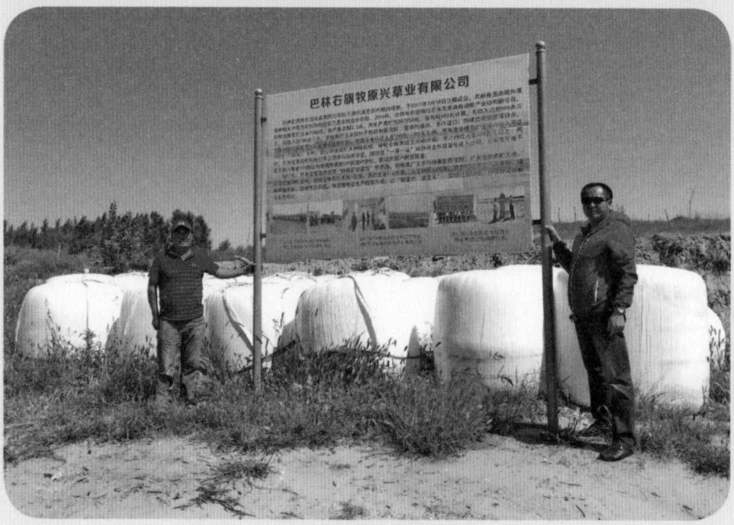

青贮进入牧区

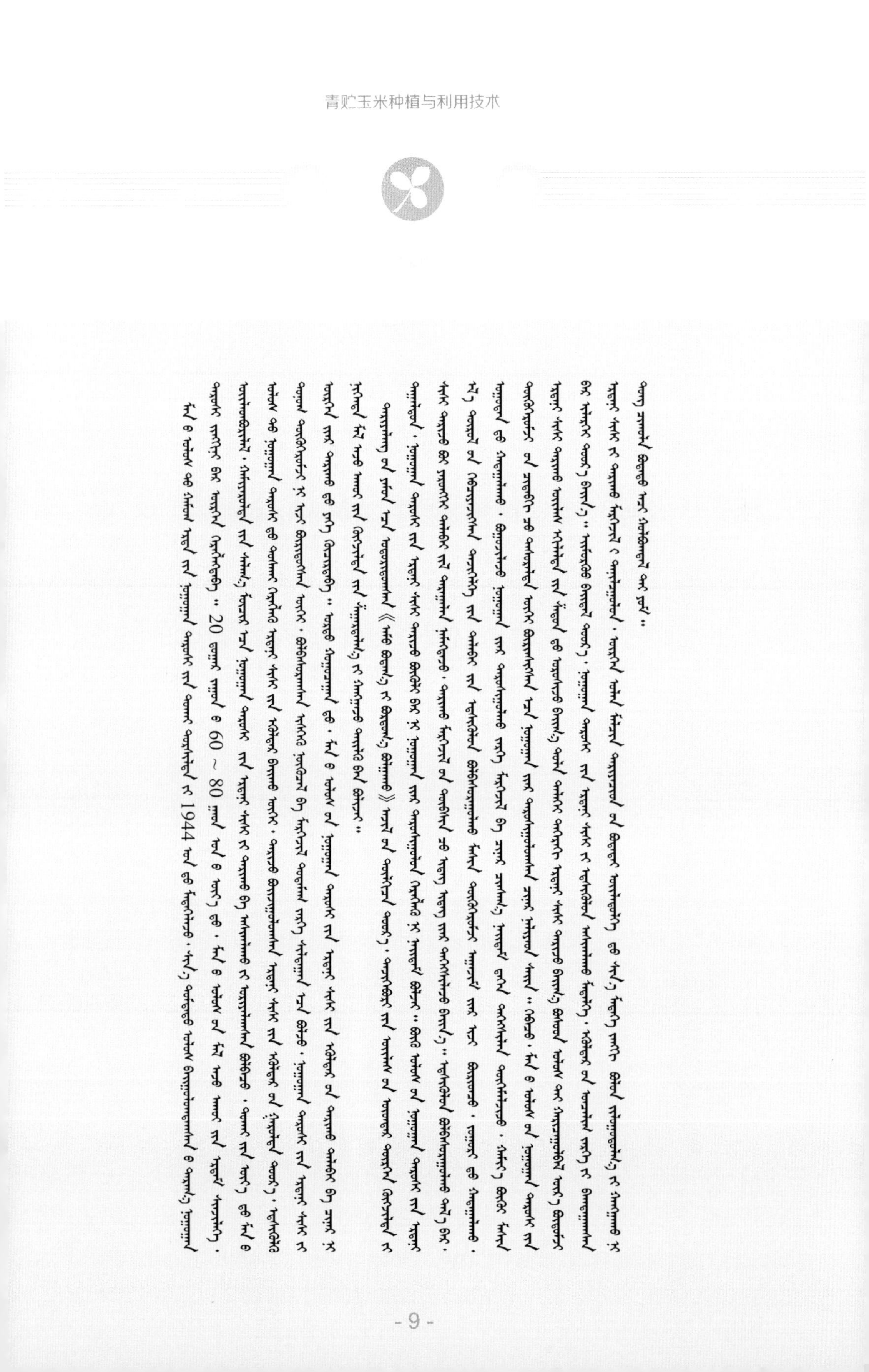

(三)利用青贮玉米的效益

1. 经济效益

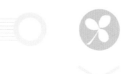

(1)单位面积产量高、经济效益好：青贮玉米植株高大，茎叶繁茂，产量6.5万～8.5万kg/hm^2，具有较高的鲜生物产量。如果换算成饲料单位，青贮玉米达6 750个饲料单位，高于甜菜、苜蓿、饲用大麦、三叶草等，比燕麦籽粒的饲料单位高一倍。每667 m^{2}产值，青贮玉米为700～900元，籽熟玉米为550～750元。所以，种植青贮玉米能够获得明显的经济效益。

(2)饲草品质好，营养价值高：青贮玉米成熟时茎叶仍然青绿，汁液丰富，适口性好，收获时还具有较多的干物质产量。不同品种之间有一定的差异，通常干物质含量达30%～55%，糖分含量12%～18%，粗蛋白含量10%～14%，粗纤维含量6%～10%，粗脂肪含量3%～5%，淀粉含量25%～35%。1 kg青贮玉米的营养价值相当于0.4 kg优质干草。

和其他青贮饲料相比，青贮玉米具有较高的能量和良好的吸收率，易消化，可消化蛋白和钙比燕麦多一倍，胡萝卜素是燕麦的60倍。美国先锋种子公司进行饲养试验表明，用高品质青贮玉米比用普通饲料饲喂肉牛日增重超过8%，饲养效率超过10%。

(3)青贮玉米可以带来更多收益：青贮玉米能大大提高家畜养殖中的肉产量及其品质，对进一步改善人们的膳食营养结构、促进畜牧业的健康快速发展提供更好的保障。陈自胜等早在20年前指出，在土地和耕作条件相对一致的情况下，用青贮玉米饲喂奶牛比籽粒玉米一个泌乳期多盈利978元。将青贮玉米应用于饲料方面，饲料产量为60 000 kg/hm^2，是籽粒玉米的3倍。

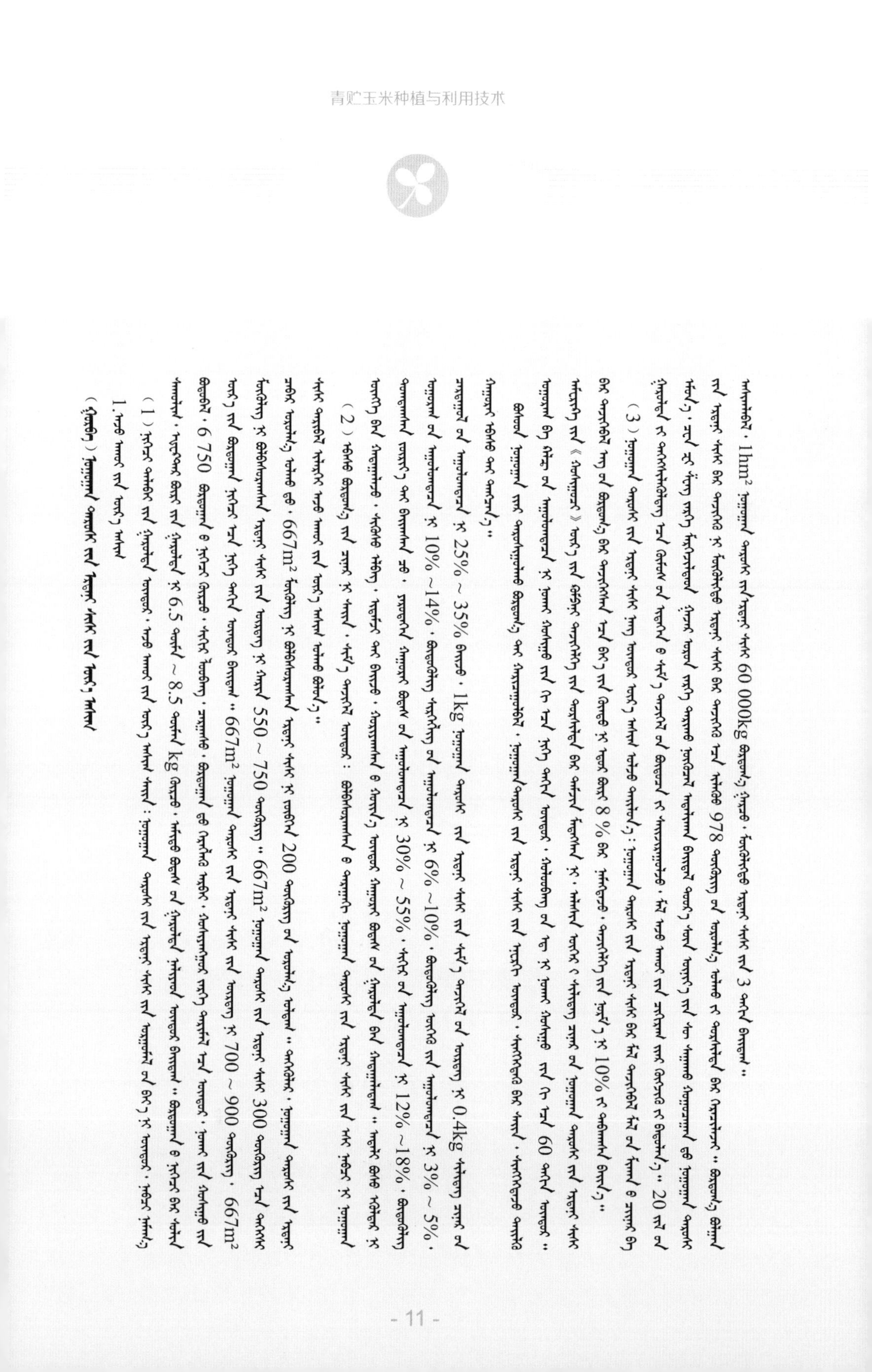

[illegible] · 1hm² [illegible] 60 000kg [illegible] 3 [illegible] ᠃
[illegible] 978 [illegible] ᠃ [illegible] 20 [illegible]

（3）[illegible] : [illegible] 8 % [illegible] 10% [illegible] ᠃
[illegible] 《[illegible]》 [illegible] 60 [illegible] ᠃

[illegible] ᠃

[illegible] 25% ~ 35% [illegible] · 1kg [illegible] 0.4kg [illegible] 10% ~14% · [illegible] 6% ~10% · [illegible] 3% ~ 5% · [illegible] 30% ~ 55% · [illegible] 12% ~18% · [illegible] ᠃

（2）[illegible] : [illegible] ᠃

[illegible] · 667m² [illegible] 200 [illegible] ᠃ [illegible] 550 ~ 750 [illegible] ᠃ 667m² [illegible] 300 [illegible] ᠃ 667m² [illegible] 700 ~ 900 [illegible] · 667m² [illegible] · 6 750 [illegible] 6.5 [illegible] ~ 8.5 [illegible] kg [illegible] ᠃

（1）[illegible] : [illegible]

1. [illegible]

（[illegible]）[illegible]

2. 环境效益

（1）利于环保：随着现代农业的发展，农民多以追求作物的收获目标产量为主要目的，植物茎叶就被随意丢弃甚至焚烧，尤其是玉米等茎叶丰富的作物。这样既造成资源浪费又污染环境。因而发展青贮玉米，不仅可以缓解冬季牧草短缺的危机，而且杜绝了秸秆焚烧带来的大量环境污染，保护了生态环境。

（2）节能节水：省去了农民处理秸秆及饲草加工环节的电能，节约了能源，从根本上改变了过去人们对玉米秸秆处理和饲喂的习惯。每667 m^2青贮玉米产青贮饲料6 000 ～ 8 000 kg，其含水量为60% ～ 70%。与饲喂干饲料相比，每667 m^2青贮玉米制作的青贮饲料可节约淡水4 000 ～ 5 000 kg，对北方干旱地区来说显得至关重要。

（3）改善土壤：青贮玉米为草食家畜的发展提供了良好的粗饲料。从长远看，草食家畜的发展必将增加农田有机肥的施用量，对提高土壤有机质、培肥地力、增加土壤蓄水保肥能力、减少化肥施用量、改良土壤及发展有机农业具有极重要的意义。

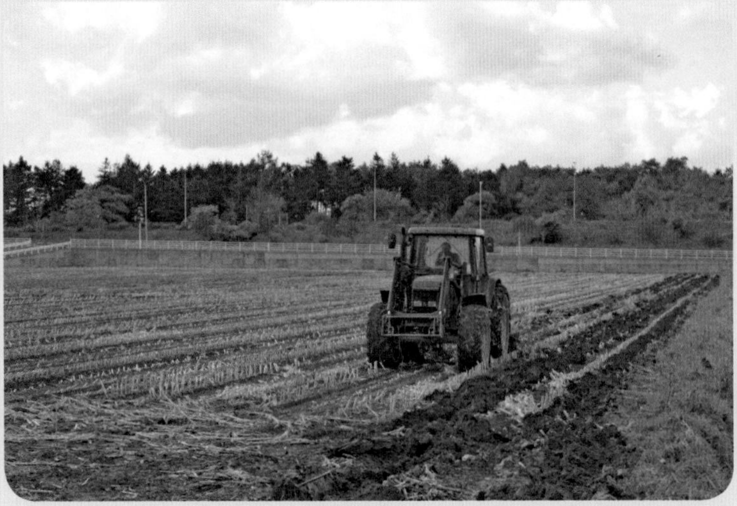

青贮玉米收获之后地下部分归田

（2）ᠲᠠᠷᠢᠬᠤ ᠪᠣᠯ ᠬᠦᠷᠭᠡ ᠶᠢᠨ ᠬᠡᠮᠵᠢᠶ᠎ᠡ᠄ ᠬᠥᠷᠥᠰᠦᠨ ᠳᠦ ᠨᠢᠭᠡ ᠰᠦᠯᠵᠢᠶ᠎ᠡ ᠶᠢᠨ ᠰᠢᠯᠵᠢᠭᠦᠯᠬᠦ ᠪᠡᠷ ᠪᠣᠷᠳᠤᠭᠵᠢᠭᠤᠯᠬᠤ ᠪᠣᠳᠢᠰ ᠤᠨ ᠲᠤᠰ ᠲᠣᠭ᠎ᠠ ᠶᠢ ᠲᠣᠭᠲᠠᠭᠠᠬᠤ ᠳᠤ ᠵᠣᠬᠢᠰᠲᠠᠢ ᠰᠢᠯᠵᠢᠭᠦᠯᠬᠦ ᠂ ᠪᠣᠷᠳᠤᠭ ᠤᠨ ᠮᠥᠩᠭᠦᠨ ᠳᠦ ᠨᠢᠭᠡ ᠰᠦᠯᠵᠢᠶ᠎ᠡ ᠶᠢᠨ ᠬᠤᠪᠢ ᠶᠢ ᠲᠣᠭᠲᠠᠭᠠᠬᠤ ᠪᠠ ᠰᠢᠯᠵᠢᠭᠦᠯᠬᠦ ᠶᠢ ᠡᠷᠬᠢᠮᠯᠡᠨ᠎ᠡ ᠃ 667 m² ᠲᠠᠯᠠᠪᠠᠢ ᠭᠠᠵᠠᠷ ᠲᠤ ᠨᠣᠭᠣᠭᠠᠨ ᠪᠣᠶ᠋ᠣ ᠶᠢᠨ ᠪᠦᠲᠦᠭᠡᠭᠳᠡᠬᠦᠨ 4 000 ~ 5 000kg ᠬᠦᠷᠬᠦ ᠲᠤᠯ ᠮᠠᠰᠢ ᠠᠮᠤᠷᠬᠠᠨ ᠂ ᠦᠨᠡᠨ ᠢ ᠨᠣᠭᠣᠭᠠᠨ ᠪᠣᠶ᠋ᠣ ᠶᠢᠨ 6 000 ~ 8 000 kg ᠲᠠᠯᠠᠪᠠᠢ ᠪᠣᠯᠤᠨ᠎ᠠ ᠂ ᠬᠤᠪᠢ ᠪᠠ ᠲᠣᠭ᠎ᠠ ᠪᠠ ᠬᠠᠮᠲᠤ ᠶᠢᠨ 60% ~70% ᠃ ᠡᠨᠡ ᠬᠡᠮᠵᠢᠶ᠎ᠡ ᠡᠴᠡ ᠬᠡᠲᠦᠷᠡᠭᠦᠯᠦᠨ ᠲᠠᠷᠢᠬᠤ ᠬᠡᠷᠡᠭᠲᠡᠢ ᠃

二、我国的青贮玉米种植利用现状

2015年，由农业农村部提出开展“粮改饲”农业改革政策，极大地推动了我国青贮玉米种植产业的发展。

（一）“粮改饲”草食畜牧业政策

“粮改饲”，主要是立足种养结合循环发展，引导种植优质饲草料，发展草食畜牧业，推动优化农业生产结构。

1.“粮改饲”的目的

旨在使肉牛和肉羊饲养量有所增加，提高牛羊肉的市场供给能力，优化种植结构，使耕地出现培肥地力的效果。

2.“粮改饲”的重点

调整玉米种植结构，大规模发展适应肉牛、肉羊、奶牛等草食畜牧业需求的青贮玉米。

3.“粮改饲”的意义

推进“粮改饲”，发展草食畜牧业，是在当前农业转方式、调结构背景下农业政策创设的一次新尝试和主动作为。

要推行“粮改饲”种植结构调整，变粮、经二元种植结构为粮、经、饲三元种植结构，大力发展畜牧业，通过粮食过腹转化增值，加大农家肥和有机肥的施用量，改善土壤结构，增加土壤有机质，走产出高效、产品安全、资源节约和环境友好的现代化农业之路。

大力推进“粮改饲”能够有效满足草食家畜养殖的饲草料需求，有效缓解玉米收储压力，提高土地产出效益，降低养殖成本，减少环境污染，实现经济效益、生态效益和社会效益共赢。

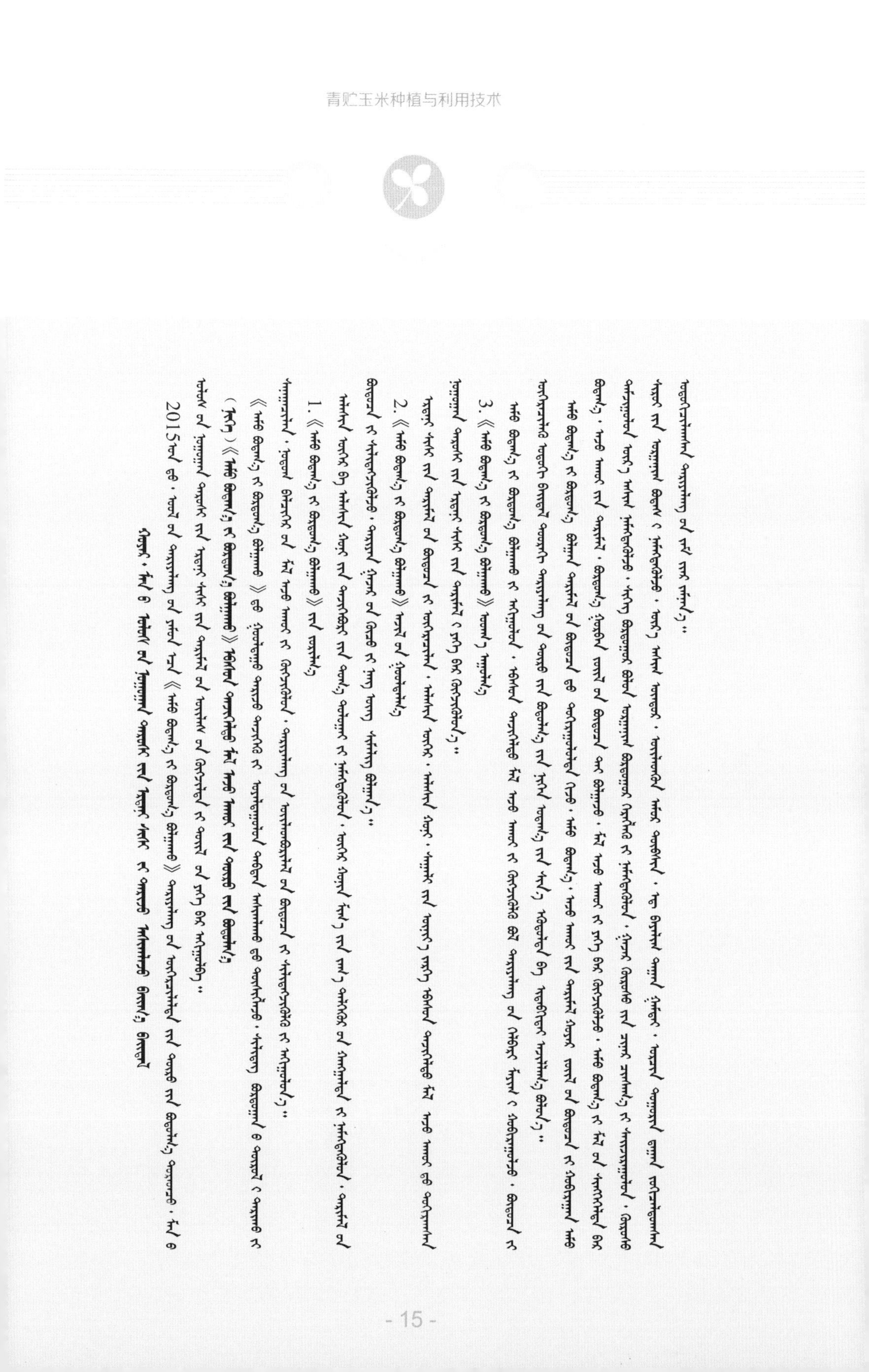

（二）青贮玉米种植现状

1. 青贮玉米种植面积

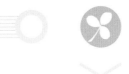

2016年以来，我国玉米播种面积呈下降趋势，而青贮玉米种植面积逐年增加，青贮玉米种植面积占玉米总面积的百分比逐步提升。

2016年我国青贮玉米种植面积约105万hm^2，玉米种植面积4 496.8万hm^2，仅占玉米种植面积的2.3%；2017年，青贮玉米种植面积约147万hm^2，玉米种植面积4 417.8万hm^2，占玉米种植面积约3.3%。根据国家统计局调查数据显示，2018年、2019年中国玉米播种面积为分别为4 213.0万hm^2及4 128.4万hm^2。根据全国优势特色农产品机械化生产技术装备需求目录消息，2019年全国青贮玉米规模种植面积约达195万hm^2，说明目前我国青贮玉米种植面积接近玉米种植面积的5%。

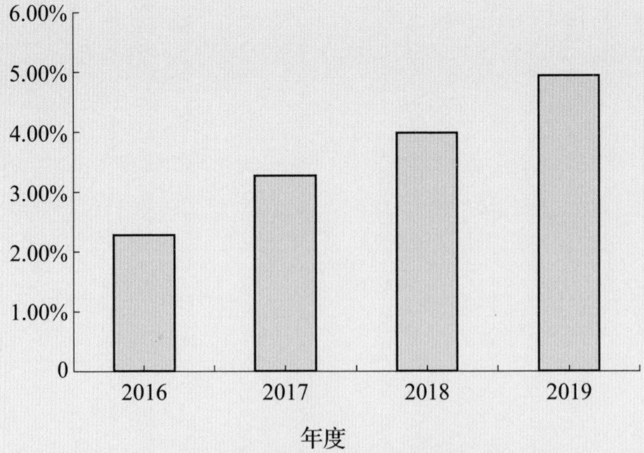

2016～2019年青贮玉米面积占玉米面积的百分比
（2018年的百分比为估算值）

ᠨᠡᠢᠲᠡᠮ ᠳᠦ ᠮᠠᠨ ᠤ ᠤᠯᠤᠰ ᠤᠨ ᠨᠣᠭᠣᠭᠠᠨ ᠰᠢᠯᠣᠰ ᠤᠨ ᠡᠭᠦᠳᠡᠢ ᠲᠠᠷᠢᠶᠠᠨ ᠤ ᠲᠠᠯᠠᠪᠠᠢ ᠶᠢᠨ ᠥᠰᠦᠯᠲᠡ ᠶᠢ ᠡᠭᠦᠳᠡᠢ ᠲᠠᠷᠢᠶᠠᠨ ᠤ ᠲᠠᠯᠠᠪᠠᠢ ᠶᠢᠨ 5% ᠪᠣᠯᠭᠠᠨ ᠢ ᠲᠣᠭᠲᠠᠭᠠᠭᠰᠠᠨ ᠪᠠᠢᠨ᠎ᠠ᠃ ᠲᠥᠯᠥᠪᠯᠡᠭᠡ ᠶᠢ ᠲᠣᠭᠲᠠᠭᠠᠭᠰᠠᠨ᠂ 2019 ᠣᠨ ᠳᠤ ᠪᠦᠬᠦ ᠤᠯᠤᠰ ᠤᠨ ᠨᠣᠭᠣᠭᠠᠨ ᠰᠢᠯᠣᠰ ᠤᠨ ᠡᠭᠦᠳᠡᠢ ᠲᠠᠷᠢᠶᠠᠨ ᠤ ᠲᠠᠷᠢᠯᠳᠠ ᠶᠢᠨ ᠲᠠᠯᠠᠪᠠᠢ ᠪᠣᠯ 195 ᠮᠢᠩᠭ᠎ᠠ hm² ᠪᠣᠯᠵᠤ᠂ hm² ᠪᠣᠯᠵᠠᠢ᠃ ᠪᠦᠬᠦ ᠤᠯᠤᠰ ᠤᠨ ᠮᠠᠯᠵᠢᠯ ᠠᠵᠤ ᠠᠬᠤᠢ ᠶᠢᠨ ᠪᠦᠲᠦᠭᠡᠯ ᠦᠨ ᠪᠦᠲᠦᠴᠡ ᠶᠢᠨ ᠪᠦᠷᠢᠯᠳᠦᠭᠦᠨ ᠦ ᠲᠣᠭ᠎ᠠ ᠪᠦᠷᠢᠳᠬᠡᠯ ᠦᠨ ᠮᠡᠳᠡᠭᠡ ᠶᠢᠨ ᠲᠣᠭᠲᠠᠭᠠᠭᠰᠠᠨ᠂ 2018 ᠣᠨ ᠪᠠ 2019 ᠣᠨ ᠤ ᠪᠦᠬᠦ ᠤᠯᠤᠰ ᠤᠨ ᠰᠢᠯᠣᠰ ᠤᠨ ᠡᠭᠦᠳᠡᠢ ᠲᠠᠷᠢᠶᠠᠨ ᠤ ᠲᠠᠷᠢᠯᠳᠠ ᠶᠢᠨ ᠲᠠᠯᠠᠪᠠᠢ ᠨᠢ 4 213.0 ᠮᠢᠩᠭ᠎ᠠ hm² ᠪᠠ 4 128.4 ᠮᠢᠩᠭ᠎ᠠ ᠨᠣᠭᠣᠭᠠᠨ ᠰᠢᠯᠣᠰ ᠤᠨ ᠡᠭᠦᠳᠡᠢ ᠲᠠᠷᠢᠶᠠᠨ ᠤ ᠲᠠᠯᠠᠪᠠᠢ ᠪᠠᠨ ᠥᠰᠦᠯᠲᠡ 3.3% ᠪᠣᠯᠵᠠᠢ᠃ ᠤᠯᠤᠰ ᠤᠨ ᠬᠣᠢᠢᠲᠤ ᠪᠦᠰᠡ ᠶᠢᠨ ᠬᠣᠳᠠᠭᠠ ᠶᠢᠨ ᠪᠠᠷᠠᠭᠤᠨ ᠬᠣᠢᠢᠲᠤ ᠪᠦᠰᠡ ᠶᠢ ᠰᠢᠯᠣᠰ ᠤᠨ ᠡᠭᠦᠳᠡᠢ ᠲᠠᠷᠢᠶᠠᠨ ᠤ ᠲᠠᠷᠢᠯᠳᠠ ᠶᠢᠨ ᠲᠠᠯᠠᠪᠠᠢ ᠪᠣᠯ 147 ᠮᠢᠩᠭ᠎ᠠ hm² ᠪᠣᠯᠵᠤ᠂ ᠡᠭᠦᠳᠡᠢ ᠲᠠᠷᠢᠶᠠᠨ ᠤ ᠨᠡᠢᠲᠡ ᠲᠠᠯᠠᠪᠠᠢ 4 417.8 ᠮᠢᠩᠭ᠎ᠠ hm² ᠪᠣᠯᠵᠤ᠂ ᠲᠠᠯᠠᠪᠠᠢ 4 496.8 ᠮᠢᠩᠭ᠎ᠠ hm² ᠪᠣᠯᠵᠤ᠂ ᠨᠣᠭᠣᠭᠠᠨ ᠰᠢᠯᠣᠰ ᠤᠨ ᠡᠭᠦᠳᠡᠢ ᠲᠠᠷᠢᠶᠠᠨ ᠤ ᠲᠠᠷᠢᠯᠳᠠ ᠶᠢᠨ ᠥᠰᠦᠯᠲᠡ ᠨᠢ 2.3 % ᠪᠣᠯᠵᠠᠢ᠃ 2017 ᠣᠨ ᠳᠤ ᠨᠣᠭᠣᠭᠠᠨ

2016 ᠣᠨ ᠳᠤ᠂ ᠪᠦᠬᠦ ᠤᠯᠤᠰ ᠤᠨ ᠨᠣᠭᠣᠭᠠᠨ ᠰᠢᠯᠣᠰ ᠤᠨ ᠡᠭᠦᠳᠡᠢ ᠲᠠᠷᠢᠶᠠᠨ ᠤ ᠲᠠᠷᠢᠯᠳᠠ ᠶᠢᠨ ᠲᠠᠯᠠᠪᠠᠢ ᠪᠣᠯ 105 ᠮᠢᠩᠭ᠎ᠠ hm² ᠪᠣᠯᠵᠤ᠂ ᠡᠭᠦᠳᠡᠢ ᠲᠠᠷᠢᠶᠠᠨ ᠤ ᠨᠡᠢᠲᠡ ᠲᠠᠷᠢᠯᠳᠠ ᠶᠢᠨ ᠲᠠᠯᠠᠪᠠᠢ ᠶᠢᠨ ᠪᠦᠲᠦᠴᠡ ᠶᠢ ᠵᠣᠬᠢᠴᠠᠭᠤᠯᠬᠤ ᠠᠵᠢᠯ ᠢ ᠪᠣᠯᠵᠤ᠂ ᠨᠣᠭᠣᠭᠠᠨ ᠰᠢᠯᠣᠰ ᠤᠨ ᠡᠭᠦᠳᠡᠢ ᠲᠠᠷᠢᠶᠠᠨ ᠤ ᠲᠠᠷᠢᠬᠤ ᠲᠠᠯᠠᠪᠠᠢ ᠶᠢᠨ ᠥᠰᠦᠯᠲᠡ ᠬᠤᠷᠳᠤᠨ ᠨᠡᠮᠡᠭᠳᠡᠵᠡᠢ᠃

2016 ᠣᠨ ᠡᠴᠡ ᠬᠣᠢᠰᠢ᠂ ᠪᠦᠬᠦ ᠤᠯᠤᠰ ᠤᠨ ᠰᠢᠯᠣᠰ ᠤᠨ ᠡᠭᠦᠳᠡᠢ ᠲᠠᠷᠢᠶᠠᠨ ᠤ ᠲᠠᠷᠢᠯᠳᠠ ᠶᠢᠨ ᠲᠠᠯᠠᠪᠠᠢ ᠶᠢᠨ ᠪᠦᠲᠦᠴᠡ ᠶᠢ ᠵᠣᠬᠢᠴᠠᠭᠤᠯᠤᠯᠲᠠ ᠶᠢᠨ ᠠᠵᠢᠯ ᠢ ᠪᠣᠯᠭᠠᠵᠤ᠂ ᠨᠣᠭᠣᠭᠠᠨ ᠰᠢᠯᠣᠰ ᠤᠨ ᠡᠭᠦᠳᠡᠢ ᠲᠠᠷᠢᠶᠠᠨ ᠤ

1. ᠨᠣᠭᠣᠭᠠᠨ ᠰᠢᠯᠣᠰ ᠤᠨ ᠡᠭᠦᠳᠡᠢ ᠲᠠᠷᠢᠶ᠎ᠠ ᠶᠢᠨ ᠲᠠᠷᠢᠯᠳᠠ ᠶᠢᠨ ᠲᠠᠯᠠᠪᠠᠢ

(ᠨᠢᠭᠡ) ᠨᠣᠭᠣᠭᠠᠨ ᠰᠢᠯᠣᠰ ᠤᠨ ᠡᠭᠦᠳᠡᠢ ᠲᠠᠷᠢᠶ᠎ᠠ ᠶᠢᠨ ᠲᠠᠷᠢᠯᠳᠠ ᠶᠢᠨ ᠪᠠᠢᠳᠠᠯ

2016年我国奶牛存栏量为1 507万头，肉牛存栏量9 000多万头，按照西方发达国家通常标准，饲喂1头奶牛年需青贮玉米2 000 m^2、肉牛需1 300 m^2计算，如果都饲喂青贮玉米就需1 500万hm^2以上。目前，全国能全年吃上全株青贮玉米的奶牛和肉牛比例还很小。加之，我国还有3亿多只羊，随着草原地区禁牧区域的扩大，青贮玉米作为优质饲料发展空间巨大。相关部门预测，到2035年青贮玉米种植面积可达666万hm^2，占玉米种植面积的20%。

2. 青贮玉米产量与品质

21世纪初，根据陈自胜等、王加启的研究表明，青贮玉米产量通常可达5万～6万kg/hm^2。2007年刘希锋等报道，青贮专用玉米产量可达6万～10.5万kg/hm^2，较普通籽实玉米高1.5万～4.5万kg/hm^2。2013年，张晓庆等首次对全国青贮玉米主产区种植面积和产量进行了统计，结果显示：东北地区的阳光1号、龙辐单208的鲜草产量分别为10.9万kg/hm^2和13.2万kg/hm^2；中北410、科多8号、科青1号种植在内蒙古四子王旗平均鲜草产量分别为9.0万kg/hm^2、7.7万kg/hm^2、7.5万kg/hm^2；在内蒙古察右中旗，中北410的平均鲜草产量7.2万kg/hm^2；新沃2号和新沃1号在新疆石河子地区鲜草产量分别为10.3万kg/hm^2、8.2万kg/hm^2，适合石河子及周边地区种植。可见，随着生产力的发展，青贮玉米单产在提高是事实。

专家认为，现在我国青贮玉米品种在产量和品质上与欧美相当，并不落后。研究表明，近几年国家审批的青贮玉米品种干物质含量和淀粉含量与德国品种不相上下。既然，国产青贮玉米产量和品质都良好，经济效益、生态效益、社会效益都达到国际水平了吗？显然没有。

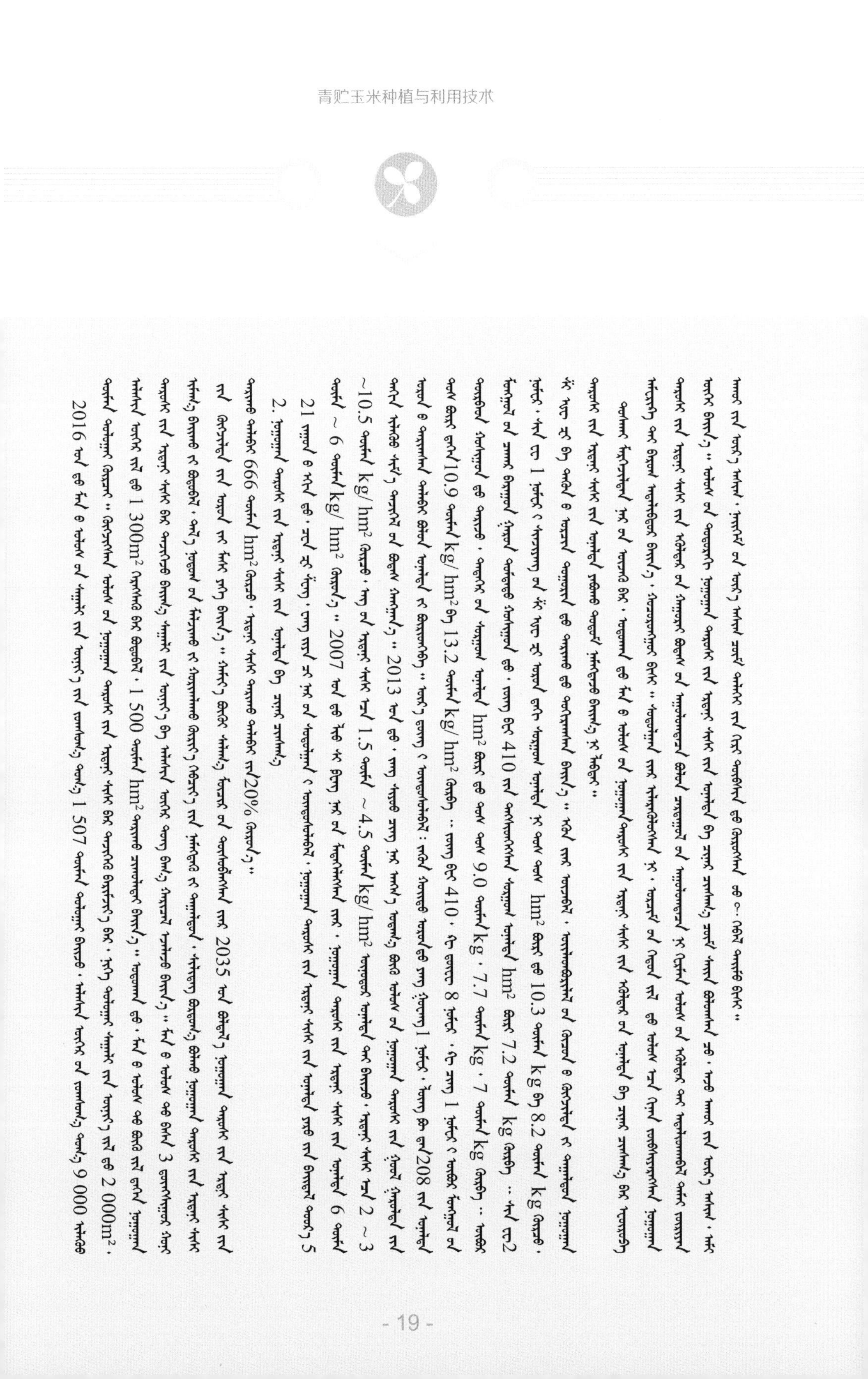

[illegible]

3. 青贮玉米种植中存在的问题

种植青贮玉米的主要问题是产量问题和品质问题。影响产量和品质的因素很多。青贮玉米种植受地区条件的影响，针对不同地区合理选择品种、合理栽培才能接近理想的产量和品质。青贮玉米种植还受到环境条件、社会状况、生产力水平的影响。

（1）地力条件不足，种植风险高：我国青贮玉米种植区和生态环境脆弱区重叠较多，地力不足是很普遍的问题。连年种植而土壤得不到休养，加上在一些地区农民存在错误的思想，认为青贮玉米是饲料而不是粮食作物，一般选择最贫瘠的土地种植，这就使青贮玉米在生长的过程中因土地肥力不足而对植株的健康生长造成影响，从而造成产量下降。水分和肥料是青贮玉米生长过程中必要的营养物质。我国北方很多地区缺水，遇到干旱的天气灌溉水不足，肥料投入也不充足，造成青贮玉米缺水和缺肥的情况时常出现，直接影响产量和质量。多数农户种植粮饲兼用玉米品种，秸秆价高时就当饲草卖，籽粒价高时就当粮食卖，价格没有保障，种植风险比较高。

（2）品种问题突出：青贮玉米的品种对其产量和质量有一定的影响。目前，青贮玉米的品种较多，但专用品种较少，优质品种更少。专用品种在实际生产中存在易倒伏、成本高、销路单一等问题，农民不愿意种植。一些品种种植的年限较长，退化比较严重，植株生长的高低存在差异，对产量有一定的影响。植株高大、抗病能力和抗倒伏能力强的青贮玉米品种也有一定的不足之处，即植株的木质素含量高，对口感、转化率有一定的影响。

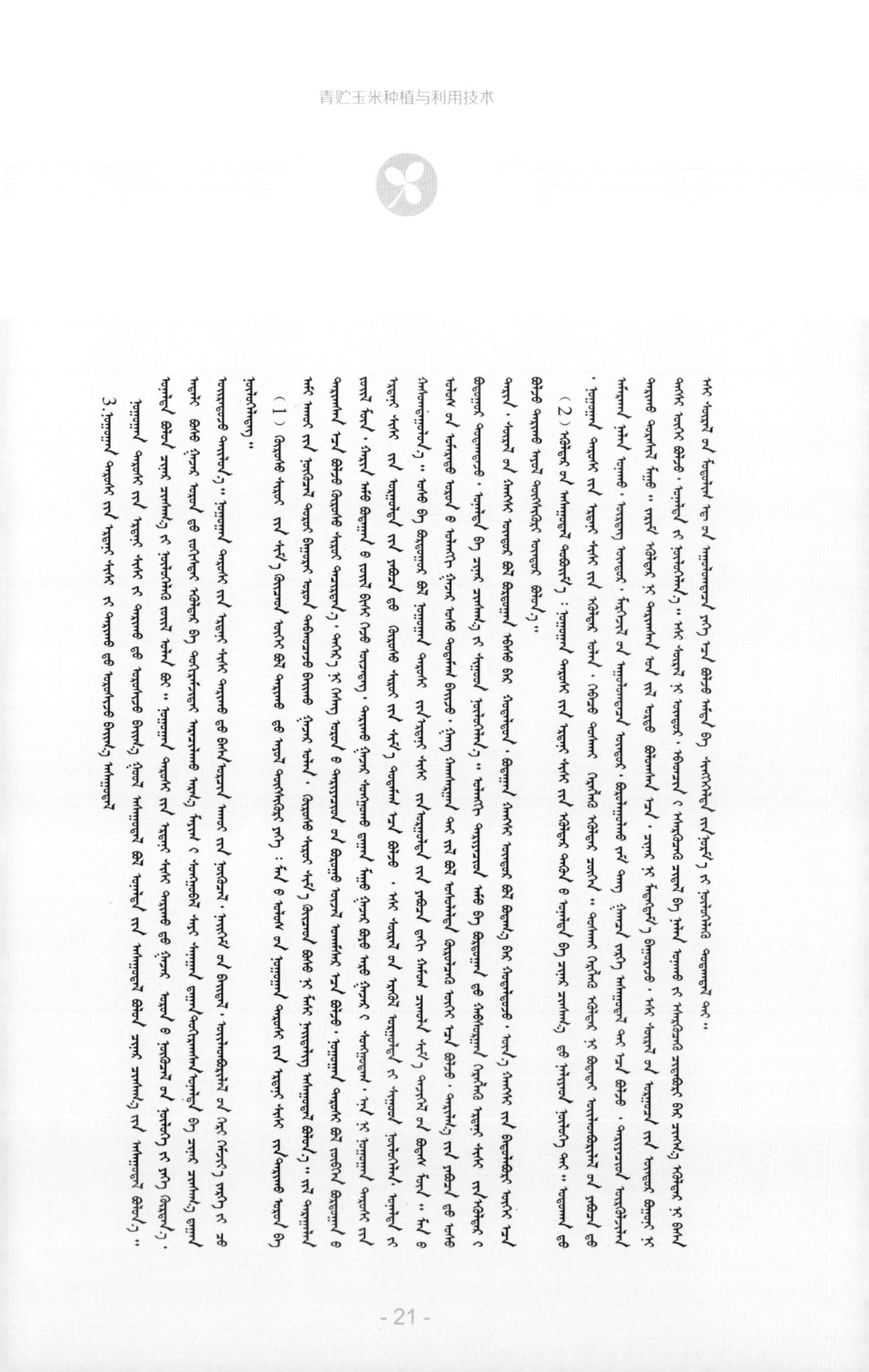

（3）栽培种植技术尚待提高：普遍的观念认为，只有玉米种子播量大才能保证高产，而实际上由于种植密度大，导致幼苗之间对营养、水分需求的竞争而不能满足生长需要，因而直接影响植株的高度和粗壮度，实际上植株的产量不但没有上升反而下降。再者，由于近几年家畜饲养数量的减少，造成做底肥的农家肥施量不足，再加上田间管理跟不上，杂草与青贮玉米竞争水肥等问题，也成为导致青贮玉米低产的一个重要原因。针对不同地区、不同品种栽培技术有相应的要求。

① 密度问题：在一些地区，主要采用垄上密植，密植率为15万株/hm^2，但是这种密植情况对植物生长中的透气性有一定的影响，造成植株之间争夺水分和养分，因而出现许多细而无果穗的秸秆，同时还容易引发一些疾病。

② 播期较晚：在一些地区，青贮玉米的播种都选择在大田玉米播种完成之后，大约在5月中旬开始播种，9月中旬收贮，造成生长期缩短，直接影响青贮玉米的积温效果，在收获时不能形成有效果穗，对产量造成严重的影响，同时养分含量也不足。

另外，专用青贮玉米品种缺乏生产标准和技术规程，大多按照常规玉米的栽培管理办法进行生产，产品质量不达标。

（三）青贮玉米的利用现状与存在的问题

1. 青贮玉米的利用现状

（1）饲喂普遍化：随着我国养殖业结构调整，青贮玉米的种植利用不断扩大，得到了较好的效果。据全国畜牧总站统计，2017年种植青贮玉米较种植籽粒玉米增收5 220元/hm^2，按种植面积134万hm^2计算，仅种植一项增加效益70亿元。在奶牛养殖中应用比较普遍，多数养殖场都应用玉米青贮饲料，且基本上保证全年饲喂。

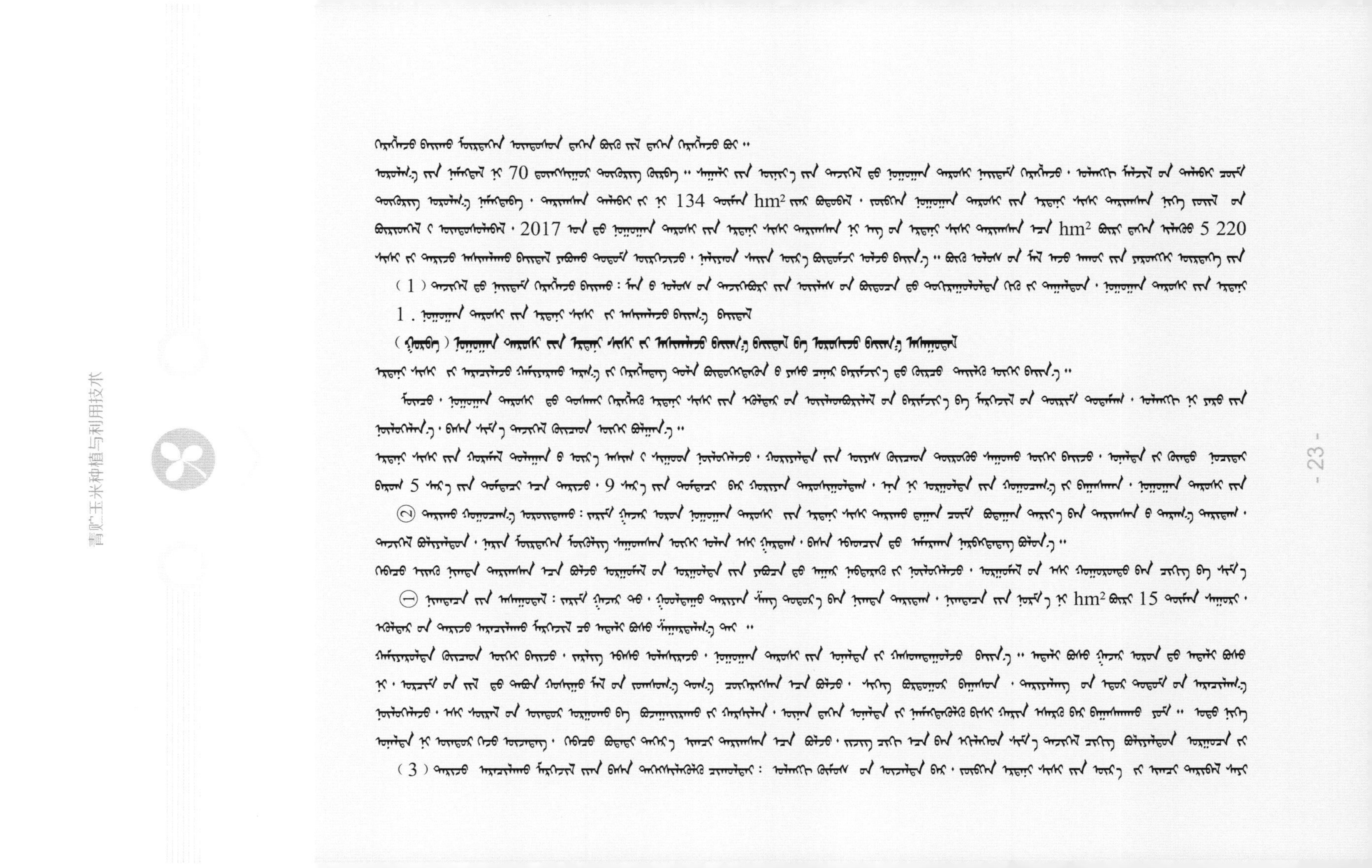

[illegible] ::

[illegible] 70 [illegible] :: [illegible] 134 [illegible] hm^2 [illegible] · 2017 [illegible] hm^2 [illegible] 5 220 [illegible] ::

（1）[illegible]

1 . [illegible]

（[illegible]）[illegible]

[illegible] ::

[illegible] ::

[illegible] 5 [illegible] · 9 [illegible]

② [illegible] ::

[illegible]

① [illegible] hm^2 [illegible] 15 [illegible] ::

[illegible] ::

（3）[illegible]

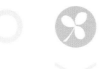

（2）在贮存季节上有了延伸：原来青贮玉米主要集中在秋季，贮存的是夏播玉米，对春播玉米贮存较少。为缓解奶牛等草食性家畜夏秋交替季节饲草供应不足的问题，部分养殖场积极组织对春播玉米进行青贮，实现了玉米的多季节青贮。

（3）在使用范围上有了较大拓展：在大力推广奶牛场使用青贮玉米饲料的同时，肉牛也开始使用青贮饲料。另外，我国肉羊养殖场不少，随着草原地区生态环境保护、禁牧等政策的实施，全年圈养的肉羊也开始使用青贮饲料。

2. 青贮玉米加工利用中存在的问题

（1）青贮设施陈旧：各地以中小企业为主，缺乏大型养殖企业，观念落后，设备陈旧，在养牛户中，多数以青贮壕、青贮窖等设施为主，虽然能达到不透气的要求，但是由于多数都不是砖和水泥的结构，在青贮过程中，靠近窖壁处青贮料质量较差，或由于透水造成青贮全部腐烂，发出难闻的臭味。这样的青贮不但感官品质差，营养成分损失也很多，有毒有害物质增加，家畜不愿采食，青贮利用率显著降低。

（2）配套机械设备不足，收贮成本高：青贮收获机虽然生产率高，但售价高，多数养殖户难以承受。另外，自走式收获机一年只能作业1～2个月，最多3个月，大部分时间闲置，其功能不能充分利用。牵引或侧悬式青贮收获机售价虽然比自走式的低，但这些机型要求配套的拖拉机功率大，一般需要40～60千瓦或更大。而当前养殖户拥有的大多是10～20千瓦小四轮拖拉机，无法满足青贮机的配套要求。此外，还存在农户青贮玉米种植地块小且分散，影响机具生产率的发挥；技术培训跟不上，也影响新机具的使用。

ᠰᠠᠢᠨ ᠴᠢᠨᠠᠷ ᠤ᠋ᠨ ᠪᠠᠢᠳᠠᠯ ᠬᠠᠳᠠᠭᠠᠯᠠᠬᠤ ᠨᠣᠭᠣᠭᠠᠨ ᠲᠡᠵᠢᠭᠡᠯ ᠬᠠᠳᠠᠭᠠᠯᠠᠬᠤ ᠮᠠᠰᠢᠨ ᠤ᠋ ᠶᠠᠭᠤᠮ ᠨᠢ ᠪᠡᠨ $1 \sim 2$ ᠬᠣᠨᠤᠭ ᠬᠠᠳᠠᠭᠠᠯᠠᠬᠤ ᠪᠠ ᠬᠠᠮᠤᠭ ᠤ᠋ᠨ ᠤᠷᠲᠤ ᠳᠤ 3 ᠬᠣᠨᠤᠭ ᠬᠠᠳᠠᠭᠠᠯᠠᠬᠤ᠂ ᠲᠣᠬᠢᠷᠠᠭᠤᠯ
ᠰᠢᠭᠤᠳ ᠲᠣᠬᠢᠷᠠᠭᠤᠯᠬᠤ $40 \sim 60\,\mathrm{kW}$ ᠪᠠᠢᠬᠤ ᠶᠡᠬᠡ ᠬᠡᠮᠵᠢᠶ᠎ᠡ ᠶᠢᠨ ᠮᠠᠰᠢᠨ ᠲᠣᠨᠣᠭ᠃ ᠵᠢᠵᠢᠭ ᠬᠡᠮᠵᠢᠶ᠎ᠡ ᠳᠤ ᠬᠠᠳᠠᠭᠠᠯᠠᠬᠤ ᠲᠡᠵᠢᠭᠡᠯ ᠬᠡᠷᠡᠭᠯᠡᠬᠦ ᠪᠣᠯ $10 \sim 20\,\mathrm{kW}$ ᠤ᠋ᠨ ᠮᠠᠰᠢᠨ ᠲᠣᠨᠣᠭ ᠪᠣᠯᠤᠨ᠎ᠠ

（3）青贮技术落后：我国是农业大国，与欧美发达国家相比，畜牧业发展相对落后，尤其关于青贮专用玉米技术研究水平整体滞后。青贮饲料品质控制、饲喂和评价方法不完善，青贮玉米标准还难以满足生产的需要。

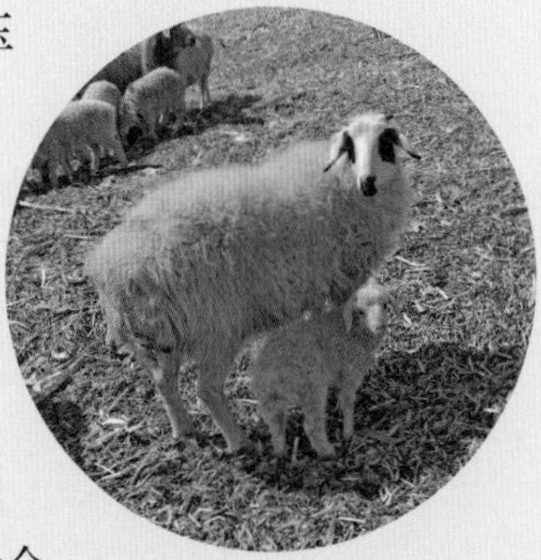

综合上述，我国青贮玉米饲料在饲喂中的比例还较低，多数地区以玉米秸秆青贮或黄贮为主，利用和转化率较低；青贮玉米人均种植面积极小，利用率低，产业成熟度差，科研力量薄弱；需要加强青贮玉米的应用管理和科学技术研究水平，促进社会效益最大化。

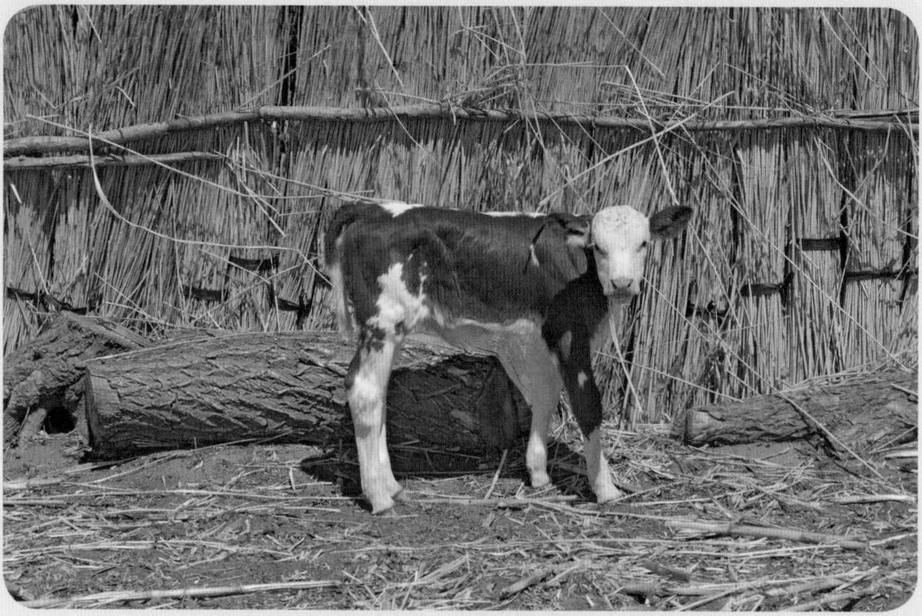

青贮玉米饲料的需求大

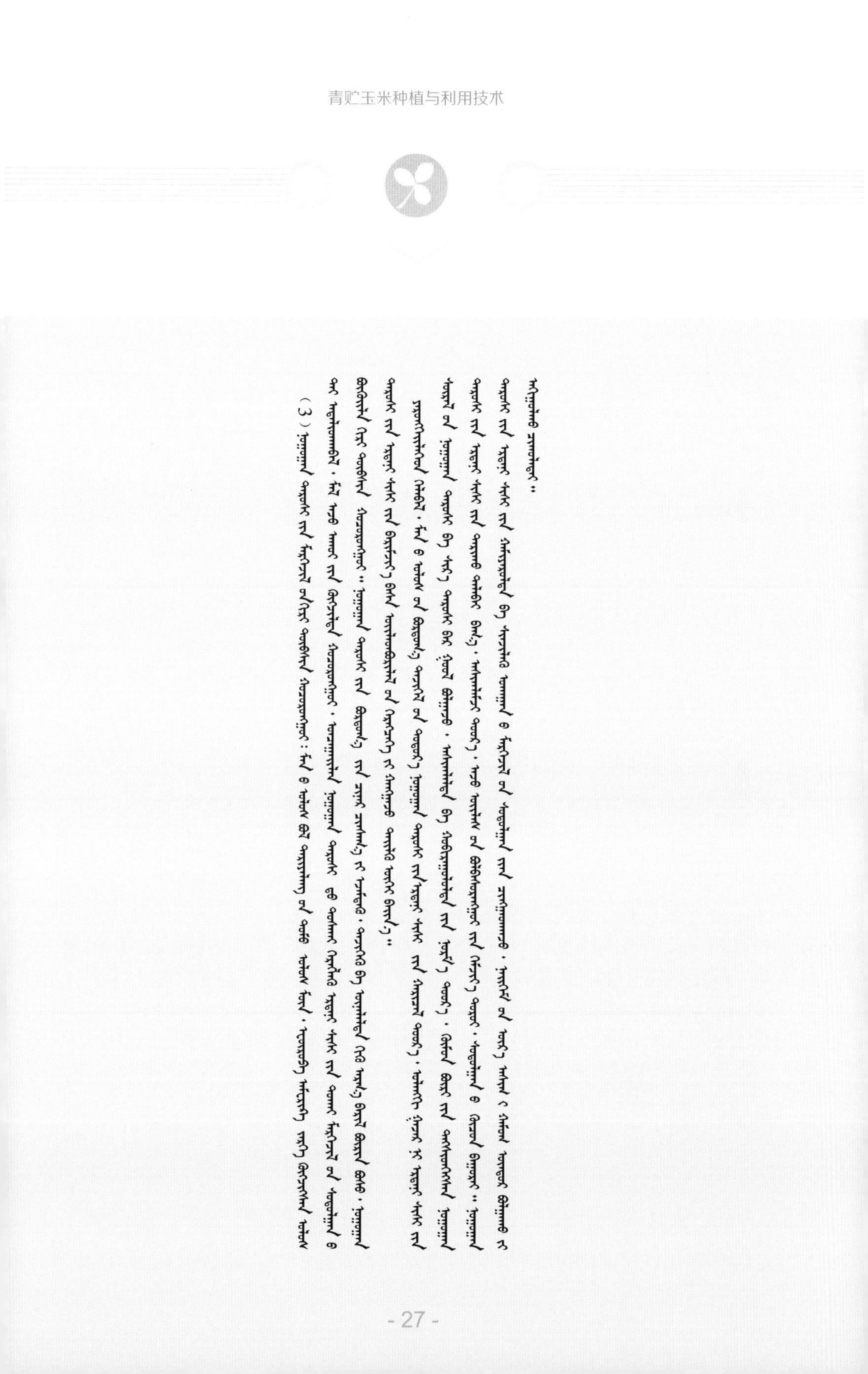

[illegible]

[illegible]

[illegible]

（3）[illegible]

三、青贮玉米生长条件与主要种植区

青贮玉米与粮食用玉米生长条件一样。但是，粮饲兼用青贮玉米果穗收获后茎叶要进行青贮，茎秆不能太干燥；青贮专用玉米没有收获籽粒的过程，至蜡熟期即收割青贮，生长过程较短。

(一)玉米的生长条件

玉米生长期间要求一定的温度、水分、光照等自然条件才能正常成熟。种植玉米时应根据当地的气候条件，选用适合的品种。

1. 温度

玉米是喜温作物。全生育期活动温度的总和叫活动积温。玉米品种一生中所需要的温度，只能在自然活动积温内提供。玉米所要求的活动积温，一般早熟品种为2 000～2 300℃，中熟品种为2 300～2 800℃，晚熟品种为2 800～3 300℃。

玉米种子在6～8℃开始发芽，但极缓慢，并易感染病菌而霉烂；10～12℃发芽正常。通常在土壤水分适宜的情况下，播种至出苗间隔天数随温度升高而缩短。10～12℃播后18～20天出苗；15～18℃播后8～10天出苗；大于20℃播后5～6天出苗。最适宜发芽温度为25～28℃。但播种至幼苗期，并非温度越高越好，在适宜的温度范围内，温度稍低和相对干旱有利于玉米早期“蹲苗”，从而达到壮而不旺的苗情。抽雄开花期的适宜温度为25～28℃，有利于有机物质合成和向果、穗、籽粒输送。当日平均气温18～20℃时灌浆缓慢，当日平均气温小于等于16℃时停止灌浆。籽粒灌浆过程中，籽粒增重与积温呈指数曲线关系。全生育期间平均温度在20℃以下时，每降低0.5℃，玉米达到成熟时生育期要延长10～20天。

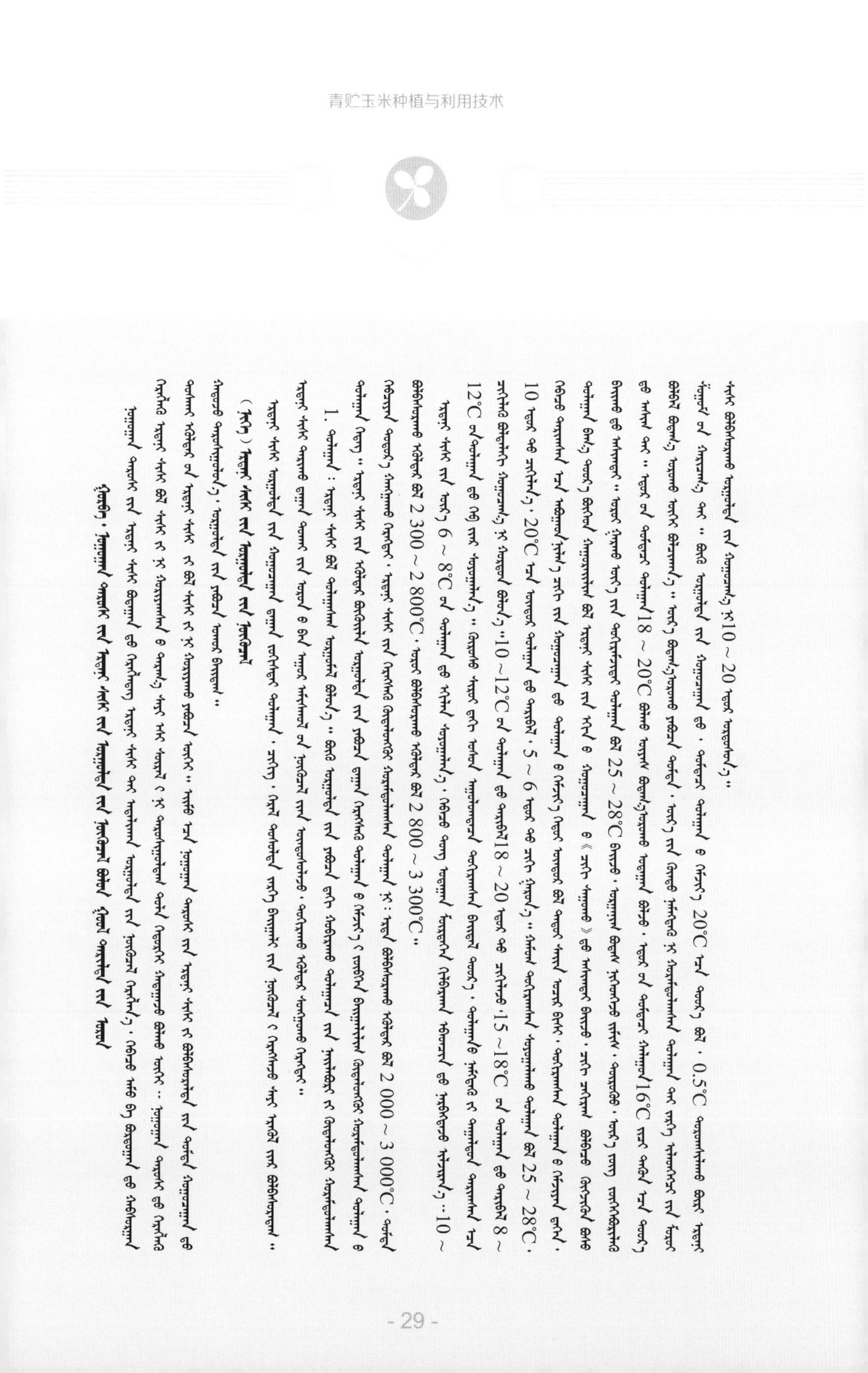

春玉米烂种死苗气象指标：

（1）日平均气温在8℃或以下，持续3～4天，为播种育苗轻级冷害指标。

（2）日平均气温在8℃或以下，持续5～7天，为播种育苗中级冷害指标。

（3）日平均气温在8℃或以下，持续7天以上，为播种玉米重级冷害指标。

2. 水分

玉米是水分利用效率较高的作物，需水量低于水稻等作物。不同发育期，玉米对水分的需求不同，苗期需水约为全生育期的22%。总耗水量，早熟品种为300～400 mm，中熟品种为500～800 mm。全生育期需水量因地域、品种、栽培条件不同而异，根系活动的耗水量以占田间持水量60%～80%为宜。适宜的年降水量为500～1 000 mm，生育期内最少要有250 mm，且分布均匀。

玉米苗期较耐旱，但拔节、抽雄、吐丝期对水分最为敏感，需水量也最多。如果此时期干旱少雨，则影响玉米正常拔节、抽雄、吐丝，习惯称“卡脖旱”。一般从拔节到灌浆期需水量约占全生育期需水量的50%。抽雄前10天至吐丝授粉后20天是对水分敏感的临界期，特别是吐丝期和散粉期更为敏感。此期土壤水分不足会严重影响产量。苗期和成熟后期，缺水对产量影响较大。若抽雄、吐丝期降水量过大，持续时间长，则影响开花和散粉，易形成空苞或秃顶，造成果实减产。

3. 光照

玉米是短日照作物，选用品种时还必须同时考虑日照条件。日照时间过长能延长玉米的正常发育和成熟。

总之，根据青贮玉米的生长特性和各地区不同的自然环境特点选择品种，要考虑当地的日照时间、积温、降水量、土壤肥力等条件，选择适合本地生长、单位面积青饲产量高的品种。

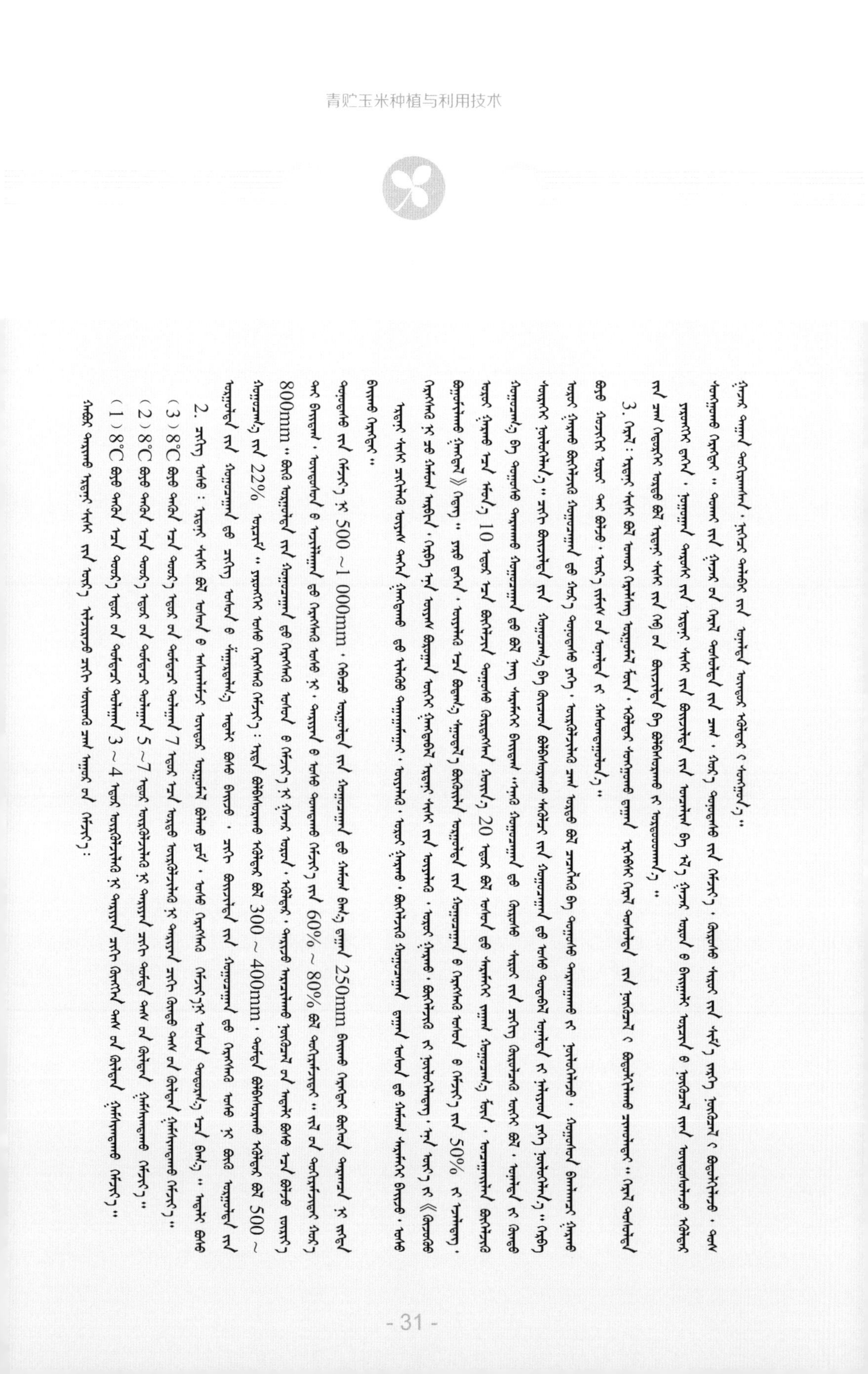

[illegible]

[illegible]

[illegible]

3. [illegible]

[illegible]

[illegible]

[illegible] 10 [illegible] 20 [illegible] 50% [illegible]

[illegible]

[illegible]

[illegible] 500 ~1 000mm [illegible] 250mm [illegible]

[illegible] 60% ~ 80% [illegible]

800mm [illegible] 300 ~ 400mm [illegible] 500 ~

[illegible] 22% [illegible]

2. [illegible]

（3）8℃ [illegible] 7 [illegible]

（2）8℃ [illegible] 5 ~7 [illegible]

（1）8℃ [illegible] 3 ~ 4 [illegible]

[illegible]

4. 土壤

（1）结构良好：玉米根系发达，需要良好的土壤通气条件。高产玉米要求土层深厚、疏松透气、结构良好，土层厚度在1 m以上，活土层厚度在30 cm以上，团粒结构应占30% ～ 40%，总空隙度为55%左右，毛管孔隙度为35% ～ 40%，土壤容重为1.0 ～ 1.2 g/cm。

（2）有机质与矿物质营养丰富：高产玉米所需有机质含量，褐土1.2%以上，棕壤土1.5%以上；土壤全氮含量大于0.16%，速效氮60 mg/kg以上，水解氮120 mg/kg；土壤有效磷10 mg/kg；土壤有效钾120 ～ 150 mg/kg；土壤微量元素硼含量大于0.6 mg/kg；钼、锌、锰、铁、铜等含量分别大于0.15 mg/kg、0.6 mg/kg、5.0 mg/kg、2.5 mg/kg、0.2 mg/kg。

（3）水分状况适宜：玉米生育期间土壤水分状况是限制产量的重要因素之一。据测试，玉米苗期土壤含水量为田间持水量的70% ～ 75%，出苗到拔节为60%左右，拔节至抽雄为70% ～ 75%，抽雄至吐丝期为80% ～ 85%，受精至乳熟期为75% ～ 80%，乳熟末期至蜡熟期为70% ～ 75%，蜡熟至成熟期为60%左右。当土壤含水量下降到田间持水量55%时，就需要灌溉。炎热的夏季，田间水分蒸发快，玉米耗水量大，一般连续10天左右不下透雨就要灌水补墒，否则就会影响玉米正常生长而降低产量。

（4）土壤质地：土壤质地对玉米生长有不同影响。质地黏重的土壤结构紧密，通气不良，干时易板结，春季地温上升迟缓，玉米苗期生长缓慢。但随着夏季地温升高，土壤微生物活动加强，有效含量增多，使玉米生长旺盛。砂质土壤质地疏松，通气良好，早春地温上升快，出苗率高，玉米幼苗生长迅速，但土壤保水保肥性差，有效养分供应不足会影响玉米中后期生长。

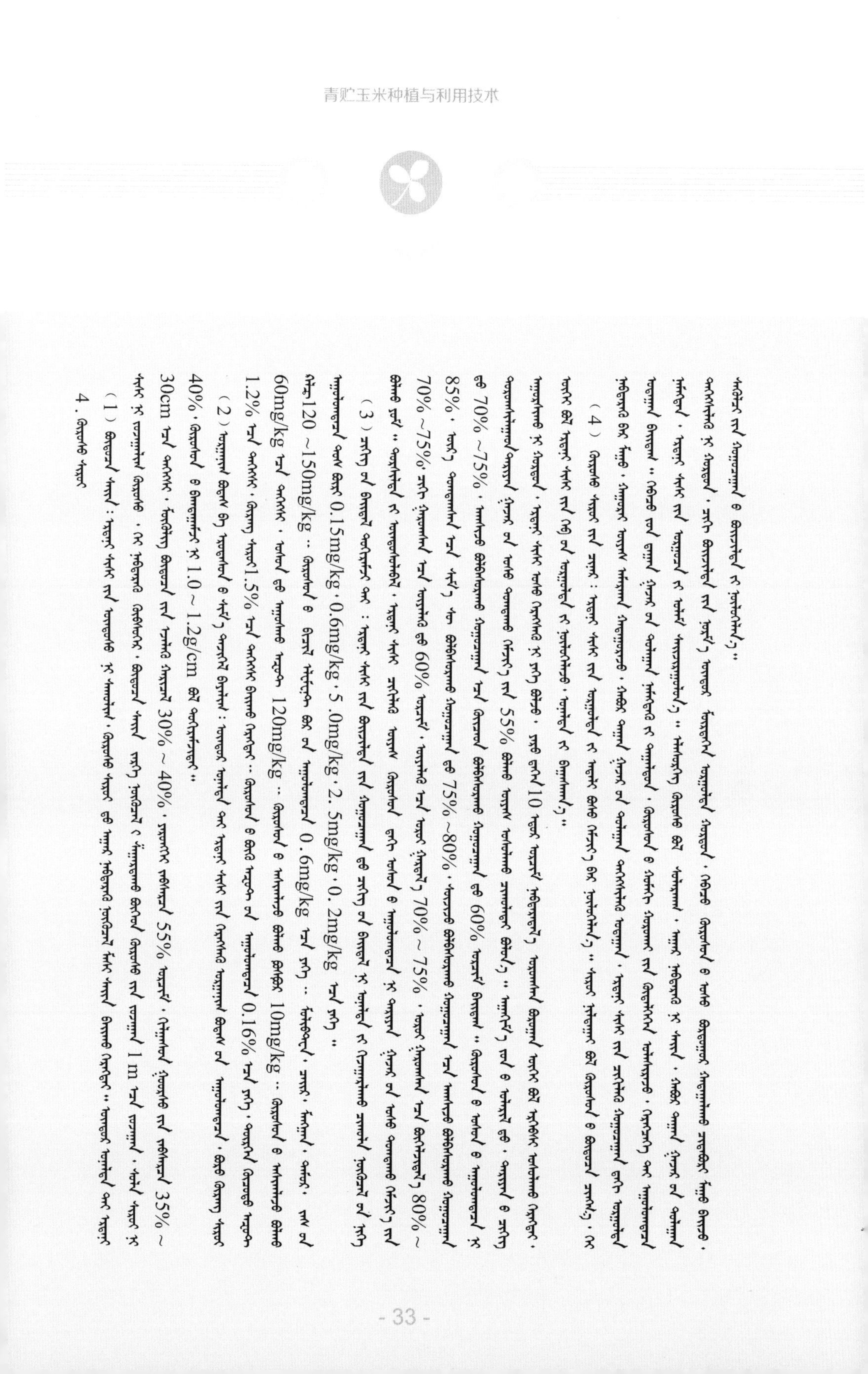

4 . [illegible]

(1) [illegible] 1 m [illegible] 30cm [illegible] 30% ~ 40% [illegible] 55% [illegible] 35% ~ 40% [illegible] 1.0 ~ 1.2g/cm [illegible]

(2) [illegible] 1.2% [illegible] 1.5% [illegible] 0.16% [illegible] 60mg/kg [illegible] 120mg/kg [illegible] 10mg/kg [illegible] 120 ~150mg/kg [illegible] 0.6mg/kg [illegible] 0.15mg/kg · 0.6mg/kg · 5 .0mg/kg · 2. 5mg/kg · 0. 2mg/kg [illegible]

(3) [illegible] 70% ~75% [illegible] 60% [illegible] 70% ~ 75% [illegible] 80% ~ 85% [illegible] 75% ~80% [illegible] 70% ~75% [illegible] 60% [illegible] 55% [illegible] 10 [illegible]

(4) [illegible]

（二）全国青贮玉米主要种植区

玉米在我国种植很广，主要集中在东北和华北、黄淮海、西北和西南地区，大致形成一个从东北到西南的斜长形玉米栽培带。从播种时间看，北方为春播玉米区，黄淮海为夏播玉米区，这两个区域为主要产区。另外，还有南方丘陵玉米区和西北灌溉玉米区。

北方春播玉米区包括黑龙江、吉林、辽宁和内蒙古的全部，山西、宁夏的大部，河北、陕西的北部和甘肃的部分地区，是我国最大的玉米产区。玉米种植面积约占全国玉米种植面积的42%，总产量约占全国的45%。本区玉米为一年一熟制，春季播种、秋季收获，种植方式以玉米单作为主。

黄淮海夏播玉米区包括黄河、淮河、海河流域中下游的山东、河南的全部，河北的大部，山西中南、陕西关中、江苏和安徽省北部的徐淮地区，是我国玉米第二大产区。本区玉米为两年三熟制，种植方式以混播等结合，玉米种植面积占全国玉米种植面积的29%。

我国通过“粮改饲”等政策逐渐削减国内玉米产量，以削减国内庞大的玉米库存，而增加青贮玉米的种植面积。在华北和东北地区，种植青贮玉米将获得政府补贴。青贮玉米种植面积最大的省份是山东、吉林、河北、黑龙江、辽宁、河南和四川。

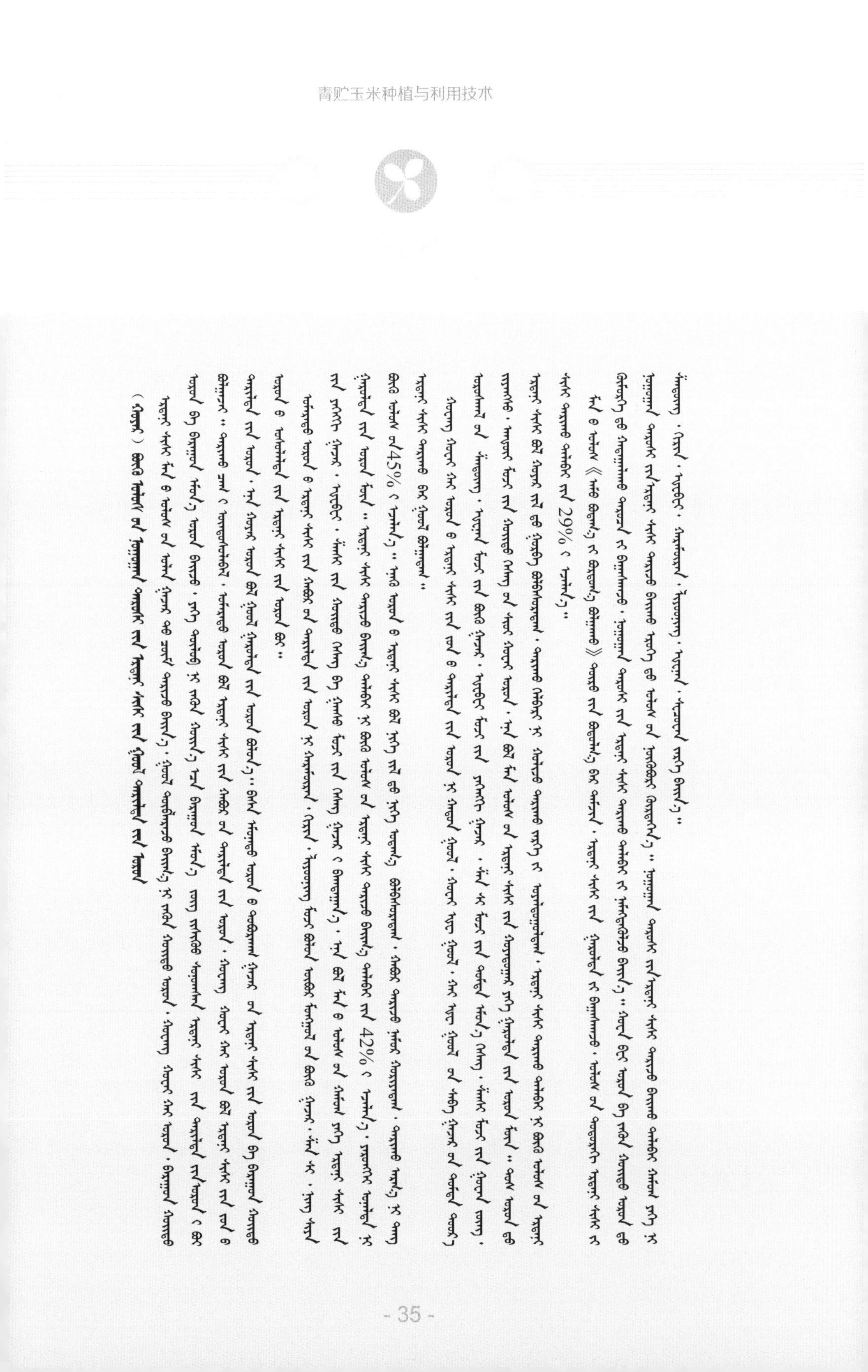

[illegible] 29% [illegible]

[illegible]

[illegible] 45% [illegible] 42% [illegible]

[illegible]

[illegible]

四、青贮玉米种植和田间管理

在青贮玉米的栽培过程中，产量不高是影响农牧民种植积极性的主要问题。导致青贮玉米产量低的原因较多，包括品种选择、过程、田间管理等。因此，要注意栽培过程中的各个环节，以提高产量。

(一)选择优良品种

只有优良的品种加上科学合理的种植技术，才能实现青贮玉米高产、优质的种植目的。无论选择哪一品种，都要注意根据当地的气候条件、土壤条件、种植目的来选择。

(二)青贮玉米的种植

1. 选地与整地

选择灌排水条件较好、土壤疏松、肥力较高、交通便利的地块播种。有机质含量高的地块有利于高产。由于玉米对耕地的消耗大，不宜连作，要实行轮作。在种植玉米时，也可以选择间种、复种或套种的方式。可以与豆科作物间种，也可间种马铃薯等。

在播种前需要合理整地。对土地进行深翻是保证青贮玉米高产的重要措施。一般在秋季上茬作物收获后进行秋翻地，要求耕深20 cm以上。目前由于玉米种植面积大，翻地都使用机械引犁翻地，在翻地后要及时耙地打垄，或者在全部翻完后再起垄，翻完的土地要求平整、没有土块。另外，青贮玉米植株高大、群体较大、茎叶繁茂，对肥料的需求量大。因此，在整地的同时还要施足基肥。基肥一般为有机肥，还可以适量施加复合化肥，用量一般为每667 m^2施有机肥3 000 ～ 5 000 kg、复合肥25 ～ 30 kg。

ᠪᠣᠯᠤᠨ᠎ᠠ ᠂ ... ᠪᠣᠯᠤᠨ᠎ᠠ 25 ~ 30 kg ::

... $667\ m^2$ ... 3 000 ~ 5 000 kg ...

... 20 cm ...

(ᠭᠤᠷᠪᠠ) ᠨᠣᠭᠣᠭᠠᠨ ᠲᠡᠵᠢᠭᠡᠯ ᠦᠨ ᠡᠭᠦᠯ ᠡ ᠶᠢᠨ ᠲᠠᠷᠢᠯᠭ᠎ᠠ

1. ᠲᠠᠷᠢᠬᠤ ᠭᠠᠵᠠᠷ ᠰᠣᠩᠭᠣᠬᠤ ᠪᠠ ᠪᠡᠯᠡᠳᠬᠡᠬᠦ

2. 播种前种子处理及播种期

（1）播种前种子处理：有晒种、防止地老虎等措施，利于防治地下害虫和苗期病害。

晒种：播种前选择阳光充足的天气，将种子铺在干燥的晾晒场连续晒种2～3天，出苗率可提高12%～25%。

防治地老虎：可用种子重量0.2%的50%辛硫磷，加入种子重量5%的水，混合均匀加入喷雾器内，边喷边用木铣拌种。翻1～2遍，堆闷3～4小时后摊开阴干。严禁日晒。

（2）播种期：同大田作物播种期相同，春播为3月底至4月初，夏播为6月上旬。寒冷地区播种期适当延后，如黑龙江大部分地区一般在5月上旬播种。一般春播时，土壤的温度要连续3～4天高于8℃，具体的播种时间还要根据当地的天气情况来确定，这样利于玉米发芽和出苗。青贮玉米不宜播种过晚，否则会影响产量。

3. 播种方法

单条播或双条播都可以，双条播可获得较高产量。播种青贮玉米多选择机械条播，行距一般控制在60～70 cm，株距控制在20～30 cm。

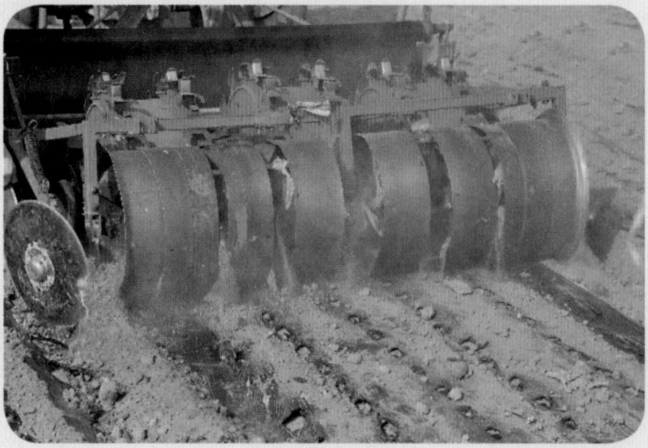

播种

2. ᠲᠠᠷᠢᠬᠤ ᠦᠷ᠎ᠡ ᠶᠢ ᠪᠡᠯᠡᠳᠬᠡᠬᠦ ᠪᠠ ᠲᠠᠷᠢᠬᠤ ᠬᠡᠮᠵᠢᠶ᠎ᠡ

（1）ᠲᠠᠷᠢᠬᠤ ᠦᠷ᠎ᠡ ᠶᠢ ᠪᠡᠯᠡᠳᠬᠡᠬᠦ ᠶᠢᠨ ᠠᠷᠭ᠎ᠠ᠄ ᠨᠠᠷᠠᠨ ᠳᠤ ᠬᠠᠲᠠᠭᠠᠬᠤ᠂ ᠦᠷ᠎ᠡ ᠶᠢᠨ ᠴᠢᠨᠠᠷ ᠢ ᠰᠠᠢᠵᠢᠷᠠᠭᠤᠯᠬᠤ ᠲᠤᠯᠠ ᠲᠠᠷᠢᠬᠤ ᠡᠴᠡ ᠡᠮᠦᠨ᠎ᠡ ᠲᠠᠷᠢᠬᠤ ᠦᠷ᠎ᠡ ᠶᠢ ᠪᠡᠯᠡᠳᠬᠡᠨ᠎ᠡ᠃ ᠦᠷ᠎ᠡ ᠶᠢ ᠨᠠᠷᠠᠨ ᠳᠤ 2 ~ 3 ᠡᠳᠦᠷ ᠬᠠᠲᠠᠭᠠᠨ᠎ᠠ᠂ ᠡᠩᠬᠡᠳᠡ ᠦᠷ᠎ᠡ ᠶᠢᠨ ᠴᠢᠨᠠᠷ ᠢ ᠰᠠᠢᠵᠢᠷᠠᠭᠤᠯᠬᠤ ᠳᠤ ᠲᠤᠰᠠᠲᠠᠢ᠃

ᠦᠷ᠎ᠡ ᠶᠢ ᠤᠰᠤᠨ ᠳᠤ ᠳᠡᠪᠲᠡᠭᠡᠬᠦ᠄ ᠦᠷ᠎ᠡ ᠶᠢ ᠬᠦᠢᠲᠡᠨ ᠤᠰᠤ ᠳᠤ ᠳᠡᠪᠲᠡᠭᠡᠵᠦ᠂ ᠤᠰᠤᠨ ᠤ ᠬᠡᠮ ᠢ ᠬᠡᠮᠵᠢᠵᠦ ᠦᠷ᠎ᠡ ᠶᠢᠨ ᠤᠰᠤᠨ ᠤ ᠬᠡᠮᠵᠢᠶ᠎ᠡ 12% ~ 25% ᠪᠣᠯᠭᠠᠨ᠎ᠠ᠃

ᠬᠢᠮᠢ ᠶᠢᠨ ᠪᠣᠳᠠᠰ ᠢᠶᠠᠷ ᠳᠡᠪᠲᠡᠭᠡᠬᠦ᠄ ᠦᠷ᠎ᠡ ᠶᠢ 0.2% ᠤᠨ 50% ᠤᠨ ᠬᠣᠣᠷ ᠤᠨ ᠤᠰᠤᠨ ᠤᠯᠠᠮᠵᠢ 5% ᠤᠨ ᠤᠰᠤᠨ ᠳᠤ ᠳᠡᠪᠲᠡᠭᠡᠵᠦ᠂ 1 ~ 2 ᠴᠠᠭ ᠳᠡᠪᠲᠡᠭᠡᠭᠡᠳ᠂ ᠬᠠᠲᠠᠭᠠᠭᠠᠳ 3 ~ 4 ᠡᠳᠦᠷ ᠦᠨ ᠳᠠᠷᠠᠭ᠎ᠠ ᠲᠠᠷᠢᠨ᠎ᠠ᠃

（2）ᠲᠠᠷᠢᠬᠤ ᠬᠡᠮᠵᠢᠶ᠎ᠡ᠄ ᠮᠦᠷ ᠢᠶᠡᠷ ᠲᠠᠷᠢᠬᠤ ᠳᠤ ᠭᠠᠵᠠᠷ ᠪᠦᠷᠢ 3 ᠺᠭ ᠠᠴᠠ 4 ᠺᠭ ᠲᠠᠷᠢᠨ᠎ᠠ᠂ ᠴᠡᠭ ᠢᠶᠡᠷ ᠲᠠᠷᠢᠬᠤ ᠳᠤ 6 ᠺᠭ ᠲᠠᠷᠢᠨ᠎ᠠ᠃ ᠲᠠᠷᠢᠬᠤ ᠭᠦᠨ ᠢ ᠬᠦᠷᠰᠦ ᠶᠢᠨ ᠴᠢᠩᠭ᠎ᠠ ᠰᠤᠯ᠎ᠠ ᠪᠠᠢᠳᠠᠯ ᠳᠤ ᠲᠣᠬᠢᠷᠠᠭᠤᠯᠵᠤ ᠲᠣᠭᠲᠠᠭᠠᠨ᠎ᠠ᠃ ᠲᠠᠷᠢᠬᠤ ᠭᠦᠨ 5 ᠰᠮ ᠳᠤ ᠬᠦᠷᠬᠦ ᠪᠣᠯᠪᠠᠰᠤ ᠵᠣᠬᠢᠨ᠎ᠠ᠃

3. ᠲᠠᠷᠢᠬᠤ ᠴᠠᠭ

ᠬᠦᠷᠰᠦ ᠶᠢᠨ 5 ᠰᠮ ᠦᠨ ᠭᠦᠨ ᠳᠡᠭᠡᠷᠡᠬᠢ ᠳᠤᠯᠠᠭᠠᠴᠠ 3 ~ 4 ᠡᠳᠦᠷ ᠲᠣᠭᠲᠠᠮᠠᠯ 8℃ ᠡᠴᠡ ᠳᠡᠭᠡᠭᠰᠢ ᠪᠣᠯᠪᠠᠯ ᠲᠠᠷᠢᠵᠤ ᠪᠣᠯᠣᠨ᠎ᠠ᠂ ᠡᠩᠬᠡᠳᠡ ᠬᠠᠪᠤᠷ ᠤᠨ ᠲᠠᠷᠢᠮᠠᠯ ᠤᠨ ᠤᠷᠭᠤᠴᠠ ᠶᠢ ᠰᠠᠢᠵᠢᠷᠠᠭᠤᠯᠬᠤ ᠳᠤ ᠠᠰᠢᠭ᠎ᠲᠠᠢ᠃

ᠲᠠᠷᠢᠬᠤ ᠠᠷᠭ᠎ᠠ᠄ ᠮᠦᠷ ᠦᠨ ᠵᠠᠢ 60 ~ 70 cm ᠪᠣᠯᠭᠠᠨ᠎ᠠ᠂ ᠤᠷᠭᠤᠮᠠᠯ ᠤᠨ ᠵᠠᠢ 20 ~ 30 cm ᠪᠣᠯᠭᠠᠨ᠎ᠠ᠃

播种质量的好坏关系到玉米出苗后是否能达到苗齐，以及玉米苗的分布是否均匀。在播种时还要注意播种的深度，为了使玉米根系得到良好的生长，一般理想的播种深度为5 cm，早播玉米可适当浅一些，但是也不能小于3.8 cm。在播种时播种机上要设定好播种的深度，以保证玉米出苗整齐，幼苗株高一致。

（1）根据前期培育条件的有无，播种方法可分有直播和育苗移栽两种。

① 直播：直接播种到本田，同时方块育苗10%用于缺窝补苗，达3叶1心时定苗补苗。

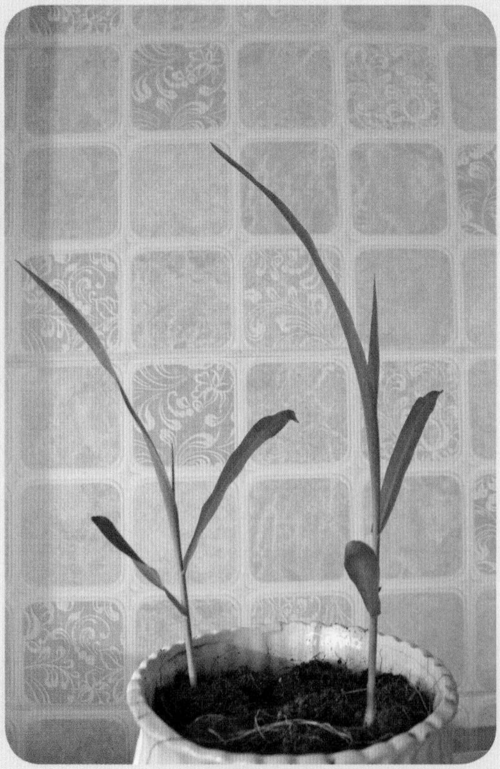

玉米3叶1心时期

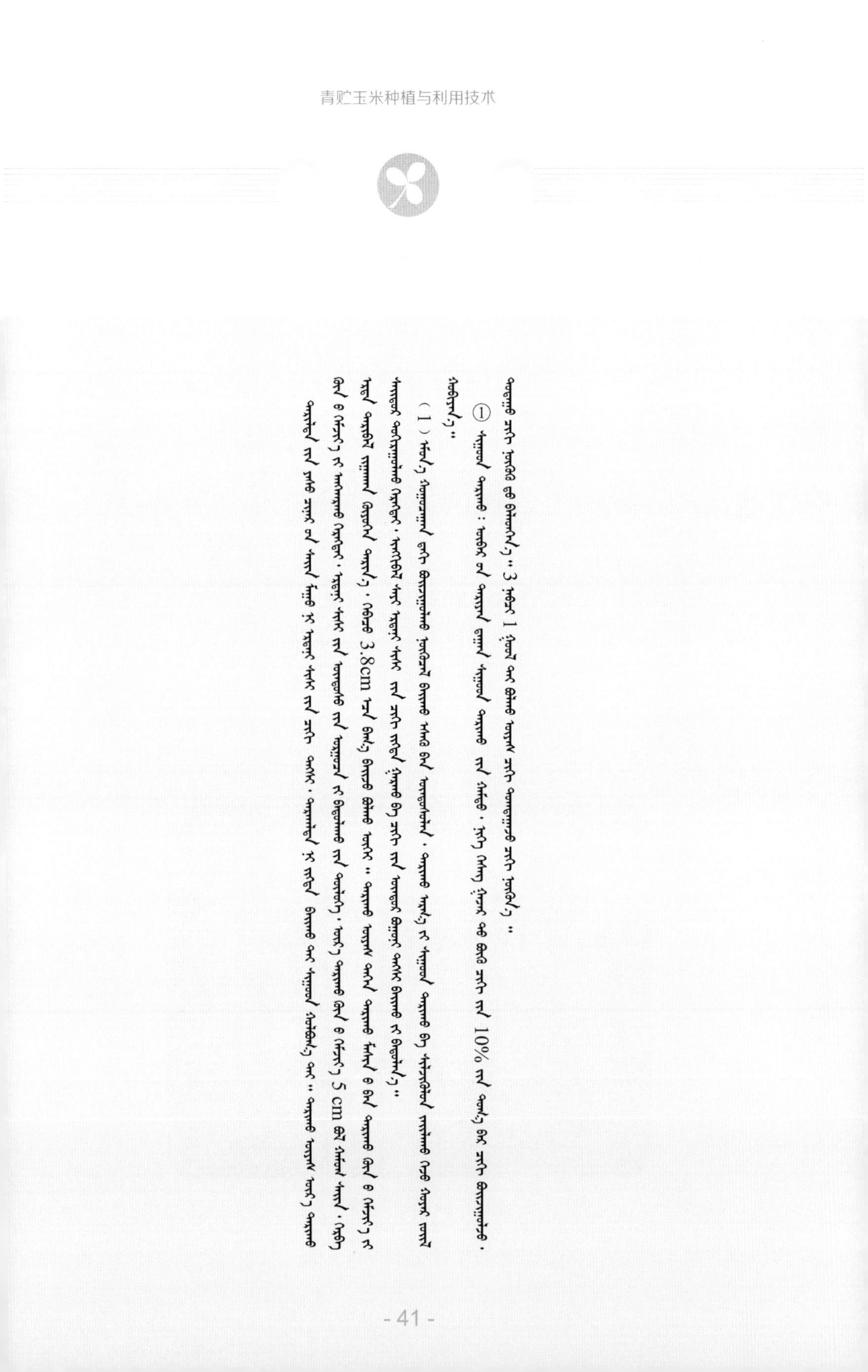

[illegible] :: 3 [illegible] 1 [illegible] ::

① [illegible] : [illegible] · [illegible] 10% [illegible] · [illegible] ::

(1) [illegible] · [illegible] · [illegible] · [illegible] 3.8cm [illegible] :: [illegible] · [illegible] · [illegible] 5 cm [illegible] · [illegible] · [illegible] ::

② 方块育苗移栽：先在育苗区播种培育，3叶1心时移栽到大田里，每窝2～3苗。

（2）根据灌溉条件，播种方法分露地播种和膜下滴灌播种两种。

① 露地播种：等行距50 cm条播或点播，株距20 cm，667 m^2保苗7 000株以上。用带镇压器的播种机完成播后镇压。

② 膜下滴灌播种：膜下滴灌栽培，膜上行距45 cm，膜间距55 cm，株距20 cm，667 m^2保苗株数在7 000株以上。

（3）根据播种的作物种类可分单播和混播。

① 单播：只种植玉米。优点是管理方便。

② 混播：与其他作物进行混播。优点是在青贮玉米的产量和品质上都有明显的提高。青贮玉米与豆科植物混播是一项重要的增产措施，同时还可大大提高青贮玉米的品质。以玉米为主作物，在株间混种豆科作物，其根系有固氮功能，可与玉米互相补充、合理利用地上地下资源，从而提高产量和改善营养价值。

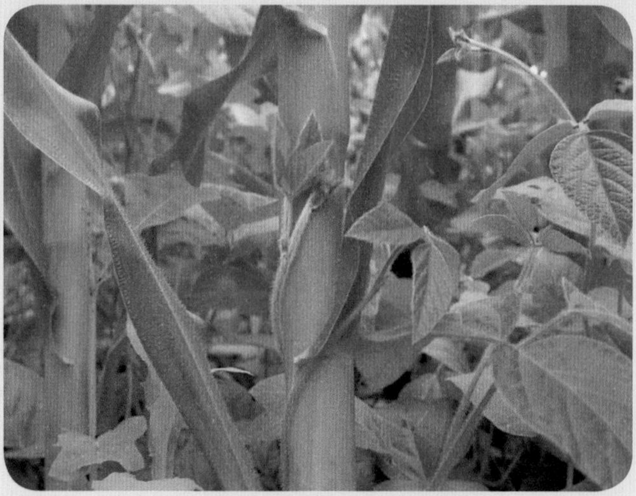

青贮玉米与豆科牧草混播

55cm · ᠮᠥᠬᠥᠯᠢᠭ ᠦᠨ ᠵᠠᠢ 20cm · 667 m² ᠲᠤᠲᠠᠮ ᠳᠤ 7 000 ᠮᠥᠬᠥᠯᠢᠭ ᠳᠠᠭᠠᠨ ᠪᠣᠯᠭᠠᠨ᠎ᠠ ::

② ᠬᠤᠰ ᠮᠥᠷ ᠤᠨ ᠲᠠᠷᠢᠯᠭ᠎ᠠ : ᠬᠤᠰ ᠮᠥᠷ ᠤᠨ ᠲᠠᠷᠢᠯᠭ᠎ᠠ ᠳᠤ ᠬᠤᠰ ᠮᠥᠷ ᠤᠨ ᠵᠠᠢ 45cm · ᠬᠤᠰ ᠮᠥᠷ ᠤᠨ ᠬᠣᠭᠣᠷᠣᠨᠳᠤ ᠶᠢᠨ

① ᠮᠥᠬᠥᠯᠢᠭ ᠦᠨ ᠵᠠᠢ : ᠮᠥᠷ ᠤᠨ ᠵᠠᠢ 50cm ᠪᠠ ᠮᠥᠬᠥᠯᠢᠭ ᠦᠨ ᠵᠠᠢ ᠶᠢ ᠲᠣᠬᠢᠷᠠᠭᠤᠯᠵᠤ · ᠮᠥᠬᠥᠯᠢᠭ ᠦᠨ ᠵᠠᠢ 20cm ᠪᠣᠯᠭᠠᠬᠤ · 667 m² ᠲᠤᠲᠠᠮ ᠳᠤ

4. 播种量

由于青贮玉米主要收获地上部绿体，成株后植株大、茎叶繁茂，并且还常有分蘖。为了提高产量，需要进行合理密植，给单株玉米发展的空间。密度的控制要根据玉米的品种、土壤的肥力来确定，掌握的原则是早熟品种密度大些，晚熟品种密度小些。土壤肥力较好时密度大些，肥力较差时密度小些。

若采用精量点播机播种，播种量为每667 m^2 为2 ～ 2.5 kg；若采用人工播种，播种量为每667 m^2 为2.5 ～ 3.5 kg。一般青贮玉米每667 m^2 保苗数为5 000 ～ 6 000株。不同地区、不同青贮玉米品种要想获得良好的品质及较大的产量就必须采取合适的种植密度。

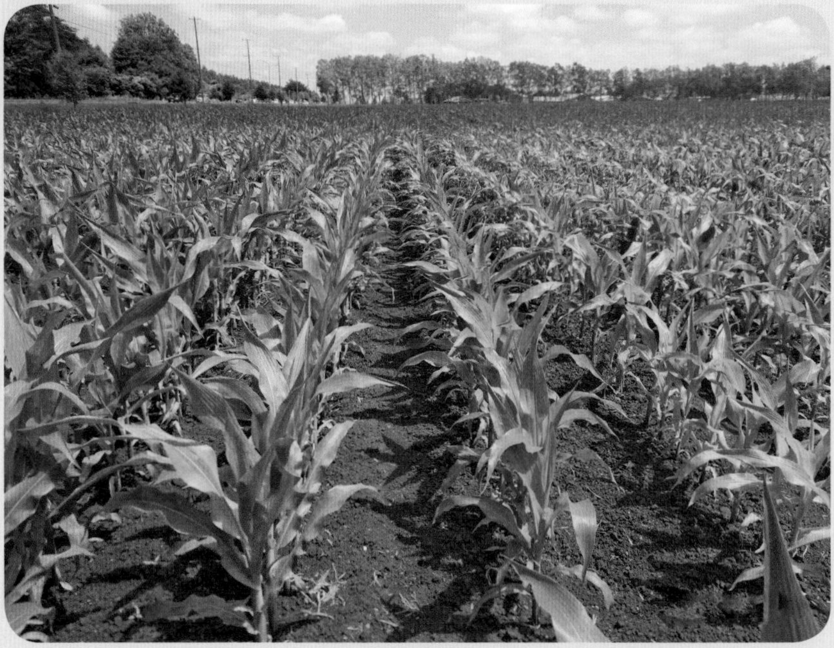

合理密植

ᠪᠣᠳᠣ ᠮᠠᠯ ᠤᠨ ᠲᠡᠵᠢᠭᠡᠯ ᠳᠦ ᠬᠡᠷᠡᠭᠯᠡᠬᠦ ᠨᠣᠭᠣᠭᠠᠨ ᠳᠠᠷᠤᠮᠠᠯ ᠤᠨ ᠪᠣᠯᠪᠠᠰᠤᠷᠠᠯ ᠤᠨ ᠬᠡᠮᠵᠢᠶ᠎ᠡ ᠶᠢ ᠪᠠᠷᠢᠮᠵᠢᠯᠠᠨ ᠲᠣᠭᠲᠠᠭᠠᠨ᠎ᠠ ᠃ ᠦᠬᠡᠷ ᠲᠦ 2.5 ~ 3.5kg ᠃ ᠰᠠᠭᠠᠯᠢ ᠶᠢᠨ ᠨᠣᠭᠣᠭᠠᠨ ᠲᠡᠵᠢᠭᠡᠯ ᠦᠨ ᠮᠠᠯ ᠤᠨ ᠲᠡᠵᠢᠭᠡᠯ ᠢ 667 m² ᠦᠬᠡᠷ ᠲᠦ 5 000 ~ 6 000 ᠮᠥᠬᠦᠯᠢ᠂ ᠮᠥᠬᠦᠯᠢ ᠪᠣᠳᠣ ᠨᠣᠭᠣᠭᠠᠨ ᠮᠠᠯ᠂ ᠮᠥᠬᠦᠯᠢ ᠬᠣᠨᠢ ᠶᠢᠨ ᠲᠡᠵᠢᠭᠡᠯ ᠦᠨ ᠬᠡᠮᠵᠢᠶ᠎ᠡ ᠪᠠᠷᠢᠮᠵᠢᠶ᠎ᠠ ᠶᠢ 667 m² ᠦᠬᠡᠷ ᠲᠦ 2 ~ 2.5kg᠂ ᠬᠣᠨᠢ ᠪᠠᠢᠭᠤᠯ ᠤ ᠬᠣᠭᠣᠯᠠ ᠪᠠᠨ ᠲᠡᠵᠢᠭᠡᠬᠦ᠂ 667 m² ᠲᠡᠵᠢᠭᠡᠯ ᠦᠨ ᠮᠠᠯ ᠢ ᠲᠡᠵᠢᠭᠡᠬᠦ ᠳᠦ ᠬᠣᠨᠢ ᠬᠣᠭᠣᠯᠠ ᠪᠠᠢᠭᠤᠯ ᠤ ᠲᠡᠵᠢᠭᠡᠯ ᠪᠣᠯᠭᠠᠨ ᠬᠡᠷᠡᠭᠯᠡᠵᠦ ᠪᠣᠯᠤᠨ᠎ᠠ ᠃ ᠲᠡᠵᠢᠭᠡᠯ ᠦᠨ ᠨᠣᠭᠣᠭᠠᠨ ᠲᠡᠵᠢᠭᠡᠯ ᠢ ᠪᠠᠢᠭᠤᠯᠬᠤ᠂ ᠲᠡᠵᠢᠭᠡᠯ ᠦᠨ ᠬᠡᠮᠵᠢᠶ᠎ᠡ ᠶᠢ ᠪᠠᠷᠢᠮᠵᠢᠯᠠᠨ ᠲᠡᠵᠢᠭᠡᠯ ᠢ ᠪᠣᠯᠭᠠᠬᠤ ᠪᠠᠢᠳᠠᠯ ᠪᠠᠢᠨ᠎ᠠ ᠃ ᠲᠡᠵᠢᠭᠡᠯ ᠦᠨ ᠨᠣᠭᠣᠭᠠᠨ ᠲᠡᠵᠢᠭᠡᠯ ᠦᠨ ᠪᠣᠳᠣ ᠮᠠᠯ ᠤᠨ ᠲᠡᠵᠢᠭᠡᠯ ᠦᠨ ᠬᠡᠮᠵᠢᠶ᠎ᠡ ᠶᠢ ᠬᠡᠷᠡᠭᠯᠡᠬᠦ ᠳᠦ ᠨᠣᠭᠣᠭᠠᠨ ᠮᠠᠯ ᠤᠨ ᠲᠡᠵᠢᠭᠡᠯ᠂ ᠲᠡᠵᠢᠭᠡᠯ ᠦᠨ ᠪᠠᠢᠳᠠᠯ ᠤᠨ ᠲᠡᠵᠢᠭᠡᠯ ᠢ ᠬᠡᠷᠡᠭᠯᠡᠨ᠎ᠡ ᠃ ᠲᠡᠵᠢᠭᠡᠯ ᠢ ᠬᠠᠷᠢᠭᠤᠴᠠᠭᠤᠯᠬᠤ ᠶᠢᠨ ᠪᠣᠯᠤᠨ ᠲᠡᠵᠢᠭᠡᠯ ᠢ ᠪᠣᠯᠭᠠᠨ ᠬᠡᠷᠡᠭᠯᠡᠨ᠎ᠡ᠂ ᠮᠥᠬᠦᠯᠢ᠂ ᠲᠡᠵᠢᠭᠡᠯ ᠦᠨ ᠮᠠᠯ ᠤᠨ ᠨᠣᠭᠣᠭᠠᠨ ᠲᠡᠵᠢᠭᠡᠯ ᠢ ᠬᠡᠷᠡᠭᠯᠡᠬᠦ ᠳᠦ ᠲᠡᠵᠢᠭᠡᠯ ᠢ ᠪᠠᠷᠢᠮᠵᠢᠯᠠᠨ᠎ᠠ᠂ ᠲᠡᠵᠢᠭᠡᠬᠦ ᠳᠦ ᠪᠣᠯᠤᠨ ᠢ ᠲᠡᠵᠢᠭᠡᠨ᠎ᠡ ᠃

4᠂ ᠠᠩᠬᠠᠷᠬᠤ ᠵᠦᠢᠯ

（三）青贮玉米的田间管理

科学的田间管理是提高青贮玉米产量和质量的关键。青贮玉米的田间管理与大田作物管理方法相同，需要进行补苗、间苗、中耕、水肥管理及除草等。

1. 补苗、间苗

在玉米出苗后，要及时做好查苗、补苗工作。如果发现缺苗要立即补苗，或者混种其他作物。如果在出苗后期出现残缺苗现象，则需要移苗补种，以达到苗全。

玉米苗长到3～4片叶时需要进行间苗。间苗时要将大苗留下，将病苗、弱苗、小苗移除。在玉米长到5～6片叶时实施定苗，将与行间距垂直的壮苗留下，这样可以保持田间良好的透风和透光，对于玉米的生长发育有利。

若青贮玉米品种为分枝多穗型，在定苗时不要去除分蘖，可以保留较多的侧枝，提高单位面积产量。

2. 中耕

在定苗时需要进行第1次中耕除草，中耕深度为8～10 cm，要求不压苗，松土并培土。第2次中耕则选择在拔节期，在苗高15 cm以上时进行，耕深为10～12 cm，要注意高培土。在玉米封垄前，能够保证中耕机不折断玉米苗时进行第3次中耕，结合开沟、培土和追肥一并进行，耕深为13～15 cm。铺膜播种的地块，也应在6～7片叶时结合追肥进行中耕、除草和培土。

3. 水肥管理

青贮玉米以收获绿体为主，群体较大，相应地需肥量也较大。为了保证高产，需要在玉米的整个生育期实施追肥。如果不及时追肥，易导致植株生长缓慢、产量下降。进入拔节期后玉米的生长速度变快，同时雄穗、雌穗开始分化。此时对水肥的需要量增加，需要施拔节、孕穗肥，以满足青贮玉米快速生长的需要。拔节与授粉时遇干旱应及时灌水；雨水过多时应及时排涝，否则会导致玉米植株死亡、总产量下降。

(ᠳᠥᠷᠪᠡ) ᠨᠣᠭᠣᠭᠠᠨ ᠲᠡᠵᠢᠭᠡᠯ ᠦᠨ ᠡᠷᠳᠡᠨᠢ ᠰᠢᠰᠢ ᠶᠢᠨ ᠲᠠᠷᠢᠯᠠᠩ ᠤᠨ ᠠᠷᠭ᠎ᠠ ᠲᠣᠭᠲᠠᠭᠠᠯ

ᠨᠣᠭᠣᠭᠠᠨ ᠲᠡᠵᠢᠭᠡᠯ ᠦᠨ ᠡᠷᠳᠡᠨᠢ ᠰᠢᠰᠢ ᠶᠢᠨ ᠲᠠᠷᠢᠯᠠᠩ ᠢ ᠰᠠᠢᠵᠢᠷᠠᠭᠤᠯᠬᠤ ᠳᠤ ᠭᠠᠵᠠᠷ ᠬᠠᠭᠤᠯᠬᠤ · ᠭᠠᠵᠠᠷ ᠲᠡᠭᠰᠢᠯᠡᠬᠦ · ᠦᠷ᠎ᠡ ᠲᠠᠷᠢᠬᠤ · ᠲᠠᠷᠢᠬᠤ ᠨᠢᠭᠲᠠᠷᠠᠯ ᠢ ᠲᠣᠭᠲᠠᠭᠠᠬᠤ ᠵᠡᠷᠭᠡ ᠠᠷᠭ᠎ᠠ ᠬᠡᠮᠵᠢᠶ᠎ᠡ ᠶᠢ ᠰᠠᠢᠲᠤᠷ ᠪᠠᠷᠢᠮᠲᠠᠯᠠᠬᠤ ᠬᠡᠷᠡᠭᠲᠡᠢ ᠪᠣᠯᠠᠨ᠎ᠠ ::

1. ᠭᠠᠵᠠᠷ ᠬᠠᠭᠤᠯᠬᠤ · ᠭᠠᠵᠠᠷ ᠲᠡᠭᠰᠢᠯᠡᠬᠦ

ᠡᠷᠳᠡᠨᠢ ᠰᠢᠰᠢ ᠨᠢ ᠭᠦᠨ ᠬᠠᠭᠤᠯᠬᠤ ᠭᠠᠵᠠᠷ ᠳᠤ ᠲᠠᠷᠢᠬᠤ ᠳᠤ ᠲᠣᠬᠢᠷᠠᠮᠵᠢᠲᠠᠢ ᠪᠠᠢᠳᠠᠭ :: ᠡᠩᠭᠡ ᠭᠠᠵᠠᠷ ᠢ ᠨᠠᠮᠤᠷ ᠪᠤᠶᠤ ᠬᠠᠪᠤᠷ ᠤᠨ ᠡᠬᠢᠨ ᠳᠤ ᠭᠦᠨ ᠬᠠᠭᠤᠯᠵᠤ ᠪᠠᠢᠭᠠᠳ ᠲᠠᠷᠢᠬᠤ ᠪᠣᠯᠪᠠᠰᠤ · ᠭᠠᠵᠠᠷ ᠬᠠᠭᠤᠯᠬᠤ ᠭᠦᠨ ᠨᠢ 20 ᠰᠠᠨᠲ᠋ᠢ ᠮᠧᠲ᠋ᠷ ᠡᠴᠡ ᠳᠣᠣᠷ᠎ᠠ ᠦᠭᠡᠢ ᠪᠠᠢᠬᠤ ᠬᠡᠷᠡᠭᠲᠡᠢ :: ᠭᠠᠵᠠᠷ ᠬᠠᠭᠤᠯᠤᠭᠰᠠᠨ ᠤ ᠳᠠᠷᠠᠭ᠎ᠠ ᠲᠡᠭᠰᠢᠯᠡᠵᠦ · ᠰᠢᠷᠣᠢ ᠶᠢ ᠨᠠᠷᠢᠯᠢᠭ ᠪᠣᠯᠭᠠᠬᠤ ᠬᠡᠷᠡᠭᠲᠡᠢ ::

2. ᠦᠷ᠎ᠡ ᠲᠠᠷᠢᠬᠤ

ᠨᠣᠭᠣᠭᠠᠨ ᠲᠡᠵᠢᠭᠡᠯ ᠦᠨ ᠡᠷᠳᠡᠨᠢ ᠰᠢᠰᠢ ᠶᠢ ᠲᠠᠷᠢᠬᠤ ᠬᠤᠭᠤᠴᠠᠭ᠎ᠠ ᠨᠢ ᠭᠠᠵᠠᠷ ᠤᠨ ᠭᠦᠨ 5 ~ 6 ᠰᠠᠨᠲ᠋ᠢ ᠮᠧᠲ᠋ᠷ ᠲᠦ ᠬᠦᠷᠲᠡᠯ᠎ᠡ ᠭᠠᠵᠠᠷ ᠤᠨ ᠳᠤᠯᠠᠭᠠᠴᠠ ᠨᠢ ᠲᠣᠭᠲᠠᠪᠤᠷᠢ ᠪᠠᠷ 10 ~ 12℃ ᠳᠤ ᠬᠦᠷᠦᠭᠰᠡᠨ ᠦᠶ᠎ᠡ ᠪᠣᠯᠠᠨ᠎ᠠ :: ᠨᠣᠭᠣᠭᠠᠨ ᠲᠡᠵᠢᠭᠡᠯ ᠦᠨ ᠡᠷᠳᠡᠨᠢ ᠰᠢᠰᠢ ᠶᠢ 3 ~ 4 ᠰᠠᠷ᠎ᠠ ᠳᠤ ᠲᠠᠷᠢᠬᠤ · ᠪᠤᠰᠤᠳ ᠭᠠᠵᠠᠷ ᠲᠤ ᠪᠣᠯ ᠭᠠᠵᠠᠷ ᠤᠨ ᠨᠥᠬᠦᠴᠡᠯ ᠢ ᠬᠠᠷᠠᠭᠠᠯᠵᠠᠨ ᠲᠠᠷᠢᠬᠤ ᠬᠤᠭᠤᠴᠠᠭ᠎ᠠ ᠶᠢ ᠲᠣᠭᠲᠠᠭᠠᠬᠤ ᠬᠡᠷᠡᠭᠲᠡᠢ :: ᠲᠠᠷᠢᠬᠤ ᠠᠷᠭ᠎ᠠ ᠨᠢ ᠮᠥᠷ ᠲᠠᠷᠢᠯᠭ᠎ᠠ · ᠨᠦᠬᠡ ᠲᠠᠷᠢᠯᠭ᠎ᠠ ᠵᠡᠷᠭᠡ ᠪᠠᠢᠵᠤ ᠪᠣᠯᠬᠤ ᠪᠥᠭᠡᠳ · ᠦᠷ᠎ᠡ ᠶᠢ ᠪᠠᠭᠤᠯᠭᠠᠬᠤ ᠭᠦᠨ ᠨᠢ 5 ~ 6cm ᠪᠠᠢᠬᠤ ᠨᠢ ᠲᠣᠬᠢᠷᠠᠮᠵᠢᠲᠠᠢ ::

ᠬᠤᠷ᠎ᠠ ᠪᠠᠭ᠎ᠠ ᠭᠠᠵᠠᠷ ᠲᠤ ᠭᠦᠨ ᠲᠠᠷᠢᠵᠤ · ᠴᠢᠢᠭ ᠰᠠᠢᠲᠠᠢ ᠭᠠᠵᠠᠷ ᠲᠤ ᠦᠬᠡᠳᠡᠭᠡᠨ ᠲᠠᠷᠢᠬᠤ ᠬᠡᠷᠡᠭᠲᠡᠢ · ᠲᠠᠷᠢᠭᠰᠠᠨ ᠤ ᠳᠠᠷᠠᠭ᠎ᠠ ᠳᠠᠷᠤᠵᠤ ᠴᠢᠢᠭ ᠢ ᠬᠠᠮᠠᠭᠠᠯᠠᠬᠤ ᠬᠡᠷᠡᠭᠲᠡᠢ ::

3. ᠲᠠᠷᠢᠬᠤ ᠨᠢᠭᠲᠠᠷᠠᠯ ᠢ ᠲᠣᠭᠲᠠᠭᠠᠬᠤ

ᠲᠠᠷᠢᠬᠤ ᠨᠢᠭᠲᠠᠷᠠᠯ ᠨᠢ ᠰᠣᠷᠴᠢᠯᠠᠩ ᠤᠨ ᠣᠨᠴᠠᠯᠢᠭ · ᠭᠠᠵᠠᠷ ᠤᠨ ᠦᠷᠭᠦᠵᠢᠯ · ᠤᠰᠤᠯᠠᠬᠤ ᠪᠣᠯᠤᠮᠵᠢ ᠵᠡᠷᠭᠡ ᠪᠡᠷ ᠲᠣᠭᠲᠠᠭᠳᠠᠨ᠎ᠠ :: ᠮᠥᠷ ᠬᠣᠭᠣᠷᠣᠨᠳᠣ ᠶᠢᠨ ᠵᠠᠢ 60 ~ 70cm · ᠮᠥᠩᠭᠦᠨ ᠬᠣᠭᠣᠷᠣᠨᠳᠣ ᠶᠢᠨ ᠵᠠᠢ 25 ~ 30cm · ᠤᠷᠲᠤ ᠤᠷᠭᠤᠮᠠᠯ ᠰᠣᠷᠲ ᠢ 13 ~ 15cm :: ᠨᠢᠭᠲᠠᠷᠠᠯ ᠢ ᠭᠠᠵᠠᠷ ᠤᠨ ᠨᠥᠬᠦᠴᠡᠯ ᠳᠦ ᠲᠣᠬᠢᠷᠠᠭᠤᠯᠤᠨ 6 ~ 7 ᠮᠢᠩᠭᠠᠨ ᠮᠥᠴᠢᠷ ᠲᠠᠷᠢᠬᠤ ᠬᠡᠷᠡᠭᠲᠡᠢ ::

结合第3次中耕进行开沟、培土和追肥。开沟利于灌水，培土可促进地上节上的根生长，扩大吸收功能，防止倒伏。此期每667 m^2追施尿素20 kg、磷酸二铵10 kg、硫酸钾镁肥10 kg。青贮玉米生长中后期，植株高大，人工或机械施肥较为困难，采用水冲肥法施肥。随第3水、第4水、第5水的冲施，每次每667 m^2冲施尿素6 ～ 8 kg。水肥同施，肥效快，利用率高。膜下滴灌栽培的地块需要每次结合滴水，每667 m^2随水追施滴灌复合肥5 ～ 7 kg。

青贮玉米整个生育期通常灌水7 ～ 9次，灌水周期12天左右，每667 m^2总灌水量为300 ～ 350 m^3。滴灌地第1水在适当蹲苗后，当植株达到12片叶、高50 ～ 60 cm时，每667 m^2滴水35 ～ 40 m^3，头水要灌匀、灌足。以后每月滴水2 ～ 3次，每667 m^2滴水30 ～ 35 m^3。

4. 除草及病虫害防治

田间杂草会与玉米发生抢光、肥和水的现象，还是害虫的栖息地，因此，清除田间杂草是田间管理的重要工作。可用除草剂除草，但是在临近青贮玉米收获的季节不可使用除草剂，以免产生药物残留，危害家畜。

如果青贮玉米病虫害严重，会影响到青贮玉米的质量，害虫还会引起玉米植株倒伏、夺取玉米的营养、增加玉米病害的概率，甚至导致植株死亡。防治病虫害可以通过轮作、种植抗病虫害的品种。使用杀虫剂是最有效的方法，但是要注意环境问题。

5. 防止倒伏

倒伏是在玉米生长过程中因风雨或管理不当使植株倾斜或着地的一种生产灾害。随着农业生产力的发展和玉米产量水平的上升，玉米高产与倒伏的矛盾越来越突出，影响着玉米生产。

ᠠᠭᠤᠯᠤᠭᠰᠠᠨ᠂ ᠬᠥᠷᠦᠰᠦ ᠰᠢᠪᠠᠷ ᠤᠨ ᠴᠢᠭᠢᠭᠰᠢᠯ ᠢ ᠬᠠᠳᠠᠭᠠᠯᠠᠬᠤ ... [illegible]

5. ᠬᠣᠣᠷ ᠬᠣᠣᠷᠲᠤ ᠶᠢ ᠬᠠᠮᠢᠶᠠᠷᠤᠯᠬᠤ

[illegible]

4. ᠤᠰᠤᠯᠠᠬᠤ ᠪᠠ ᠪᠣᠷᠳᠣᠬᠤ ᠶᠢ ᠬᠠᠮᠢᠶᠠᠷᠤᠯᠬᠤ

[illegible] 2 ~ 3 [illegible]᠂ 667 m² [illegible] 30 ~ 35 m³ [illegible]᠃ 12 [illegible] 50 ~ 60cm [illegible]᠂ 667 m² [illegible] 35 ~ 40 m³ [illegible]᠃ [illegible] 300 ~ 350 m³᠃ [illegible] 7 ~ 9 [illegible]᠃ [illegible] 12 [illegible]᠂ 667 m² [illegible] 5 ~7kg [illegible]᠃

[illegible]᠂ 667 m² [illegible] 6 ~ 8kg [illegible]᠃ [illegible] 10kg [illegible]᠃ [illegible] 667 m² [illegible] 20kg᠂ [illegible] 10kg᠂ [illegible]᠃

（1）玉米倒伏的原因

品种原因：植株过高、穗位过高、茎秆细弱或次生根少。

人为因素：密度过大、施肥不合理等。

天气原因：拔节期阴雨寡照和灌浆期暴风骤雨。

在这三因素中，天气因素是玉米倒伏的关键因素。

（2）防止玉米倒伏的措施

人工去雄：雄穗在植株高度中占到1/4以上，在抽雄扬花授粉后，除掉雄穗，降低植株高度，既可减轻大风引起的倒伏，又可减少田间群体的荫蔽性、增加透光，还有利于营养物质向穗部输送和增强籽粒灌浆速度，达到防倒增产的目的。

培土：可以促进地上基部茎节根的发育和增强植株的抗倒能力，是防止玉米倒伏的有效措施之一。夏播玉米可在拔节至封垄之前进行，中耕深度一般5～8 cm、净培土高度一般8～10 cm。

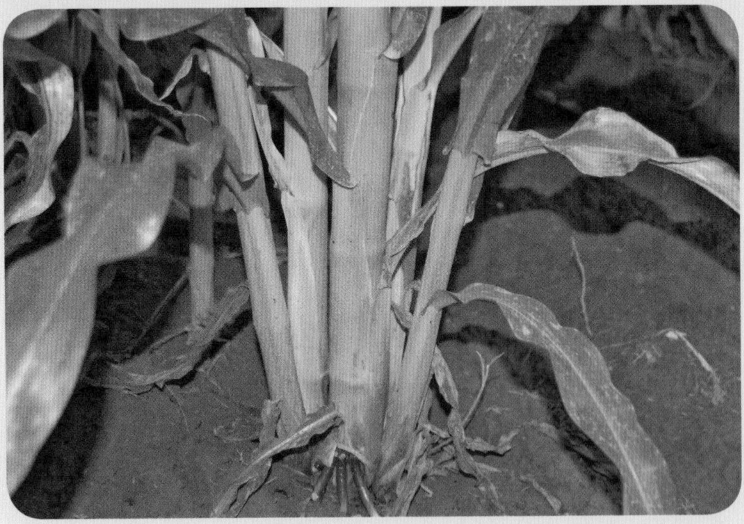

青贮玉米地面节上的根

ᠳᠤ ᠲᠠᠷᠢᠯᠠᠭᠳᠠᠨ᠎ᠠ᠂ ᠬᠠᠳᠠᠭᠠᠯᠠᠬᠤ ᠪᠡᠶ᠎ᠡ ᠶᠢᠨ ᠥᠨᠳᠥᠷ 5 ~ 8cm ᠪᠠᠢᠨ᠎ᠠ᠂ ᠬᠠᠳᠠᠭᠠᠯᠠᠬᠤ ᠮᠠᠰᠢᠨ ᠲᠠᠶᠢᠯᠤᠯ ᠢ ᠶᠢᠨ ᠥᠨᠳᠥᠷ 8 ~10cm ᠪᠠᠢᠨ᠎ᠠ ᠃

化控：具有抑制生长作用的一些化学调控剂（如玉米健壮素），可抑制茎秆节间伸长，控制玉米植株的高度，促进茎秆增粗，使得根系发达，增强抗倒伏能力。化控药剂的使用时期、浓度及喷施方式等一定要严格按照产品说明书要求进行，否则很容易因出现药害而造成减产。

（3）倒伏玉米的急救方法

人工扶直：玉米倒伏后应立即进行人工扶直。扶直时要防止折断和增加根伤，可1人扶直，另1人向根部培土。最好是倒后即扶，一旦拖延，不但难以扶起而且增加损失。倒伏不严重的植株，由于自身调节能力强，一般能直立起来，无需二次扶直。

肥水调节：倒伏的玉米光合作用差，生理机能受到扰乱，影响灌浆结实。对只追1次肥的田块，可再追1次肥。也可用磷酸二氢钾等叶面专用肥喷洒植株，有利于增加结实率，减少秃尖。

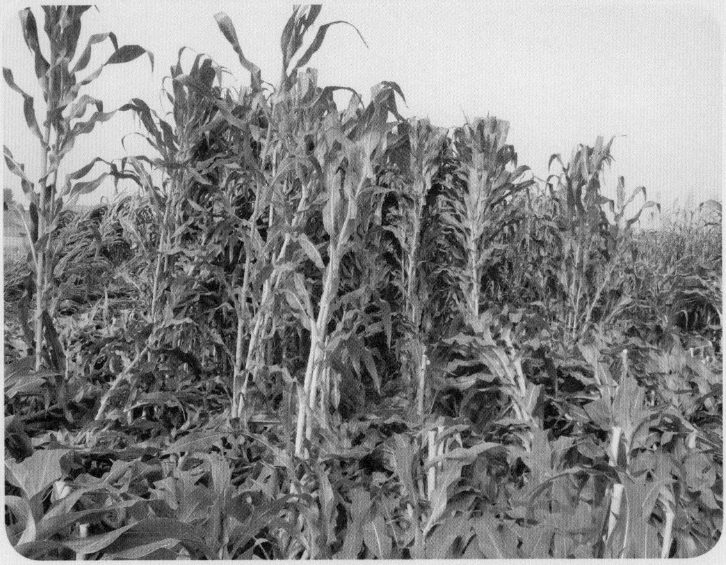

玉米倒伏

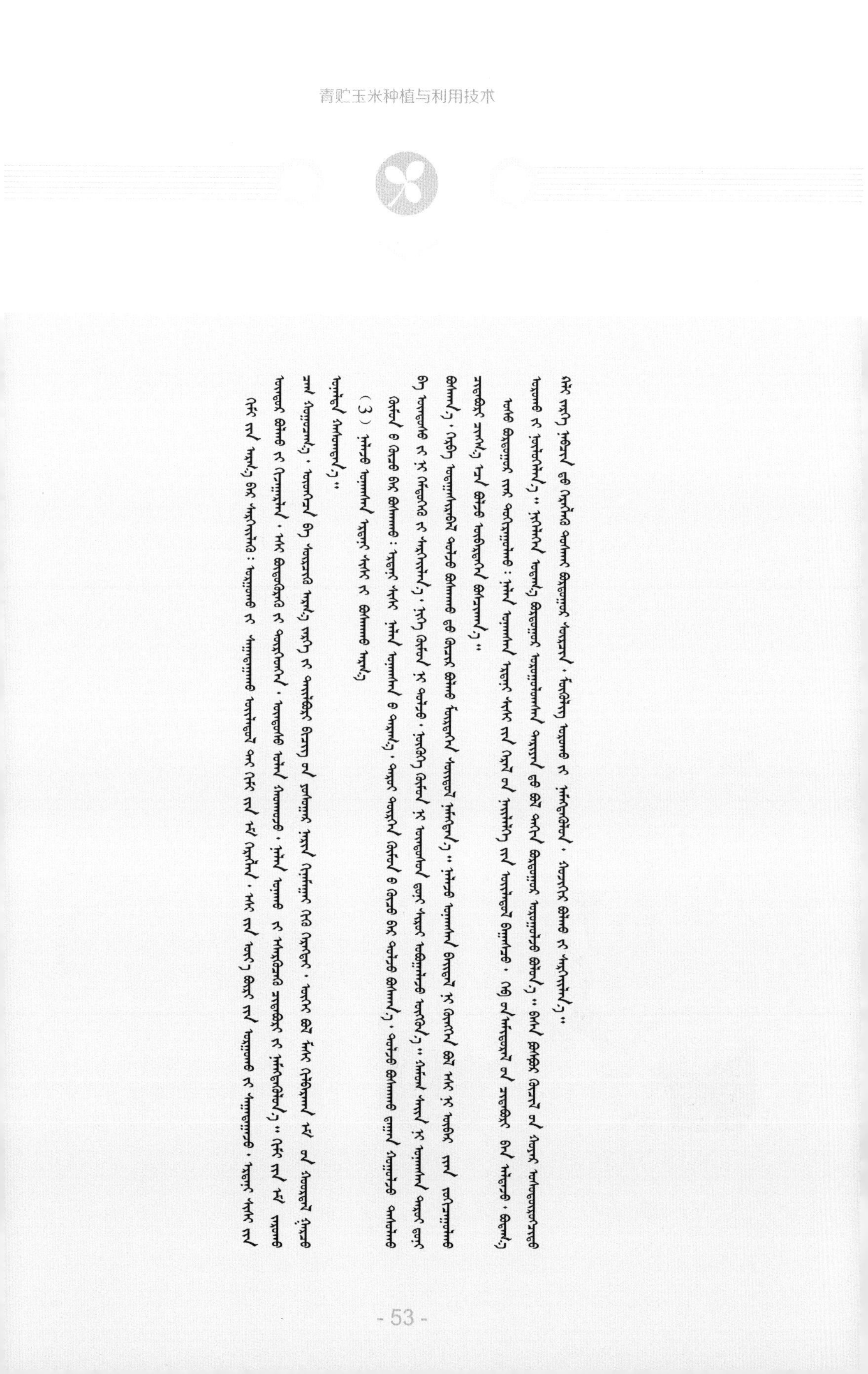

五、青贮玉米收获、加工和贮藏

(一)青贮玉米的收获

青贮专用玉米全株利用，不用摘果穗；粮饲兼用玉米摘穗后应尽快收割茎秆和叶进行青贮；粮饲通用玉米要看具体收获对象确定。不论哪种类型，适时收割、快速进行加工都很重要。

1. 适时收获

青贮玉米在水分少、干物质多且所含的淀粉较高时进行收获。此时收获，能量值最高。选择最佳的收获期对于保持青贮玉米高营养价值非常重要。最佳收获期是植株的含水量为61% ～ 68%。一般选择在青贮玉米乳熟期至蜡熟期收获，如果收获期过晚，则青贮玉米的粗纤维含量增加，适口性降低。青贮玉米在收获后要立即调制青贮或者饲喂，不宜长期保存。如果全株含水量高于68%，则含水量高、干物质低，能量不足；如果含水量在61%以下收获，则青贮产量下降，酸性洗涤纤维增高、消化吸收率降低，同时因水分降低不易压紧，导致青贮发霉变质、品质下降等问题。

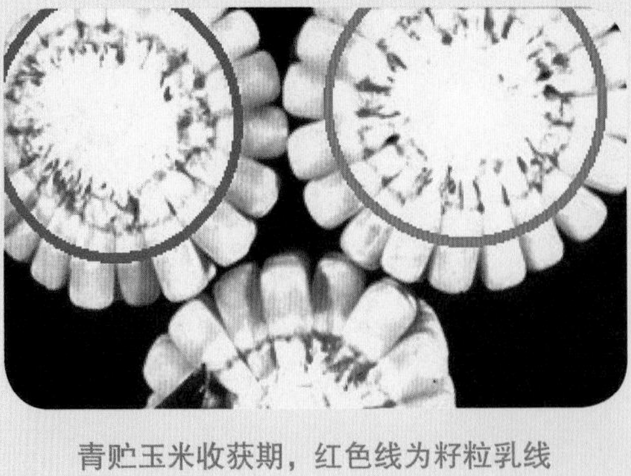

青贮玉米收获期，红色线为籽粒乳线

要选择晴朗天气收割，避免阴雨天，不要带泥土进入青贮设备。

2. 收获期指标

当青贮玉米籽粒乳线下移到1/2左右时（籽粒乳熟初、中期）或初霜前，即可采用青贮收割机进行收获。

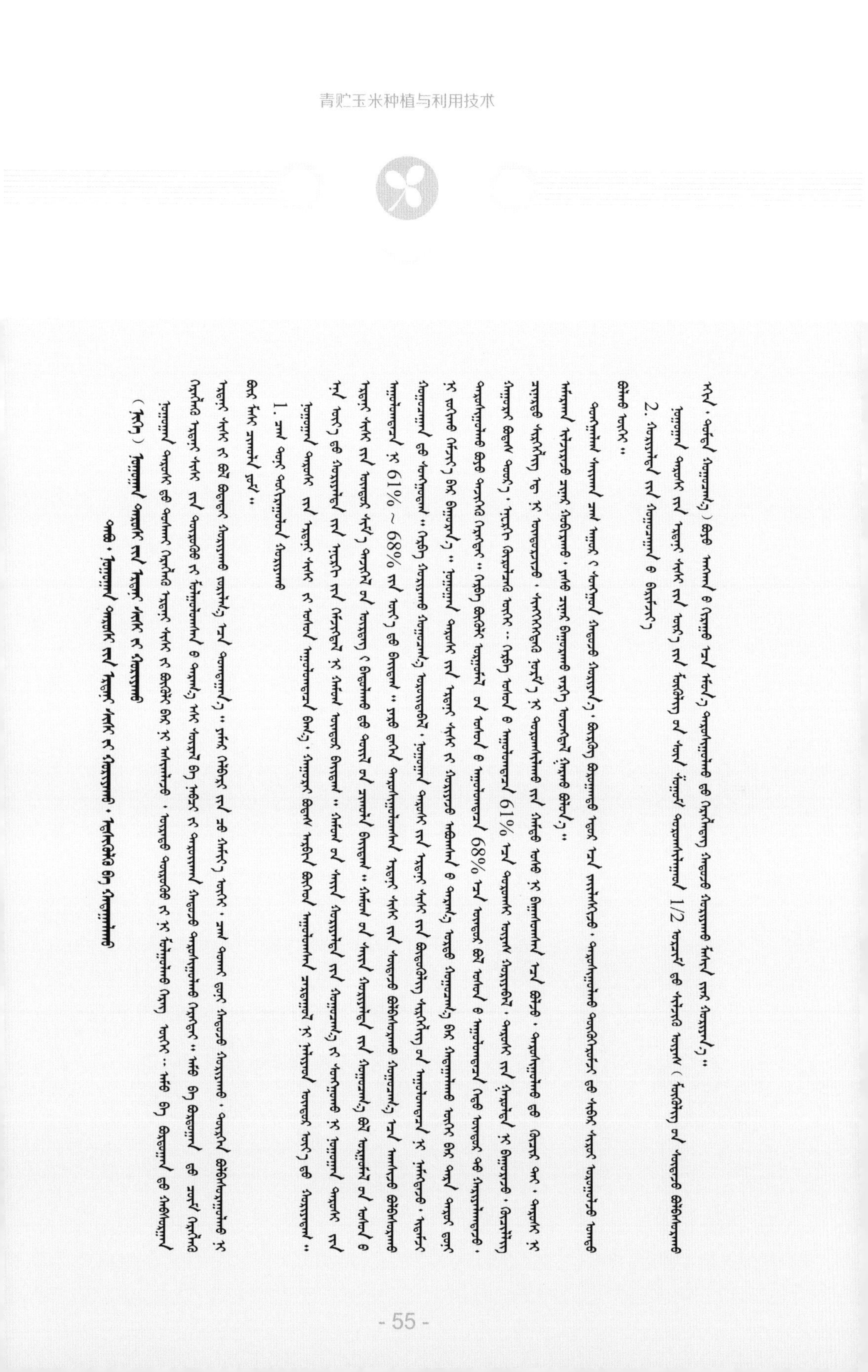

[illegible]

收割时，青贮玉米留茬20 cm（北方30 cm最佳），一方面防止土壤中的微生物进入青贮，引起梭菌繁殖；另一方面根部木质素过多，影响家畜消化。最佳收割期青贮玉米的干物质含量为30%～35%，最高不能超过40%。

3. 收获方法

青贮玉米生产流程可分两种：一体化收获和分段式收获。

（1）一体化收获：收割的同时进行切碎、抛送到翻斗车，再用翻斗车或卡车送到场地直接进行青贮的方式。通常，集约化程度高的大型企业机械功力和青贮规模大，采用一体化收获方式。要求地势平坦，利于大型机械连续工作。步骤：田间收获、切碎、抛送→运输→装填压实→密封。

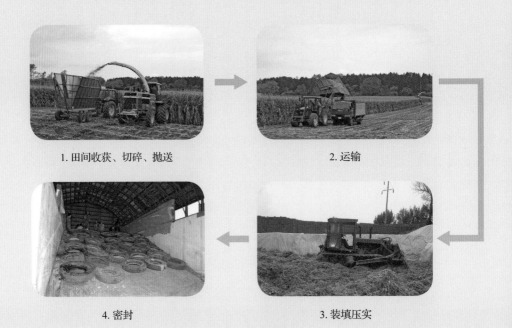

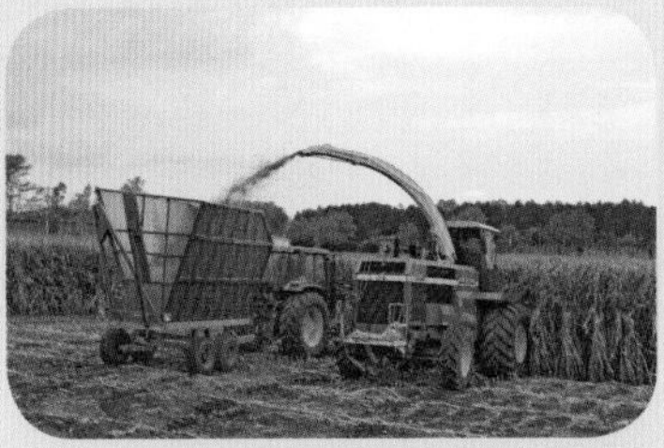

1. 田间收获、切碎、抛送

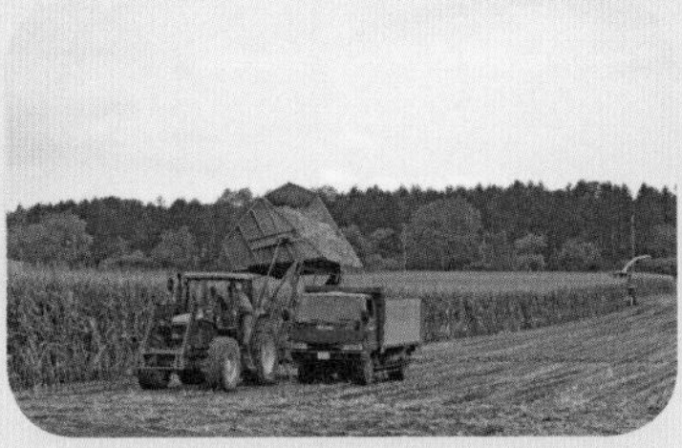

2. 运输

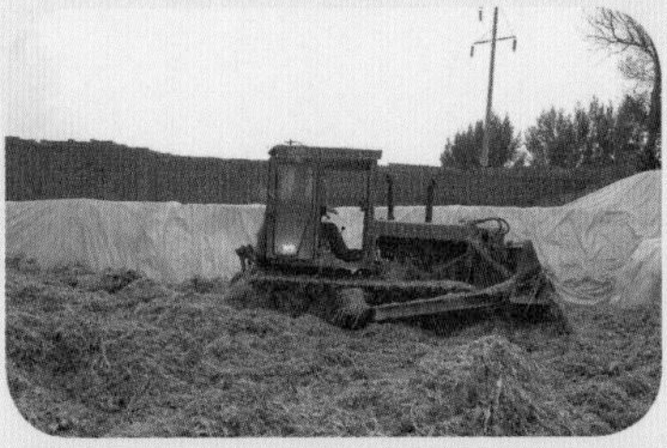

3. 装填压实

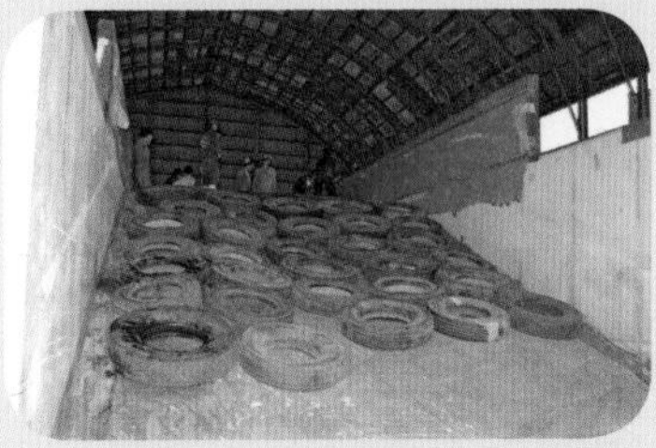

4. 密封

一体化收获流程图

ᠰᠢᠯᠣᠰᠤ ᠰᠢᠯᠣᠰᠬᠠᠬᠤ ᠬᠡᠮᠵᠢᠶ᠎ᠡ · ᠲᠡᠵᠢᠭᠡᠯ ᠬᠠᠳᠤᠯᠠᠬᠤ ᠶᠢᠨ ᠲᠤᠬᠠᠢ ᠴᠠᠭ ᠶᠢᠨ ᠦᠯᠡᠳᠡᠭᠳᠡᠯ ᠢ 20 cm（ᠬᠠᠮᠤᠭ ᠤᠨᠳᠤᠷ ᠳᠤ 30 cm ᠡᠴᠡ ᠰᠢᠯᠵᠢᠬᠦ ᠦᠭᠡᠢ）ᠪᠠᠶᠢᠯᠭᠠᠨ᠎ᠠ · ᠲᠠᠷᠢᠬᠤ ᠳᠤ

（2）分段式收获：收割之后将植株先运送到场地，再用青贮机进行切碎之后进行青贮的方式。用于集约化程度低的山地或者不连片区域。步骤：田间收获→运输→切碎、装填→压实、密封。

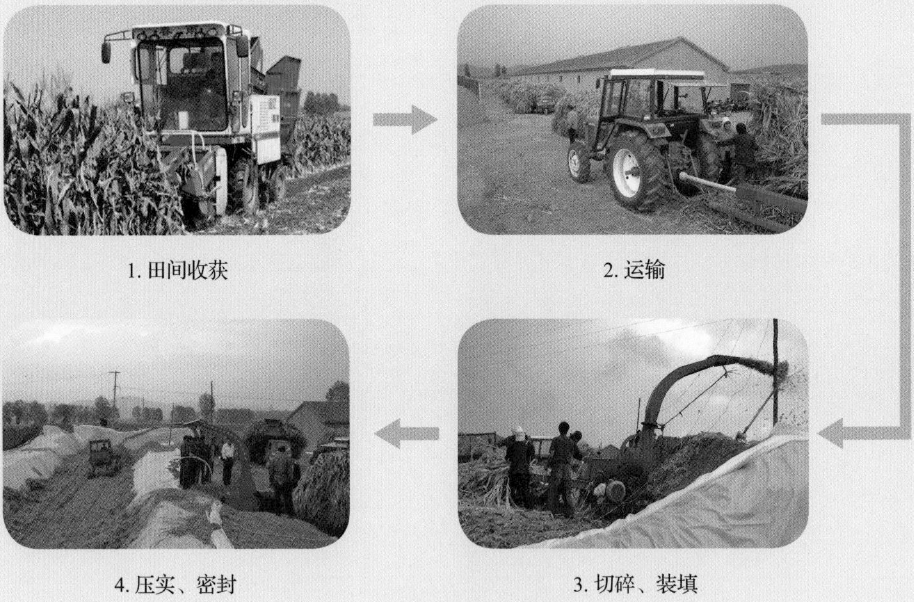

分段式收获流程图

根据青贮种类、饲喂动物种类的不同，采取不同方式进行青贮。通常，规模较大的养殖场都是使用窖贮方式来制作青贮。另外，还有裹包青贮、灌装青贮等不同方式。

（二）青贮玉米的加工

1. 青贮的原理与优点

（1）青贮的原理：青贮是将含水量为65%～75%的新鲜材料切碎后，在密闭缺氧的条件下，通过乳酸菌厌氧发酵茎叶、籽粒的糖类或淀粉，产生以乳酸为主的脂肪酸。当乳酸积累发酵使密闭环境的pH下降到3.8～4.2时，腐败菌和丁酸菌等微生物的活动被抑制。随着酸度的进一步的增加，再经过30天左右的稳定发酵期，最终乳酸菌本身的活动也受到抑制，使植物的茎叶乃至果穗储藏在一个相对无菌的环境之中，从而使其营养物质可以长期在密闭的环境中保存。

（2）青贮类型：从原料成分来分，青贮可分为单贮和混贮两种类型。

玉米含糖量高，属于易青贮植物，仅用其含糖量的65%～70%就足以供单贮产生乳酸之用。因为玉米含有过剩的糖，可与不易青贮的植物混贮，以补充青贮玉米蛋白质含量低的不足。

豆科中的紫花苜蓿、三叶草、草木犀、野豌豆等牧草富含蛋白质，按干物质计算，其蛋白质含量达20%以上，且碱性较高，适口性好，适宜作各种家畜的饲料，动物对它们的消化率高达78%，但其含糖量有限，单贮不易发生乳酸发酵，易发生腐败，属于不易青贮植物。豆科牧草与玉米混贮，可以制成优质青贮饲料。混贮用的紫花苜蓿应在开花期以前收割并进行切碎，与切碎的玉米茎叶混拌均匀，玉米茎秆与紫花苜蓿混合比例不应超过3∶1。但要注意避免用老的豆科植物与玉米秸秆混贮。

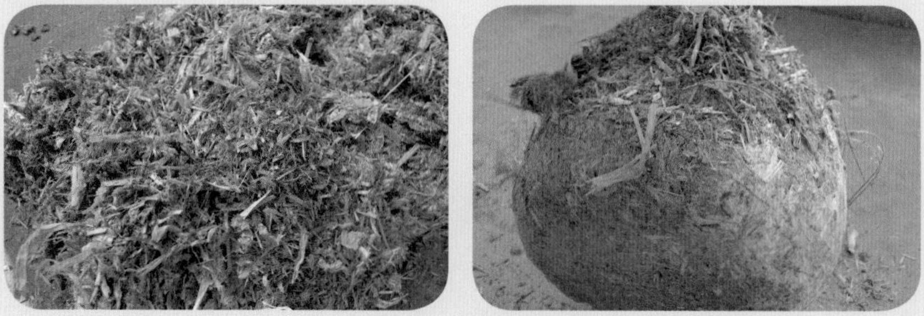

玉米秸秆和胡萝卜混贮

ᠨᠠᠮᠤᠭ ᠤ ᠬᠡᠮᠵᠢᠶ᠎ᠡ ᠨᠢ 65% ~75% ᠪᠠᠢᠬᠤ ᠦᠶ᠎ᠡ ᠳᠦ ᠳᠠᠷᠤᠮᠠᠯ ᠲᠡᠵᠢᠭᠡᠯ ᠦᠨ ᠴᠢᠨᠠᠷ ᠤᠨ ᠰᠠᠶᠢᠨ ᠪᠠᠢᠨ᠎ᠠ᠂ ᠦᠨᠳᠦᠰᠦᠯᠡᠭᠰᠡᠨ ᠪᠣᠯᠪᠠᠰᠤᠷᠠᠭᠤᠯᠤᠯᠲᠠ ᠶᠢᠨ ᠳᠠᠷᠤᠮᠠᠯ ᠨᠢ ᠰᠠᠶᠢᠨ᠂ ᠰᠢᠭᠦᠷᠳᠡᠭᠦ ᠬᠦᠴᠢᠯ ᠦᠨ ᠬᠡᠮᠵᠢᠶ᠎ᠡ ᠨᠢ ᠣᠯᠠᠨ ᠪᠣᠯᠤᠨ᠎ᠠ᠂ ᠦᠨᠡᠷ ᠨᠢ ᠰᠠᠶᠢᠨ᠂ ᠵᠢᠭᠦᠷ ᠰᠠᠶᠢᠨ ᠢᠳᠡᠭᠡᠯ ᠦᠨ ᠴᠢᠨᠠᠷ ᠲᠠᠢ᠂ pH ᠬᠡᠮᠵᠢᠶ᠎ᠡ ᠨᠢ 3.8 ~ 4.2 ᠪᠠᠢᠬᠤ ᠪᠣᠯᠤᠨ᠎ᠠ᠃ ᠰᠢᠭᠦᠷᠳᠡᠭᠦ ᠬᠦᠴᠢᠯ ᠦᠨ ᠬᠡᠮᠵᠢᠶ᠎ᠡ ᠨᠢ ᠣᠯᠠᠨ ᠪᠣᠯᠪᠠᠰᠤ ᠪᠠᠭ᠎ᠠ ᠪᠣᠯᠪᠠᠰᠤ ᠪᠠᠷᠠᠭᠠᠨ ᠡᠭᠦᠰᠦᠨ᠎ᠡ᠃ ᠰᠠᠯᠠᠯᠲᠠ ᠶᠢᠨ ᠡᠷᠬᠢᠯᠡᠯ ᠦᠨ ᠬᠡᠮᠵᠢᠶ᠎ᠡ ᠨᠢ 30 ᠬᠣᠨᠤᠭ ᠤᠨ ᠳᠠᠷᠠᠭ᠎ᠠ ᠲᠣᠭᠲᠠᠪᠤᠷᠢᠵᠢᠨ᠎ᠠ᠂ ᠡᠳᠡᠭᠡᠷ ᠲᠡᠵᠢᠭᠡᠯ ᠦᠨ ᠴᠢᠨᠠᠷ ᠢ ᠬᠠᠮᠠᠭᠠᠯᠠᠬᠤ ᠳᠤ ᠬᠡᠷᠡᠭᠯᠡᠭᠳᠡᠨ᠎ᠡ᠃

玉米茎秆与野草野菜混贮。在生长野草野菜较多的地区，把它与玉米调制成混合的青贮饲料。混合比例根据野草野菜的数量来决定。混贮用的野草野菜应尽量选用嫩绿和多汁的，切碎后与玉米茎叶混拌均匀。

玉米秸秆与甘薯混贮。可以调节玉米秸秆水分的不足，并有利于压实，增加青贮料中蛋白质的含量，提高青贮饲料的营养价值。因为玉米秸秆富含糖分、质地硬、含水量低，而甘薯质地柔软、含水量高，均匀混合青贮，可获得质量较好的青贮饲料。

总之，青贮玉米的加工与贮藏关系到其营养价值、利用效率等多方面因素，采用什么方法要根据当地实际情况确定。

（3）青贮添加剂：世界上有65%的青贮饲料使用添加剂。最早用的青贮添加剂是无机酸，现在广泛使用的是有机酸，可以提高乳酸的含量，减少丁酸产生，提高消化率，提高青贮饲料的营养价值和适口性。可在青贮中添加的物质有食盐、尿素、青贮接种菌、甲酸（蚁酸）、丙酸、苯甲酸、纤维素酶、微量元素等，在生产中结合实际情况，可在技术员指导下选用1种或几种青贮添加剂。

① 食盐：在青贮原料含水量低、质地粗硬、植物细胞液汁难渗出的情况下，每1 000 kg原料添加2 ～ 3 kg食盐。做法是将盐化水里均匀喷洒在原料上，可以促进细胞液汁的渗出，有利于乳酸菌的繁殖，加快饲料发酵，提高青贮饲料的品质。

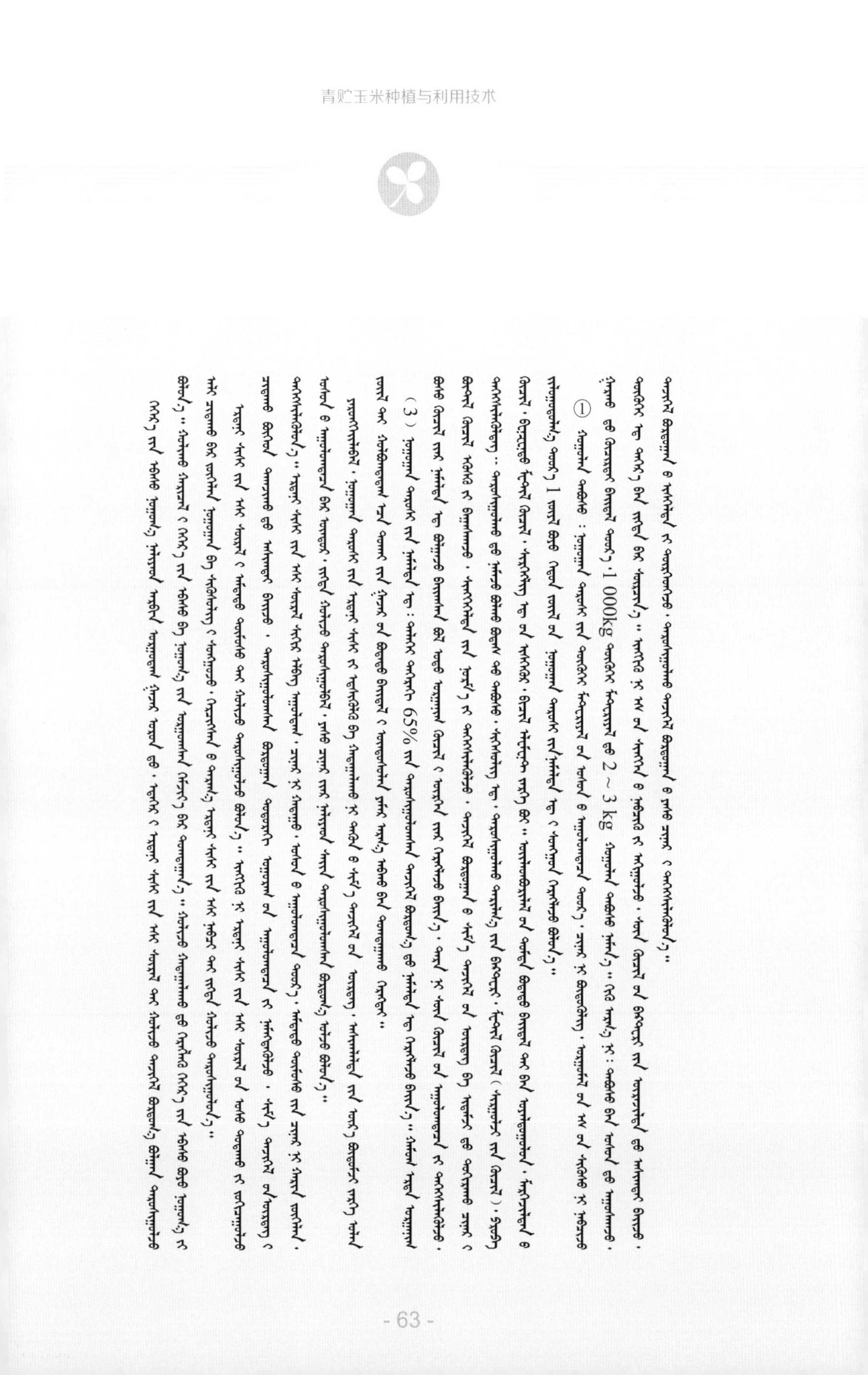

[illegible]

② 尿素：青贮玉米中添加尿素饲喂反刍家畜有着极其重要的作用，可以提高青贮饲料中蛋白质的含量，增加反刍家畜的采食量，有效防止二次发酵。但是，添加尿素时用量要适当，添加过多家畜食后容易中毒，添加过少起不到应有的作用。生产上一般按每1 000 kg青贮玉米秸秆添加5 kg尿素，这样青贮玉米秸秆饲料的粗蛋白质含量就可以提高1.4%。添加方法：将尿素制成水溶液，在入窖装填时将其均匀喷洒在青贮原料上。

③ 青贮接种菌：是一种青贮专用微生物添加剂，由植物乳杆菌（LP）、戊糖片球菌（PP）、纤维素酶、细菌生长促进剂及载体等多种成分组成，能减少青贮过程中营养物质的消耗，防止取料后饲料的有氧霉变，保证乳酸菌发酵所需的营养。1 000 kg经青贮接种菌处理过的青贮饲料可提高奶牛奶产量46.5 kg，可提高肉牛增重6.7 kg，投入产出比为1∶10，效果明显。

④ 有机酸：甲酸，保持青贮料的营养价值，提高青贮料的品质，用量为100 kg鲜草用85%的甲酸稀释20倍后用8 L；丙酸，抑制与青贮腐败有关的微生物，用量为每1 m^3青贮加1 L，直接喷洒；苯甲酸及其钠盐在酸性饲料中应用，以减轻腐烂，防止霉菌生长，保持原料性质，用量不超过0.1%。

② [illegible] 1 000kg [illegible] 5kg [illegible] 1.4% [illegible]

③ [illegible] (LP) [illegible] (PP) [illegible] 1 000kg [illegible] 46.5kg [illegible] 6.7 kg [illegible] 1 : 10 [illegible]

④ [illegible] 100kg [illegible] 85% [illegible] 20 [illegible] 8L [illegible] $1m^3$ [illegible] 1L [illegible] 0.1% [illegible]

⑤ 药用植物添加剂：我国2020年开始全面禁止饲用抗生素的利用。近年，中草药、蒙药植物等传统药物尝试用作青贮添加剂，目的是不仅改善饲草青贮品质，提高营养成分，而且有利于提高家畜的抵抗力和免疫力，为畜牧业的安全生产乃至全民健康服务。

（4）青贮饲料有以下优点。

① 营养丰富：青贮可以减少营养成分的损失，提高饲料利用率。青贮玉米在制作过程中氧化分解作用微弱，养分损失少，一般不超过10%。玉米收获时干物质含量高于200 g/kg，发酵稳定，非结构性碳水化合物的含量较高，且具有较低的缓冲容量。通过青贮，还可以消灭原料携带的很多有害菌及寄生虫，防止营养损失。但是，玉米青贮饲料的主要营养缺陷是粗蛋白质含量低，所以与其他饲料配合利用更好。

② 适口性好：青贮饲料柔软多汁、气味酸甜芳香、适口性好，尤其在枯草季节，家畜能够吃到青绿饲料，自然能够增加采食量，同时还促进瘤胃分泌消化液，对提高家畜日粮内其他饲料的消化也有良好的作用。

③ 提高产奶量：大量的饲喂试验表明，饲喂青贮饲料可使产奶家畜提高产奶量10% ～ 20%，提升幅度受青贮原料的营养含量及青贮后品质的影响。因此，大型奶牛养殖场必须饲喂青贮饲料，尤其全株玉米青贮更好。

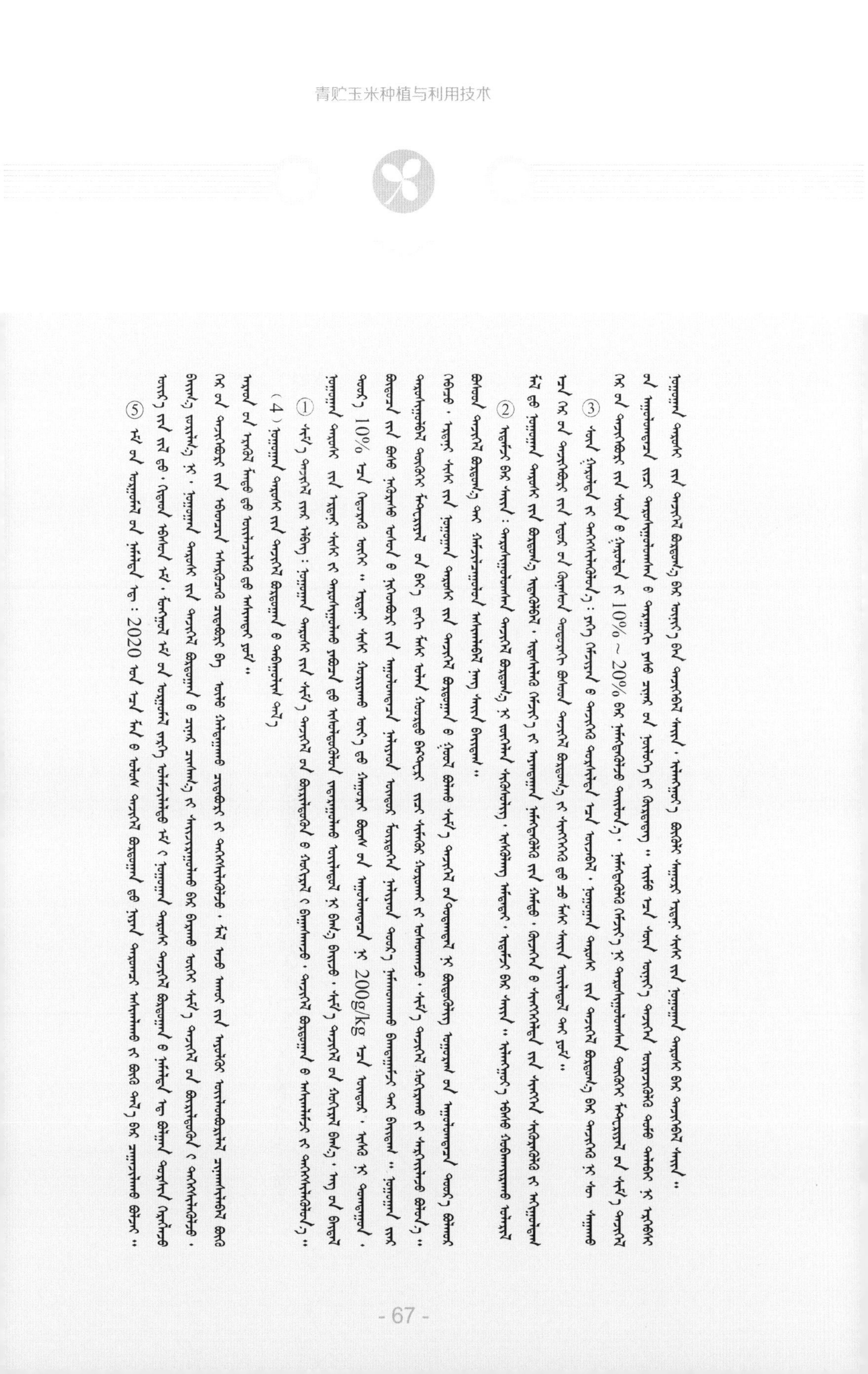

⑤ [illegible] : 2020 [illegible] ::

(4) [illegible]

① [illegible] :: [illegible] 10% [illegible] :: [illegible] 200g/kg [illegible] ::

② [illegible] : [illegible] ::

③ [illegible] : [illegible] 10% ~ 20% [illegible] ::

④ 制作简便：青贮是保持青饲料营养物质最有效、最廉价的方法之一。青贮原料来源广泛，各种青绿饲料、青绿作物均可用来制作青贮饲料。青贮饲料的制作不受季节和天气的影响，制作工艺简单，投入劳力少。与保存干草相比，制作青贮饲料占地面积小，易保管。

⑤ 利于长期保存：青贮饲料比新鲜饲料耐储存，一年四季均可利用，动物对其营养吸收优于干草。青贮原料一般经过30天的密闭发酵后即可饲喂家畜。研究表明，密封3个月以上开窖效果最好。保存好的青贮饲料可以存储几年或十几年的时间。但是，窖藏时间越长，营养物质损失率越高。

生产实践证明，青贮饲料不仅能调剂青绿饲料供应，而且有利于防灾备灾，是合理利用青饲料的一项有效方法；青贮饲料也是推进规模化、现代化养殖，大力发展农区畜牧业，大幅度降低养殖成本，快速提高养殖效益的有效途径。与此同时，也是提高畜产品品质，增强产品在国内、国际市场竞争力的一项有力措施。

2. 影响青贮发酵的因素

（1）乳酸菌：乳酸发酵的主角是乳酸菌。乳酸菌快速增殖而抑制其他不良微生物的繁殖，在原料草中菌落数量要达到10万 cfu/g以上。普通的饲草上附着的乳酸菌数量为100 ～ 1 000 cfu/g。乳酸菌是厌氧菌，不同青贮方式均通过压实、密封创造无氧条件，让乳酸菌快速繁殖。一般要求压实密度大于500 kg/m^3，平均碾压密度达到550 kg/m^3。

ᠬᠥᠭ ᠪᠠᠭᠰ ᠤᠨ ᠲᠣᠭ᠎ᠠ ᠪᠣᠯ ᠰᠢᠯᠤᠰ ᠤᠨ ᠴᠢᠨᠠᠷ ᠢ ᠲᠣᠳᠤᠷᠬᠠᠢᠯᠠᠬᠤ ᠴᠢᠬᠤᠯᠠ ᠦᠵᠡᠭᠦᠯᠦᠯᠲᠡ ᠮᠥᠨ᠃ ᠬᠥᠭ ᠪᠠᠭᠰ ᠤᠨ ᠲᠣᠭ᠎ᠠ ᠨᠢ 10 ᠮᠢᠩᠭ᠎ᠠ cfu/g ᠡᠴᠡ ᠳᠡᠭᠡᠭᠰᠢ ᠪᠣᠯ ᠰᠢᠯᠤᠰ ᠢ ᠮᠠᠯ ᠳᠤ ᠡᠳᠡᠭᠡᠬᠦ ᠳᠦ ᠲᠣᠬᠢᠷᠠᠮᠵᠢ ᠦᠭᠡᠢ᠃ ᠡᠷᠦᠯ ᠬᠡᠮᠵᠢᠶ᠎ᠡ ᠶᠢᠨ ᠰᠢᠯᠤᠰ ᠤᠨ ᠬᠥᠭ ᠪᠠᠭᠰ ᠤᠨ ᠲᠣᠭ᠎ᠠ ᠨᠢ 100 ~1 000cfu/g ᠪᠠᠢᠨ᠎ᠠ᠃ ᠬᠥᠭ ᠪᠠᠭᠰ ᠤᠨ ᠲᠣᠭ᠎ᠠ ᠶᠢ ᠬᠢᠵᠠᠭᠠᠷᠯᠠᠬᠤ ᠨᠢ ᠰᠢᠯᠤᠰ ᠤᠨ ᠬᠠᠳᠠᠭᠠᠯᠠᠯᠲᠠ ᠶᠢᠨ ᠴᠢᠨᠠᠷ ᠢ ᠰᠠᠢᠵᠢᠷᠠᠭᠤᠯᠬᠤ ᠳᠤ ᠴᠢᠬᠤᠯᠠ ᠠᠴᠢ ᠬᠣᠯᠪᠣᠭᠳᠠᠯ ᠲᠠᠢ᠃

ᠨᠢᠭᠲᠠ ᠪᠠᠢᠳᠠᠯ ᠢᠶᠠᠷ ᠬᠠᠳᠠᠭᠠᠯᠠᠭᠳᠠᠬᠤ ᠳᠤ ᠰᠢᠯᠤᠰ ᠤᠨ ᠨᠢᠭᠲᠠᠷᠠᠭᠤᠯᠤᠯᠲᠠ ᠨᠢ 500kg/m³ ᠡᠴᠡ ᠪᠠᠭ᠎ᠠ ᠦᠭᠡᠢ᠂ ᠰᠠᠢᠨ ᠨᠢᠭᠲᠠᠷᠠᠭᠤᠯᠤᠯᠲᠠ ᠨᠢ 550 kg/m³ ᠪᠠᠢᠨ᠎ᠠ᠃

（2）温度：乳酸菌适宜发酵温度为19～37℃。温度升高，乙酸含量大量增加，乳酸含量急剧减少，且温度继续升高，乳酸含量降低速度增加；温度升高，植物脂肪被氧化的过程加速，糖、蛋白质和粗脂肪含量都大幅下降，淀粉、胡萝卜素、中性洗涤纤维和酸性洗涤纤维、乳酸和乙酸浓度略有降低，干物质损失率增加。温度过高，丁酸菌开始活跃，制约乳酸菌生长。原料糖分含量高的时候，温度对青贮发酵的影响较小；而原料糖分含量低的话，温度越高青贮品质越差。

（3）切断长度及籽粒破碎度：通过原料的切短，装填时可以压得更实，有利于排除原料中的空气而制造密闭环境；也有利于青贮饲料的取用；也便于家畜采食，减少浪费。适中的切断长度能保证青贮饲料在反刍动物瘤胃内正常发酵。玉米青贮的理论切断长度为0.95～1.90 cm。如果未对玉米进行粉碎加工，切断长度可以为0.9～1.2 cm；若收割机有粉碎功能，则要增加切断长度。饲草中的有效纤维能刺激草食动物咀嚼，促进唾液分泌，维持瘤胃pH相对稳定，避免瘤胃酸中毒。全株玉米青贮切得过长和过短均存在不利影响。如果切得太短，有效纤维减少，刺激咀嚼不足，易发生瘤胃酸中毒；如果原料切得过长，则不利于压实，青贮发酵效果较差。

对于全株玉米青贮来说，玉米籽粒破碎度也是影响青贮品质的重要因素。若籽粒不破碎，种皮的物理保护难以破坏，玉米淀粉不易被消化利用，玉米青贮的消化率低；若籽粒破碎得过细，则不利于反刍咀嚼，也会造成青贮发酵过程中的营养损失。对于籽粒较硬、较干的青贮玉米，在没有粉碎加工的情况下，应保持较短的切断长度。

(2) ᠬᠠᠯᠠᠭᠤᠨ ᠤ ᠬᠡᠮᠵᠢᠶ᠎ᠡ : ᠰᠢᠯᠤᠰᠤ ᠨ ᠤ ᠪᠣᠯᠪᠠᠰᠤᠷᠠᠯ ᠤᠨ ᠰᠢᠭᠤᠷᠭ᠎ᠠ ᠳᠤ ᠲᠣᠬᠢᠷᠠᠮᠵᠢᠲᠠᠢ ᠬᠠᠯᠠᠭᠤᠨ ᠤ ᠬᠡᠮᠵᠢᠶ᠎ᠡ ᠨᠢ 19 ~ 37℃ ᠪᠠᠶᠢᠨ᠎ᠠ ᠃ ᠬᠠᠯᠠᠭᠤᠨ ᠤ ᠬᠡᠮᠵᠢᠶ᠎ᠡ ᠬᠡᠲᠦᠷᠬᠡᠢ ᠥᠨᠳᠥᠷ ᠪᠣᠯᠪᠠᠰᠤ ᠰᠢᠯᠤᠰᠤ ᠨ ᠤ ᠪᠣᠯᠪᠠᠰᠤᠷᠠᠯ ᠤᠨ ᠴᠢᠨᠠᠷ ᠮᠠᠭᠤᠳᠠᠨ᠎ᠠ ᠃ ᠬᠠᠯᠠᠭᠤᠨ ᠤ ᠬᠡᠮᠵᠢᠶ᠎ᠡ ᠳᠡᠭᠡᠭᠰᠢᠯᠡᠬᠦ ᠲᠤᠰᠬᠠᠢ ᠶᠢᠨ ᠰᠢᠯᠤᠰᠤ ᠨ ᠤ ᠪᠣᠯᠪᠠᠰᠤᠷᠠᠯ ᠤᠨ ᠴᠢᠨᠠᠷ ᠪᠠᠭᠤᠷᠠᠨ᠎ᠠ ᠃ ᠬᠠᠯᠠᠭᠤᠨ ᠤ ᠬᠡᠮᠵᠢᠶ᠎ᠡ ᠬᠡᠲᠦᠷᠬᠡᠢ ᠳᠣᠣᠷ᠎ᠠ ᠪᠣᠯᠪᠠᠯ ᠰᠢᠯᠤᠰᠤ ᠨ ᠤ ᠪᠣᠯᠪᠠᠰᠤᠷᠠᠯ ᠤᠨ ᠬᠤᠷᠳᠤᠴᠠ ᠪᠠᠭᠤᠷᠠᠨ᠎ᠠ ᠃ ᠬᠠᠯᠠᠭᠤᠨ ᠤ ᠬᠡᠮᠵᠢᠶ᠎ᠡ ᠳᠣᠣᠷ᠎ᠠ ᠪᠣᠯᠪᠠᠯ ᠰᠢᠯᠤᠰᠤ ᠨ ᠤ ᠪᠣᠯᠪᠠᠰᠤᠷᠠᠯ ᠤᠨ ᠴᠢᠨᠠᠷ ᠮᠠᠭᠤᠳᠠᠨ᠎ᠠ ᠃ ᠬᠦᠴᠢᠯᠡᠭ᠂ ᠲᠡᠵᠢᠭᠡᠯ ᠦᠨ ᠪᠣᠳᠠᠰ ᠤᠨ ᠠᠯᠳᠠᠭᠳᠠᠯ ᠶᠡᠬᠡ ᠪᠣᠯᠤᠨ᠎ᠠ ᠃ ᠬᠠᠯᠠᠭᠤᠨ ᠤ ᠬᠡᠮᠵᠢᠶ᠎ᠡ ᠪᠠᠭᠤᠷᠠᠬᠤ ᠳᠤ ᠰᠢᠯᠤᠰᠤ ᠨ ᠤ ᠴᠢᠨᠠᠷ ᠰᠠᠶᠢᠵᠢᠷᠠᠨ᠎ᠠ ᠃ ᠡᠢᠮᠦ ᠡᠴᠡ ᠬᠠᠯᠠᠭᠤᠨ ᠤ ᠬᠡᠮᠵᠢᠶ᠎ᠡ ᠶᠢ ᠵᠣᠬᠢᠰᠲᠠᠢ ᠬᠢᠨᠠᠨ ᠬᠠᠮᠠᠭᠠᠯᠠᠬᠤ ᠬᠡᠷᠡᠭᠲᠡᠢ ᠃ ᠬᠠᠳᠠᠭᠠᠯᠠᠬᠤ ᠦᠶ᠎ᠡ ᠳᠦ ᠠᠨᠠᠬᠤ ᠦᠶ᠎ᠡ ᠳᠦ ᠬᠠᠯᠠᠭᠤᠨ ᠤ ᠬᠡᠮᠵᠢᠶ᠎ᠡ ᠶᠢ ᠳᠡᠭᠡᠭᠰᠢᠯᠡᠭᠦᠯᠬᠦ ᠡᠴᠡ ᠰᠡᠷᠭᠡᠢᠯᠡᠬᠦ ᠬᠡᠷᠡᠭᠲᠡᠢ ᠃

(3) ᠬᠠᠳᠤᠭᠤᠯᠬᠤ ᠤᠷᠲᠤ ᠶᠢᠨ ᠬᠡᠮᠵᠢᠶ᠎ᠡ ᠪᠠ ᠨᠢᠭᠲᠠᠷᠠᠭᠤᠯᠬᠤ ᠨᠢ ᠰᠢᠯᠤᠰᠤ ᠨ ᠤ ᠴᠢᠨᠠᠷ ᠲᠤ : ᠬᠠᠳᠤᠭᠤᠯᠬᠤ ᠤᠷᠲᠤ ᠨᠢ ᠮᠠᠯ ᠤᠨ ᠲᠥᠷᠦᠯ᠂ ᠨᠠᠰᠤ ᠪᠠ ᠬᠡᠷᠡᠭᠯᠡᠬᠦ ᠠᠷᠭ᠎ᠠ ᠵᠢᠮ ᠢ ᠪᠠᠷᠢᠮᠵᠢᠶᠠᠯᠠᠬᠤ ᠶᠢᠨ ᠬᠠᠮᠲᠤ ᠪᠤᠷᠴᠠᠭ ᠪᠦᠬᠦᠢ ᠬᠣᠯᠢᠮᠠᠭ ᠲᠡᠵᠢᠭᠡᠯ ᠦᠨ ᠪᠣᠳᠠᠰ ᠤᠨ ᠴᠢᠨᠠᠷ ᠢ ᠰᠠᠶᠢᠵᠢᠷᠠᠭᠤᠯᠬᠤ ᠳᠤ ᠲᠤᠰᠠᠲᠠᠢ ᠃ ᠪᠦᠬᠦ ᠲᠡᠵᠢᠭᠡᠯ ᠦᠨ ᠪᠣᠳᠠᠰ ᠤᠨ ᠬᠡᠷᠡᠭᠴᠡᠭᠡ ᠶᠢ ᠬᠠᠩᠭᠠᠬᠤ ᠳᠤ ᠰᠢᠯᠤᠰᠤ ᠶᠢᠨ ᠬᠠᠳᠤᠭᠤᠯᠬᠤ ᠤᠷᠲᠤ ᠶᠢ ᠵᠣᠬᠢᠰᠲᠠᠢ ᠲᠣᠭᠲᠠᠭᠠᠬᠤ ᠬᠡᠷᠡᠭᠲᠡᠢ ᠃ ᠰᠦᠦ ᠦᠬᠡᠷ ᠲᠦ ᠲᠡᠵᠢᠭᠡᠬᠦ ᠪᠣᠯ ᠬᠠᠳᠤᠭᠤᠯᠬᠤ ᠤᠷᠲᠤ ᠨᠢ 0.95 ~ 1.90 cm ᠪᠠᠶᠢᠬᠤ ᠳᠤ ᠲᠣᠬᠢᠷᠠᠮᠵᠢᠲᠠᠢ ᠃ ᠬᠣᠨᠢ ᠳᠤ ᠲᠡᠵᠢᠭᠡᠬᠦ ᠪᠣᠯ ᠬᠠᠳᠤᠭᠤᠯᠬᠤ ᠤᠷᠲᠤ ᠨᠢ 0.9 ~ 1.2 cm ᠪᠠᠶᠢᠬᠤ ᠳᠤ ᠲᠣᠬᠢᠷᠠᠮᠵᠢᠲᠠᠢ ᠃ ᠰᠢᠯᠤᠰᠤ ᠨ ᠤ ᠪᠣᠯᠪᠠᠰᠤᠷᠠᠯ ᠤᠨ ᠴᠢᠨᠠᠷ ᠢ ᠳᠡᠭᠡᠭᠰᠢᠯᠡᠭᠦᠯᠬᠦ ᠶᠢᠨ ᠲᠥᠯᠥᠭᠡ ᠪᠣᠳᠠᠰ ᠤᠨ ᠪᠦᠲᠦᠴᠡ ᠪᠠ pH ᠬᠡᠮᠵᠢᠶ᠎ᠡ ᠶᠢ ᠠᠩᠬᠠᠷᠬᠤ ᠬᠡᠷᠡᠭᠲᠡᠢ ᠃ ᠪᠣᠳᠠᠰ ᠤᠨ ᠴᠢᠯᠢᠭ ᠢ ᠵᠣᠬᠢᠰᠲᠠᠢ ᠬᠢᠨᠠᠨ ᠲᠣᠬᠢᠷᠠᠭᠤᠯᠪᠠᠯ ᠰᠢᠯᠤᠰᠤ ᠨ ᠤ ᠴᠢᠨᠠᠷ ᠰᠠᠶᠢᠵᠢᠷᠠᠨ᠎ᠠ ᠃

ᠪᠣᠳᠠᠰ ᠤᠨ ᠬᠡᠮᠵᠢᠶ᠎ᠡ ᠪᠠ ᠴᠢᠨᠠᠷ ᠤᠨ ᠬᠠᠮᠲᠤ ᠪᠠᠶᠢᠳᠠᠯ ᠢ ᠬᠠᠷᠭᠠᠯᠵᠠᠵᠤ ᠰᠢᠯᠤᠰᠤ ᠨ ᠤ ᠪᠣᠯᠪᠠᠰᠤᠷᠠᠯ ᠤᠨ ᠲᠣᠬᠢᠷᠠᠮᠵᠢᠲᠠᠢ ᠨᠥᠬᠦᠴᠡᠯ ᠢ ᠪᠦᠷᠢᠯᠳᠦᠭᠦᠯᠬᠦ ᠬᠡᠷᠡᠭᠲᠡᠢ ᠃ ᠰᠢᠯᠤᠰᠤ ᠨ ᠤ ᠴᠢᠨᠠᠷ ᠢ ᠳᠡᠭᠡᠭᠰᠢᠯᠡᠭᠦᠯᠬᠦ ᠶᠢᠨ ᠲᠥᠯᠥᠭᠡ ᠵᠣᠬᠢᠰᠲᠠᠢ ᠠᠷᠭ᠎ᠠ ᠬᠡᠮᠵᠢᠶ᠎ᠡ ᠶᠢ ᠬᠡᠷᠡᠭᠯᠡᠬᠦ ᠬᠡᠷᠡᠭᠲᠡᠢ ᠃ ᠰᠢᠯᠤᠰᠤ ᠨ ᠤ ᠪᠣᠯᠪᠠᠰᠤᠷᠠᠯ ᠤᠨ ᠵᠠᠮ ᠳᠤ ᠠᠨᠠᠬᠤ ᠦᠶ᠎ᠡ ᠶᠢᠨ ᠨᠥᠬᠦᠴᠡᠯ ᠢ ᠰᠠᠶᠢᠵᠢᠷᠠᠭᠤᠯᠵᠤ ᠰᠢᠯᠤᠰᠤ ᠨ ᠤ ᠴᠢᠨᠠᠷ ᠢ ᠳᠡᠭᠡᠭᠰᠢᠯᠡᠭᠦᠯᠬᠦ ᠶᠢᠨ ᠲᠥᠯᠥᠭᠡ ᠲᠡᠵᠢᠭᠡᠯ ᠦᠨ ᠪᠣᠳᠠᠰ ᠤᠨ ᠠᠯᠳᠠᠭᠳᠠᠯ ᠢ ᠪᠠᠭᠤᠷᠠᠭᠤᠯᠬᠤ ᠬᠡᠷᠡᠭᠲᠡᠢ ᠃

（4）水分：微生物的生长与水分含量密切相关。水分含量低，微生物活动都受影响。一般，青贮料的水分含量为60%～70%时乳酸发酵最活跃，乳酸菌含量、动物采食量和乳脂率最高。水分含量过高会促进丁酸发酵，青贮品质变坏。不同饲草青贮适宜含水量不同，禾本科牧草含水量以65%～75%为宜。原料水分过多时，要添加一些干饲料（如秸秆粉、糠麸、草粉等）。原料水分不足时，要及时添加清水，并与原料搅拌均匀。加水量计算公式：以原料为100与加水量之和为分母，原料中的实际含水量与加水量之和为分子，两者相除所得商，即为调整后的含水量。

例：某原料原水量为55%，若每100 kg加水30 kg，则调整后的含水率为（55+30）÷（100+30）×100%=65.4%。

除去原料中的水分，就是干物质含量。介绍一种快速测定干物质的方法，即微波炉快速测定原料干物质含量法。

先称一下适于微波炉使用的、能容纳100 g青贮原料的容器重量，记录重量（WC）。称100 g青贮原料，放置在该容器内，测总重（WW）。样品越大，测定越准确。在微波炉内，用玻璃杯另放置200 mL水，用于吸收额外的能量。将原料连容器放入微波炉内，把微波炉调到最大挡的80%～90%，设置5分钟，再次称重，并记录重量。重复以上步骤，直到两次测量之间的重量相差在5 g以内，把微波炉调到最大挡的30%～40%，设置1分钟，再次称重并记录重量。重复以上步骤，直到两次之间的重量相差在1 g以内时记录重量（WD）。根据以上数据计算干物质重量（DM）。

$$DM(\%) = [(WD-WC)/(WW-WC)] \times 100\%$$

注意：最好把微波炉搬到室外进行测定，如果饲料样品不幸着火，应立即关闭微波炉，拔掉电源插头，但在样品没有彻底烧完之前不要打开炉门。

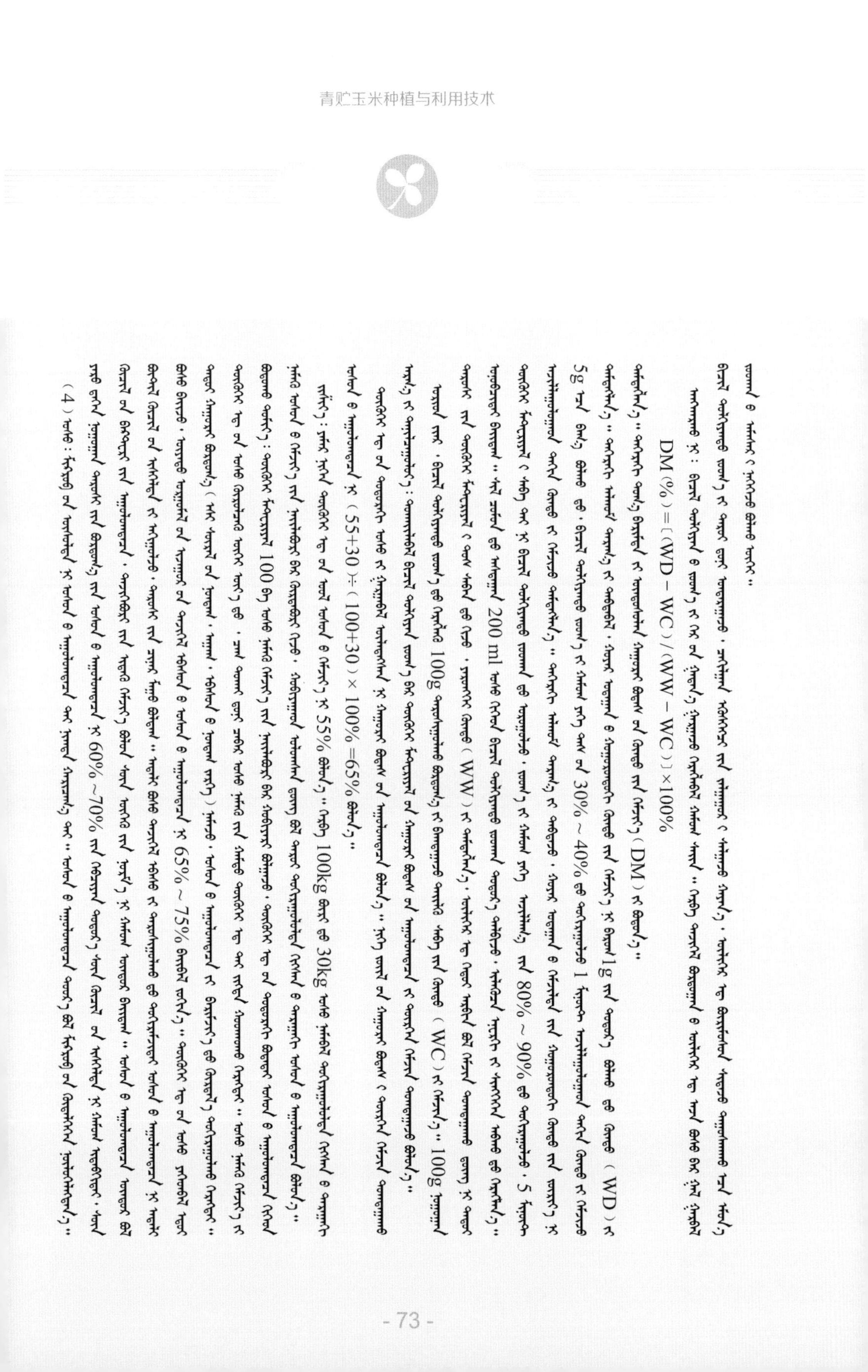

$$DM(\%)=[(WD-WC)/(WW-WC)]\times100\%$$

$(55+30)\div(100+30)\times100\%=65\%$

（5）糖分含量：高水分原料糖分足够的话，乳酸发酵活跃，产生大量的乳酸，pH降到4.2以下，产生优质青贮。原料干物质中，糖分含量低于3%，乳酸菌生长受抑制，不良微生物孳生，造成蛋白质腐败，青贮失败；糖分含量高于6%，可制成优质青贮饲料；干物质中的可溶性碳水化合物（WSC）要达到10%以上最佳。玉米的可溶性碳水化合物（WSC）含量较高，通常达到干物质的20%～30%，所以适合青贮。

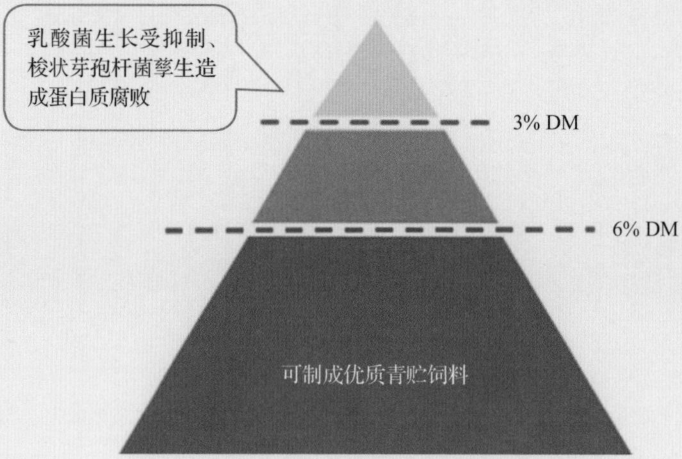

青贮对原料中糖分含量要求

ᠰᠢᠯᠣᠰ ᠤ ᠬᠤᠭᠤᠷᠠᠢ ᠶᠢᠨ ᠠᠭᠤᠯᠤᠮᠵᠢ ᠶᠢ ᠬᠡᠮᠵᠢᠶᠡᠯᠡᠪᠡᠯ ᠂ ᠶᠡᠷᠦ ᠶᠢᠨ ᠲᠡᠵᠢᠭᠡᠯ ᠦᠨ 20%～30% ᠪᠠᠢᠬᠤ ᠶᠢ ᠰᠠᠶᠢᠨ ᠭᠡᠳᠡᠭ ᠃ ᠤᠰᠤᠨ ᠳᠤ ᠤᠮᠳᠠᠭᠠᠢ ᠨᠡᠭᠦᠰᠦᠷᠭᠡᠲᠦ ᠪᠣᠳᠠᠰ ᠤᠨ ᠠᠭᠤᠯᠤᠮᠵᠢ（WSC）ᠶᠢ 10% ᠡᠴᠡ ᠳᠡᠭᠡᠭᠰᠢ ᠪᠠᠢᠬᠤ ᠬᠡᠷᠡᠭᠲᠡᠢ ᠃ ᠪᠦᠳᠦᠭᠦᠯᠢᠭ ᠤᠤᠷᠭᠠ ᠶᠢᠨ ᠠᠭᠤᠯᠤᠮᠵᠢ ᠶᠢ ᠬᠡᠮᠵᠢᠶᠡᠯᠡᠪᠡᠯ ᠂ ᠰᠢᠯᠣᠰ ᠤᠨ ᠠᠮᠢᠰᠬᠤᠯ ᠤᠨ ᠠᠭᠤᠯᠤᠮᠵᠢ ᠶᠢ 6% ᠡᠴᠡ ᠳᠣᠣᠷ᠎ᠠ ᠪᠠᠢᠯᠭᠠᠬᠤ ᠬᠡᠷᠡᠭᠲᠡᠢ ᠃ ᠠᠮᠢᠰᠬᠤᠯ ᠤᠨ ᠠᠭᠤᠯᠤᠮᠵᠢ ᠶᠢ 3% ᠡᠴᠡ ᠪᠠᠭ᠎ᠠ ᠪᠣᠯ ᠰᠠᠶᠢᠨ ᠴᠢᠨᠠᠷ ᠤᠨ ᠰᠢᠯᠣᠰ ᠪᠣᠯᠤᠨ᠎ᠠ ᠂ ᠬᠦᠴᠢᠯ ᠳᠡᠭᠡᠳᠦ ᠨᠢ 3% ᠪᠠᠢᠪᠠᠯ ᠰᠠᠶᠢᠨ ᠴᠢᠨᠠᠷ ᠤᠨ ᠰᠢᠯᠣᠰ ᠪᠣᠯᠭᠠᠨ ᠦᠨᠡᠯᠡᠨ᠎ᠡ ᠂ ᠮᠥᠨ ᠰᠠᠶᠢᠨ ᠴᠢᠨᠠᠷ ᠤᠨ ᠰᠢᠯᠣᠰ ᠤᠨ pH ᠶᠢ ᠪᠠᠭᠤᠷᠠᠭᠤᠯᠬᠤ 4.2 ᠡᠴᠡ ᠳᠣᠣᠷ᠎ᠠ ᠪᠠᠢᠬᠤ ᠂ ᠡᠩ ᠤᠨ ᠬᠡᠮᠵᠢᠶ᠎ᠡ ᠪᠠᠢᠳᠠᠯ ᠃ ᠰᠠᠶᠢᠨ ᠴᠢᠨᠠᠷ ᠤᠨ ᠰᠢᠯᠣᠰ ᠤᠨ ᠦᠨᠡᠯᠡᠭᠡ ᠶᠢᠨ ᠨᠢ ᠬᠡᠮᠵᠢᠶᠡᠨ

（5）ᠠᠮᠢᠰᠬᠤᠯ ᠤᠨ ᠠᠭᠤᠯᠤᠮᠵᠢ ： ᠰᠢᠯᠣᠰ ᠤ ᠠᠭᠤᠯᠤᠮᠵᠢ ᠪᠠᠨ ᠬᠡᠮᠵᠢᠶ᠎ᠡ ᠪᠠᠢᠳᠠᠯ ᠲᠣᠭᠲᠠᠭᠠᠬᠤ ᠠᠮᠢᠰᠬᠤᠯ ᠤᠨ ᠠᠭᠤᠯᠤᠮᠵᠢ ᠪᠠᠨ ᠰᠠᠶᠢᠨ ᠴᠢᠨᠠᠷ ᠤᠨ ᠰᠢᠯᠣᠰ ᠤᠨ ᠵᠢᠯᠦᠭᠡ

3. 青贮方式

青贮设施必须具备密封，以及防水、防雨的功能，青贮方式一般分为青贮塔、窖贮（壕贮）、袋装青贮、地面堆贮、裹包青贮等。

（1）青贮塔：青贮塔的选址要地势高燥，土质坚实，地下水位低，易排水，避开交通要道、粪场和垃圾堆，靠近畜舍的地方。

用砖和水泥建成的圆柱形塔。多为地上式，也有个别为半地下式。塔顶为平顶，内径为3 ～ 6 m，高度为内径的1.5 ～ 2.0倍。在一侧每隔2 m留下0.6 m×0.6 m的窗口，以便装取饲料。青贮塔的建造需有专门部门设计施工。

优点：青贮仓与空气的接触面积小；不需要很大的建筑面积；在填充和饲喂时能够最大限度地利用机械；在冬季时方便卸载。

缺点：起始成本高；卸载速度慢；无法贮存水分含量高的作物。这种老式青贮塔现在已很少见。

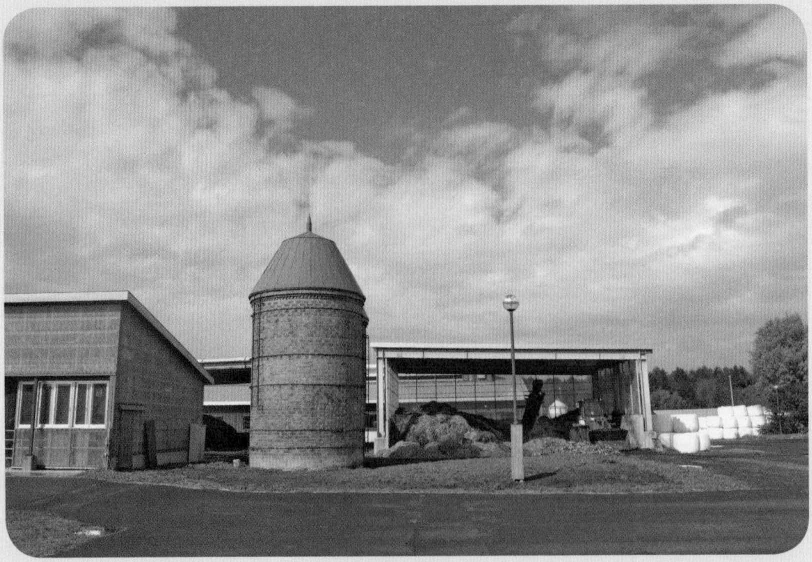

青贮塔

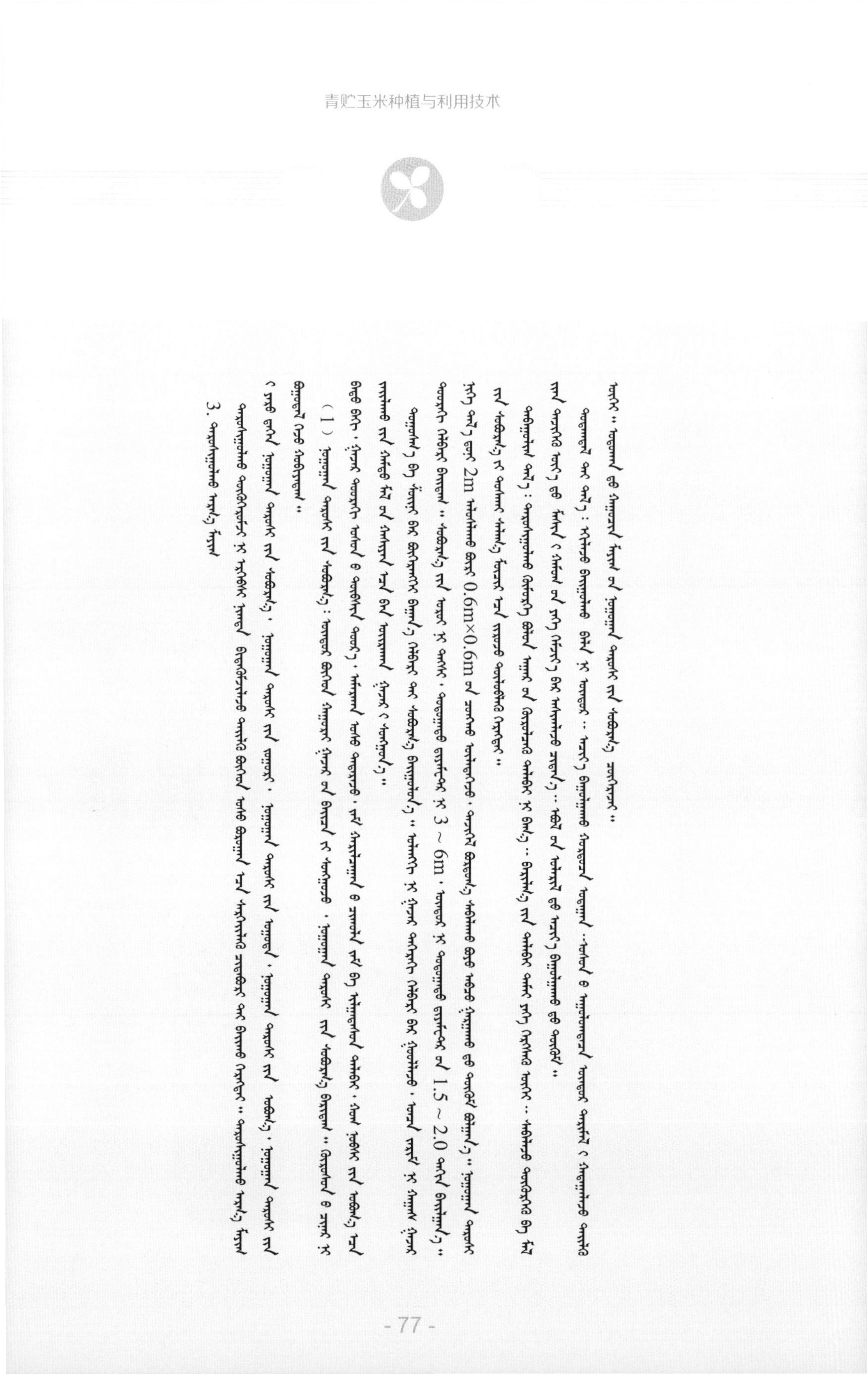

[illegible] ::

[illegible] : [illegible] :: [illegible] :: [illegible] :: [illegible] ::

[illegible] : [illegible] :: [illegible] :: [illegible] :: [illegible] ::

[illegible] 2m [illegible] 0.6m×0.6m [illegible] ᠂ [illegible] :: [illegible] :: [illegible] ᠂ [illegible] 3 ~ 6m ᠂ [illegible] 1.5 ~ 2.0 [illegible] ::

[illegible] :: [illegible] ᠂ [illegible] ::

[illegible] ᠂ [illegible] ᠂ [illegible] ᠂ [illegible] ᠂ [illegible] ᠂ [illegible]

（1）[illegible] : [illegible] ᠂ [illegible] :: [illegible] ::

[illegible] ᠂ [illegible] ᠂ [illegible] ᠂ [illegible] ᠂ [illegible] :: [illegible]

3. [illegible]

（2）青贮窖（壕）：选址同青贮塔。形式有半地下式、地下式；形状有长方形、方形、圆形和U形。青贮窖（壕）的四周和底部用砖、混凝土砌成，不漏气，不漏水。

容量：大型窖（壕）为100 000 kg以上，中型窖（壕）为50 000 ～ 100 000 kg，小型窖（壕）为50 000 kg以下。

优点：容量大；不需要精良的机械设备用来填充制作，耗能少；卸载快。

缺点：在压实和包裹时要求较高；消耗较多劳力。

最普遍使用的类型。广大农牧区适用，尤其大型养殖场必备。

（3）青贮袋：将原料切碎或揉碎处理后，用高压青贮灌装机装入青贮专用塑料袋里密封保存。适合贮存切碎或萎蔫处理的饲草、青贮玉米或高含水量的谷物。适用于小型个体户使用，塑料应无毒、结实耐用。塑料膜厚度在10 ～ 12丝以上，宽度为1 m的直筒式塑料制品，按需要长短剪取，用绳扎紧或塑料热合机封口即成。贮量每袋120 ～ 150 kg为宜。存放时间1 ～ 2年。

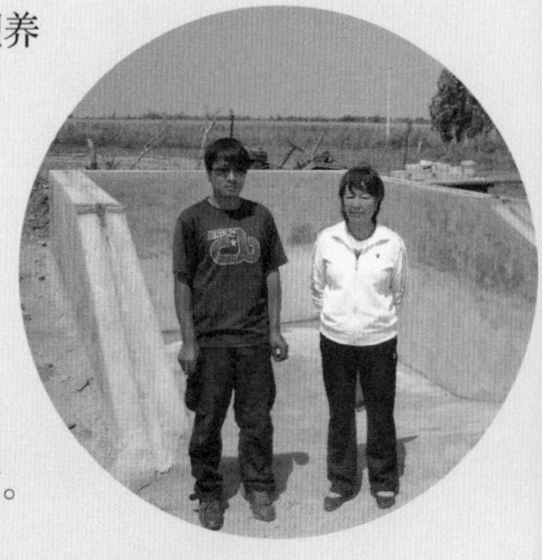

青贮窖

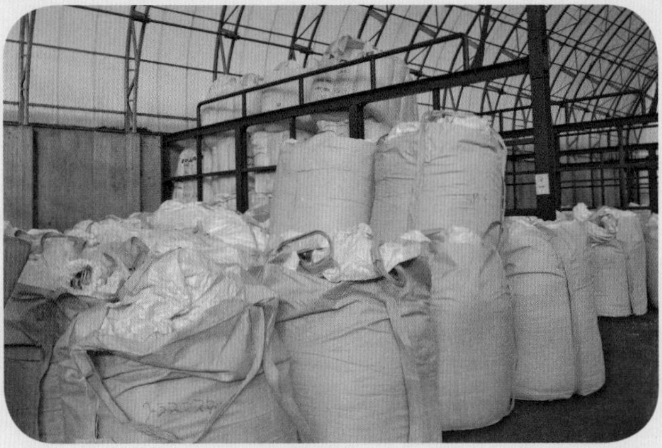

青贮袋

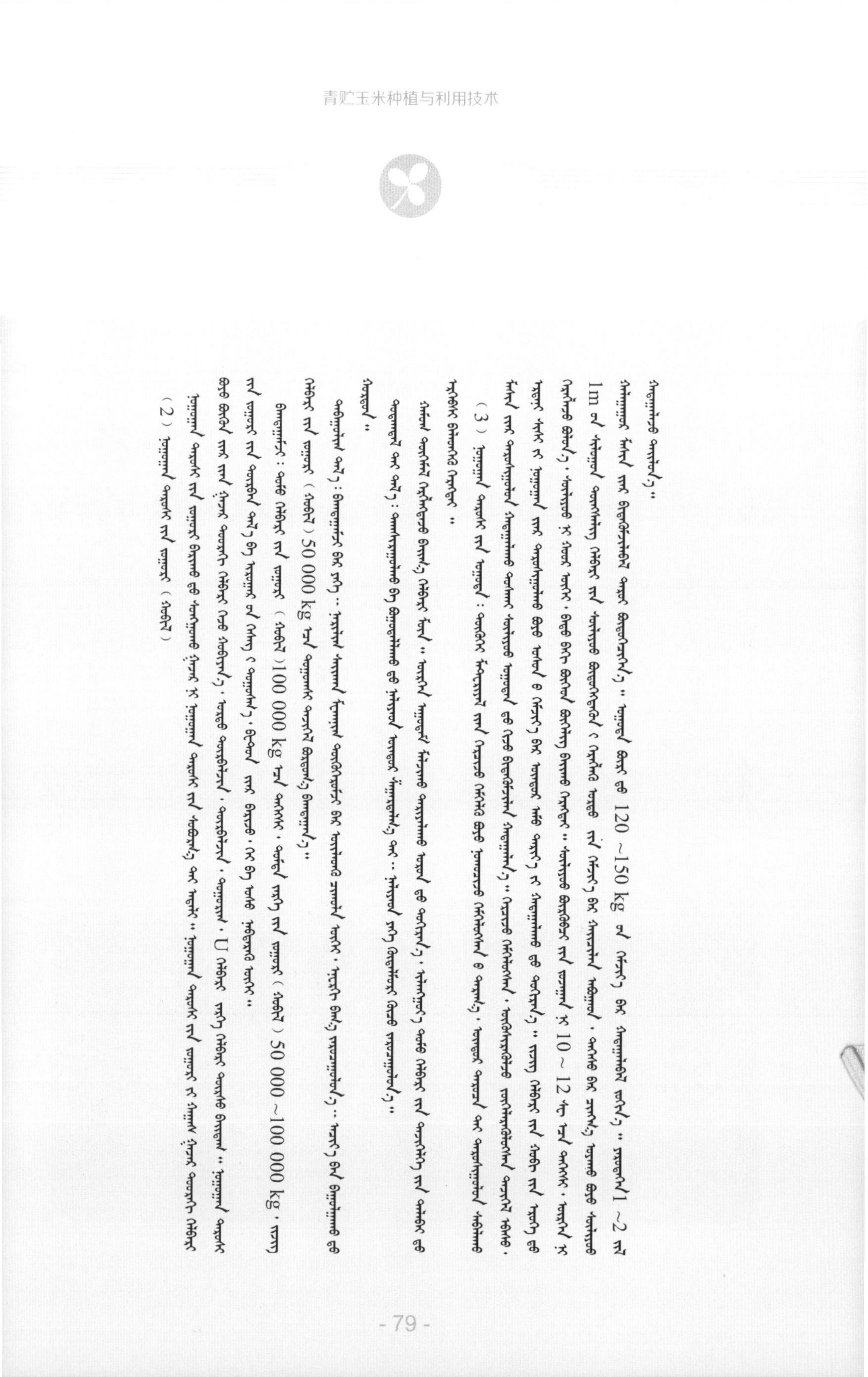

[illegible] ::

[illegible] :: [illegible] 120 ~150 kg [illegible] :: [illegible] 1 ~2 [illegible] 1m [illegible] 10 ~ 12 [illegible] :: [illegible] ::

（3）[illegible] : [illegible] ::

[illegible] :: [illegible] ::

[illegible] : [illegible] :: [illegible]（[illegible]）50 000 kg [illegible] ::

[illegible] : [illegible]（[illegible]）100 000 kg [illegible]（[illegible]）50 000 ~100 000 kg [illegible] ::

[illegible] U [illegible] :: [illegible] ::

（2）[illegible]（[illegible]）

优点：投资比青贮窖低；适合多种原料青贮，可单独贮存；不受季节、日晒、降雨、地下水位的影响，可以露天堆放，贮存地点灵活。

缺点：所需机械技术较高，另外袋装青贮对青贮作物的水分、收获时机和添加剂等问题有较高的要求。

（4）堆贮：将青贮料堆积于地面，采用逐层压紧的方法，用塑料薄膜将垛顶和四周覆盖严实，以保证密封。在高燥、平坦的地方即可。

没有建设花费，不受地形限制。发达国家由于养殖规模大，多采取这种方式。其处理过程机械化程度高、速度快、贮存量大，是一种简便、经济的青贮方式。

优点：便宜；操作简单、方便省力，可降低成本，提高经济收益。

缺点：干物质损耗大；与空气接触面积大；难压实；保存时间不长。

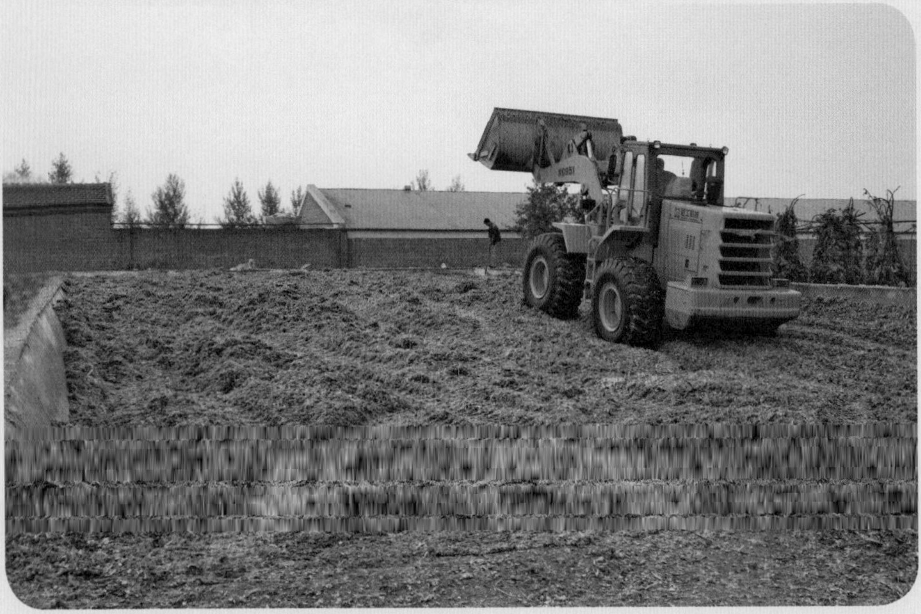

堆贮

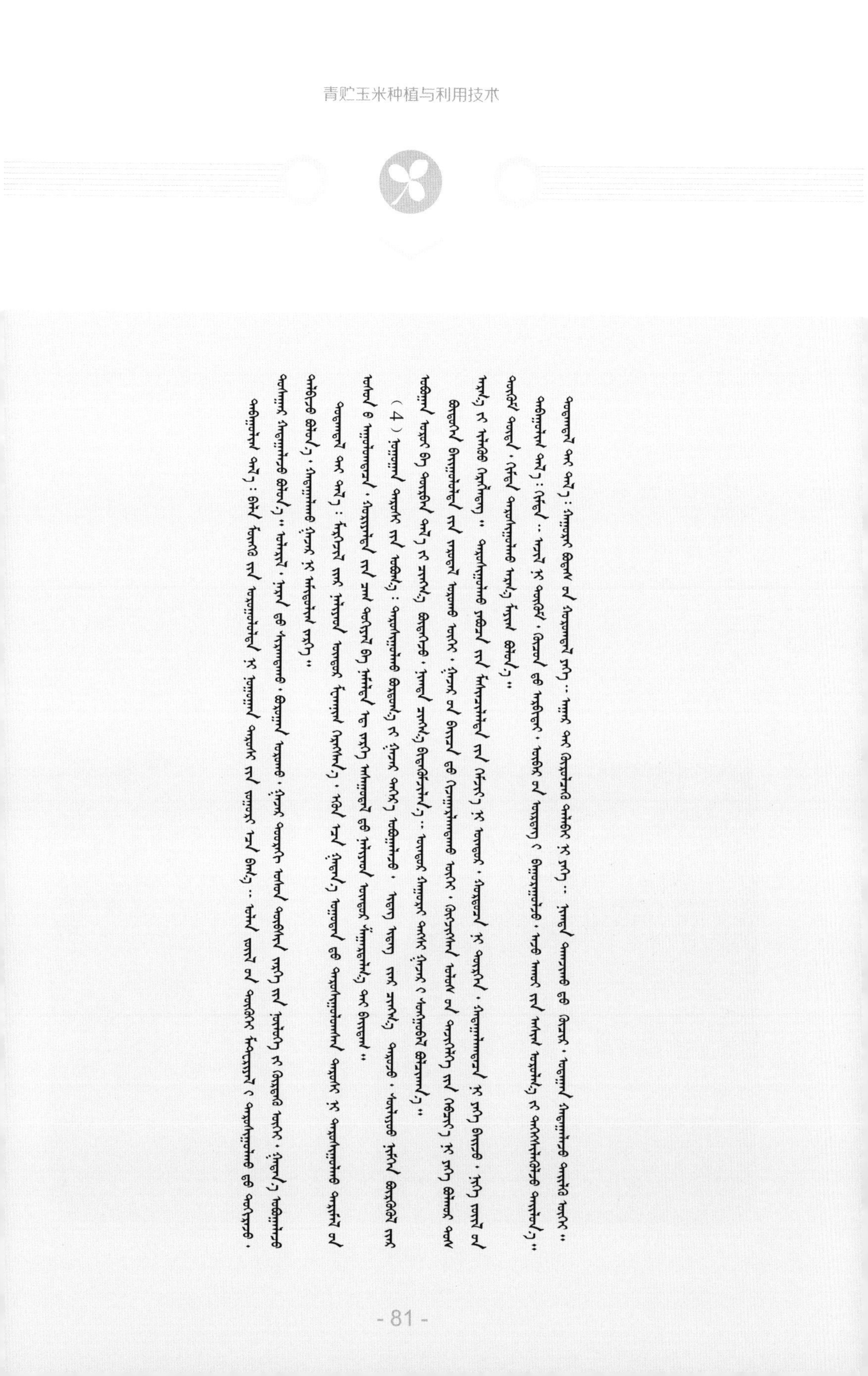

[illegible]

（4）[illegible]

（5）裹包青贮：裹包青贮是指用专用的打捆机高密度压实青贮玉米制捆，然后用裹包薄膜把草捆裹包起来密封发酵而成，需要含水量65%左右。有裹捆青贮和拉伸膜裹包青贮两种。前者将收割后的青贮玉米等原料打捆后装入塑料袋，系紧袋口密封即可。后者将原料收割、切碎后，用打捆机高密度压实打捆，裹包机用拉伸膜裹包后，创造厌氧的发酵环境，最终完成乳酸发酵。免去了装袋、系口等工序。适宜的含水量为60%～70%，含糖量不低于1%，打捆密度以650 kg/m^3为宜。一般大型草捆重约700 kg，小型草捆约50 kg。可存贮1～2年。

优点：青贮品质好、营养流失少。青贮系统灵活，根据需要增加或减少。使用简便、适用，可运输，产品可进行商品化流通。

缺点：一次性投入大。需要良好的机械设备；需要高品质的薄膜；要保证青贮密封性，应至少进行6层膜裹包。

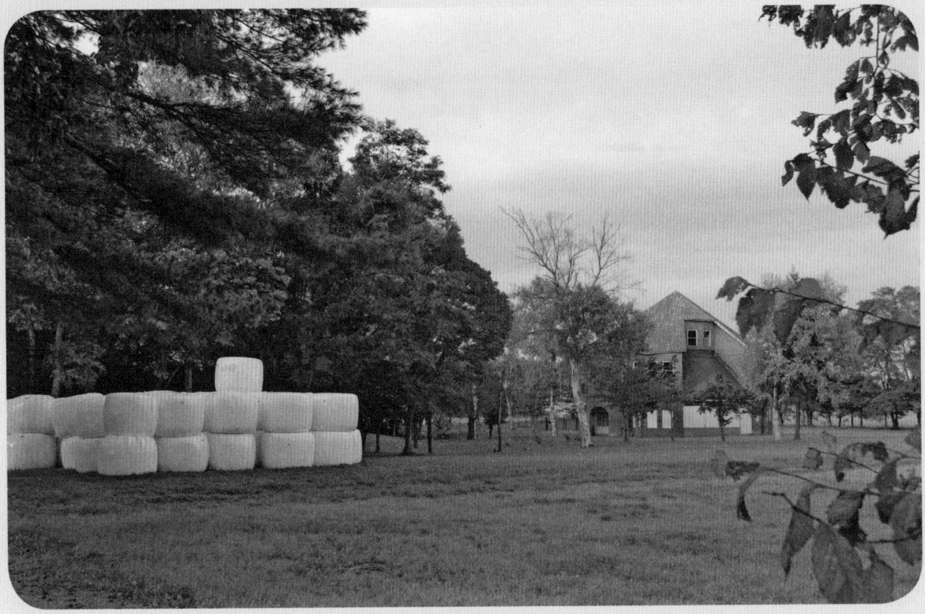

拉伸膜裹包青贮

ᠶᠡᠬᠡ ᠤᠨ ᠠᠯᠢᠭᠤᠷ ᠪᠦᠷᠢ ᠳᠦ ᠪᠠᠭᠲᠠᠬᠤ 700kg᠂ ᠪᠠᠭ᠎ᠠ ᠶᠡᠬᠡ ᠤᠨ ᠠᠯᠢᠭᠤᠷ ᠪᠦᠷᠢ ᠳᠦ ᠪᠠᠭᠲᠠᠬᠤ 50kg ᠃ 1 ~ 2 ᠬᠦᠮᠦᠨ ᠠᠵᠢᠯᠯᠠᠵᠤ ᠪᠣᠯᠤᠨ᠎ᠠ ᠃
ᠨᠢ 60% ~70%᠂ ᠳᠠᠪᠤᠰᠤ ᠤᠨ ᠬᠡᠮᠵᠢᠶ᠎ᠡ ᠨᠢ 1% ᠲᠠᠢ ᠪᠠᠶᠢᠬᠤ ᠶᠣᠰᠣᠲᠠᠢ ᠪᠠᠶᠢᠬᠤ᠂ ᠪᠠᠭᠲᠠᠭᠠᠬᠤ ᠨᠢᠭᠲᠠᠷᠠᠴᠠ ᠨᠢ 650kg/m³ ᠬᠦᠷᠬᠦ ᠶᠣᠰᠣᠲᠠᠢ ᠃ ᠳᠠᠷᠤᠮᠠᠯ ᠪᠣᠯᠭᠠ

4. 青贮玉米调制生产过程

制作青贮的方式根据饲养规模、地理位置、经济条件和饲养习惯来确定。本书介绍最常用的两种类型。

（1）窖贮：青贮窖里贮存青贮，主要流程如下。

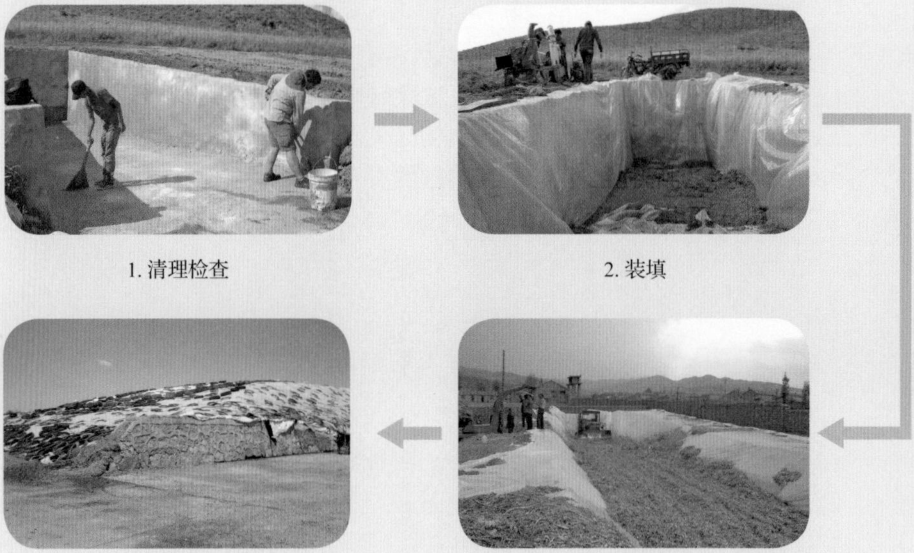

1. 清理检查　2. 装填　3. 压实　4. 封窖

窖贮流程图

① 清理准备：清洁窖池后，用10%～20%的石灰水进行消毒。装窖前，用1层干净的青贮专用塑料膜沿着墙体铺开，尽可能紧贴青贮窖的底部和四周，保证密封。

青贮原料要干净，绝不能在原料中混入泥土、粪便、铁丝和木片等异物，也绝不能让腐败变质的原料进窖。在青贮饲料的制作过中特别注意防止被泥土污染。若带泥土入窖一点，则青贮饲料变质一片。

[illegible] ::

[illegible]

[illegible]

[illegible] ::

① [illegible] : [illegible] 10%～20% [illegible] :: [illegible]

(1) [illegible] : [illegible] :

[illegible] :: [illegible] ::

[illegible]

4. [illegible]

② 装填、压实：装填前在窖底铺一层15 ～ 20 cm的原料。用青贮切碎设备把青贮玉米切成长度1 ～ 2 cm的小段，将切短的青贮饲料在窖内逐层装填。切短后的青贮原料要及时装入青贮窖内，可采取边切碎、边装窖、边压实的办法。

装窖时，每装8 ～ 12 cm压实一次，特别要注意压实青贮窖的四周和边角。从青贮窖一头或中间以30度斜面层层堆填，边填边压，逐层压实，行走时采取曲线（内八字）行驶压平，再对角线压实，一定要压到边，顶部成丘陵状。压实过程中，如果车辆无法完全接近青贮窖边缘的话，需要人员在边缘进行踩压。如果当天或者一次不能装满全窖，可在已装窖的原料上立即盖上一层塑料薄膜，次日继续装窖。在青贮过程中一定要压实，若残留过多氧气，会导致部分原料发生霉变。这是导致青贮失败的主要原因之一。压实首选工具为高吨位轮胎车，其次为履带车。

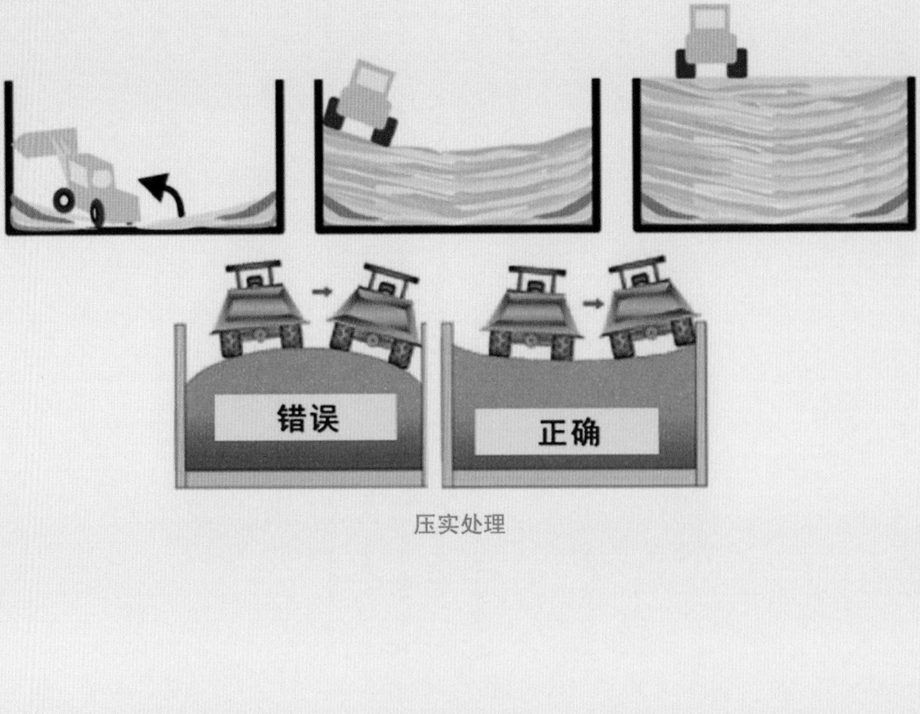

压实处理

② [illegible] 15 ~ 20cm [illegible]

[illegible] 1 ~ 2cm [illegible]

[illegible]

[illegible]

[illegible] 8 ~12cm [illegible]

[illegible] 30°C [illegible]

[illegible] 《八》 [illegible]

[illegible]

[illegible]

[illegible]

[illegible]

[illegible]

③ 封窖：贮满一窖后，应快速封窖，避免原料经太阳久晒而损失水分和营养。青贮过程过长，会使原料在窖内发热变质。

尽管青贮原料在装窖时进行了踩压，但经数天后仍会发生下沉。这主要是受重力的影响，原料间空隙减少及水分流失所致。为此，青贮原料装满后，还需再继续装至原料高出窖的边沿50 ～ 80 cm。密封一般选用塑料薄膜将青贮完全覆盖，然后自下而上覆盖一层40 ～ 60 cm的湿土，拍实打光。为了防冻，还可在土上再盖上一层干玉米秸秆、稻秸或麦秸，最后用轮胎压实。

制作完成的青贮玉米饲料经过20天左右即可完成发酵，再经过20天的熟化过程即可开窖取用。

④ 青贮窖的管理：随着青贮的成熟及土层压力，窖内青贮料会慢慢下沉，出现窖体裂缝、漏气现象，再遇雨天，雨水会从缝隙渗入，使青贮料败坏。如果装窖时踩踏不实，时间稍长，青贮窖会出现窖面低于地面而导致雨天积水。因此，要随时观察青贮窖，发现裂缝或下沉要及时覆土；开窖前，还要防止牲畜在窖上踩踏，以保证青贮成功。

（2）拉伸膜裹包青贮：拉伸膜裹包青贮是一项机械化程度很高的、先进的青贮饲料生产技术。它对机械化设备要求很高，机械设备及膜的材料、颜色、厚度、包裹层数等对裹包青贮饲料的品质均有影响。在青贮过程中，还应注意青贮原料的含量和捆扎密度等技术环节，保证青贮发酵正常进行。

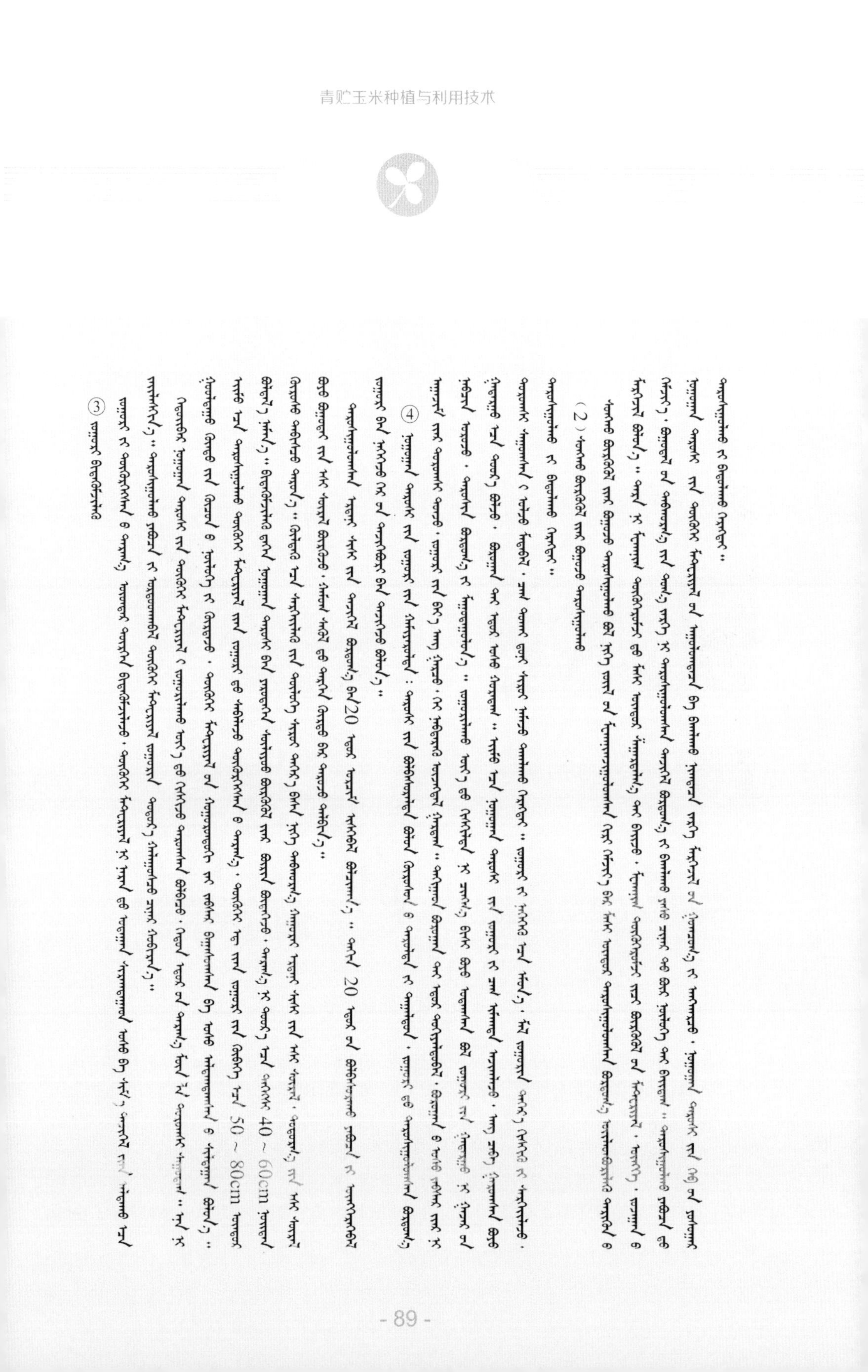

[illegible]

(2) [illegible]

[illegible]

④ [illegible] 20 [illegible] 20 [illegible] 40～60cm [illegible] 50～80cm [illegible]

③ [illegible]

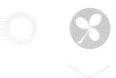

该方法的主要加工工序：一是打捆，用专用的打捆机把青贮原料压成一定形状的草捆，排除草捆中的空气，有些原料可以不切短，如牧草，但是玉米植株高大，切短后的裹包青贮质量更好；二是裹包，在草捆外面用塑料薄膜进行密封。在生产实践中，打捆机和裹包机配合使用，流水作业，先打捆，后裹包。

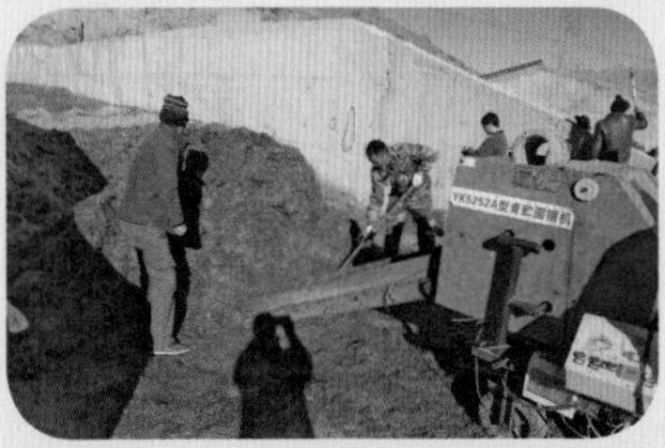

1. 切断打捆

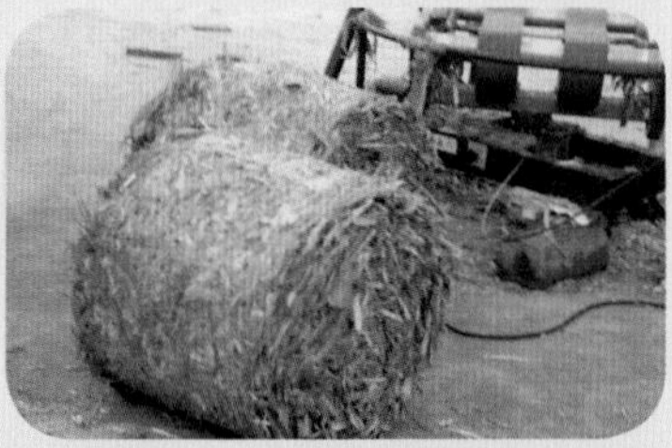

2. 用网裹包草捆

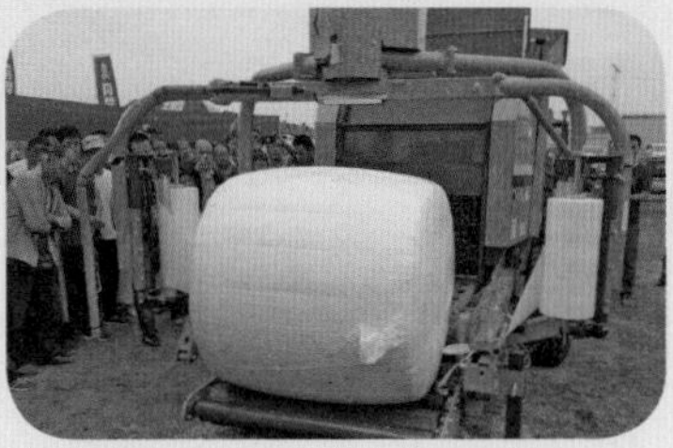

3. 拉伸膜裹包

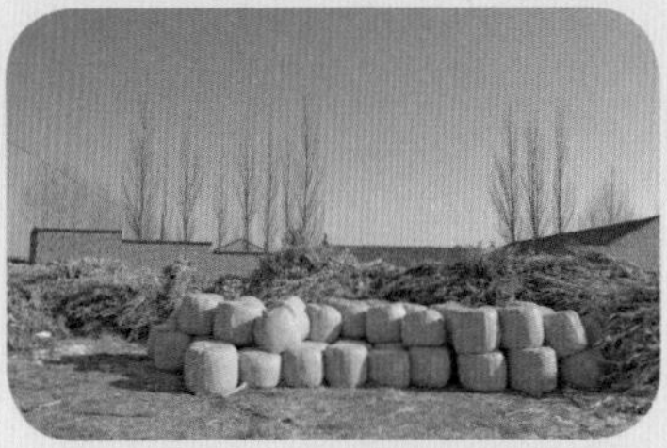

4. 搬运放置

裹包青贮制作流程图

① 拉伸膜的特性及选用：拉伸膜由线性低密度聚乙烯（LLDPE）树脂制成，具有良好的伸缩和黏附性能，具有55% ～ 70%的拉伸性；具有良好的气密性和遮光性，能够抵抗各种天气条件下的紫外线辐射；能在户外放置至少1年不变性，具有良好的抗穿刺能力。

C8树脂膜：厚度为25 μm、30 μm或35 μm；宽度为25 cm、50 cm或75 cm。长度为每捆1 500 m或1 800 m；颜色分白色、黑色、绿色。树脂分子链中碳原子的个数越多，气密性越好，如C8树脂膜优于C6或C4树脂膜。

ᠳᠠᠯᠠᠢ ᠶᠢᠨ ᠲᠠᠪᠴᠠᠩ ᠠᠴᠠ ᠳᠡᠭᠡᠭᠰᠢ ᠥᠨᠳᠥᠷ ᠪᠣᠯ ᠤᠨ ᠠ ᠪᠣᠯᠪᠠᠰᠤᠷᠠᠭᠤᠯᠬᠤ ᠭᠠᠵᠠᠷ ᠢ ᠳᠡᠭᠡᠷ᠎ᠡ ᠬᠡᠰᠡᠭ᠂ ᠰᠢᠯᠢᠭᠳᠡᠭᠰᠡᠨ C8 ᠬᠡᠯᠪᠡᠷᠢ ᠶᠢᠨ ᠪᠠᠭᠠᠵᠢ ᠶᠢ C6 ᠪᠠ C4 ᠬᠡᠯᠪᠡᠷᠢ ᠶᠢᠨ ᠪᠠᠭᠠᠵᠢ ᠶᠢᠨ ᠳᠡᠭᠡᠷ᠎ᠡ ᠶᠢ 1 500 m ᠪᠠ 1 800 m ᠃ ᠲᠤᠷᠰᠢᠯᠲᠠ ᠶᠢ ᠠ ᠭᠠᠵᠠᠷ᠂ ᠴᠠᠭ᠂ ᠲᠣᠭᠠᠨ ᠤ ᠬᠤᠪᠢ ᠪᠠᠷ ᠬᠤᠪᠢᠶᠠᠷᠢᠯᠠᠭᠤᠯᠤᠨ᠎ᠠ ᠃ ᠬᠡᠯᠪᠡᠷᠢ ᠶᠢᠨ ᠰᠣᠩᠭᠣᠯᠲᠠ ᠶᠢᠨ ᠬᠤᠪᠢ ᠪᠠᠷ ᠲᠣᠭᠲᠠᠭᠠᠭᠳᠠᠭᠤᠯᠬᠤ

ᠰᠢᠯᠢᠭᠳᠡᠭᠰᠡᠨ C8 ᠬᠡᠯᠪᠡᠷᠢ ᠶᠢᠨ ᠪᠠᠭᠠᠵᠢ: ᠨᠢᠮᠭᠡᠨ ᠤ ᠵᠤᠵᠠᠭᠠᠨ ᠢ 25µm · 30 µm ᠪᠠ 35 µm ᠃ ᠳᠠᠪᠬᠤᠷᠭ᠎ᠠ ᠶᠢ 25cm · 50cm ᠪᠠ 75cm ᠃ ᠪᠠᠢᠷᠢ

② 选址：拉伸膜裹包青贮饲料贮放地应清扫干净，最好是混凝土地面，必要时进行消毒，并防止泥土及杂物混入。要求取用方便，易管理。

③ 原料切短打捆：用全株玉米制作拉伸膜裹包青贮时，先用青贮机收割并切碎，长度为2～3 cm，籽实破碎率约80%。

收割切短后的全株玉米原料应使用专用打捆设备进行高密度压实、缠网、打捆。打捆形式主要为圆柱体，主要目的是将原料间的空气排出，最大限度地降低好氧发酵，要求密度达到650～850 kg/m^3，缠网层数为4～6层。

为防止草捆过重并易于搬运，一般草捆的直径为100～120 cm，长度120～150 cm，重量不超过600 kg为宜。固定型打捆仓的打捆机生产的草捆尺寸一般为1.2 m×1 m，可变型打捆仓的打捆机生产的草捆的宽度一般为1.2 m，直径0.6～1.8 m。

青贮玉米适宜打捆的水分含量为40%～65%，最理想的打捆水分含量为45%～60%，不能高于70%。

④ 裹包：全株玉米草捆需用青贮专用拉伸膜进行裹包。草捆应在24小时内完成裹包，天气炎热潮湿地区最好在4～8小时之内打捆，以防止霉变和热损害。拉伸膜具有拉伸强度高、抗穿刺强度高、韧性强、稳定性好及抗紫外线等特点，一般厚度为0.025 mm，拉伸比范围55%～70%，裹包时包膜层数为4～8层，裹包时拉伸膜必须层层重叠50%以上，裹包2轮；若裹包6层，则需裹包3轮。原料水分含量越低或刈割时越成熟，需增加裹包的层数越多。草捆裹包地点离存放地点要近，避免由于长距离运输操作而损坏裹包膜。

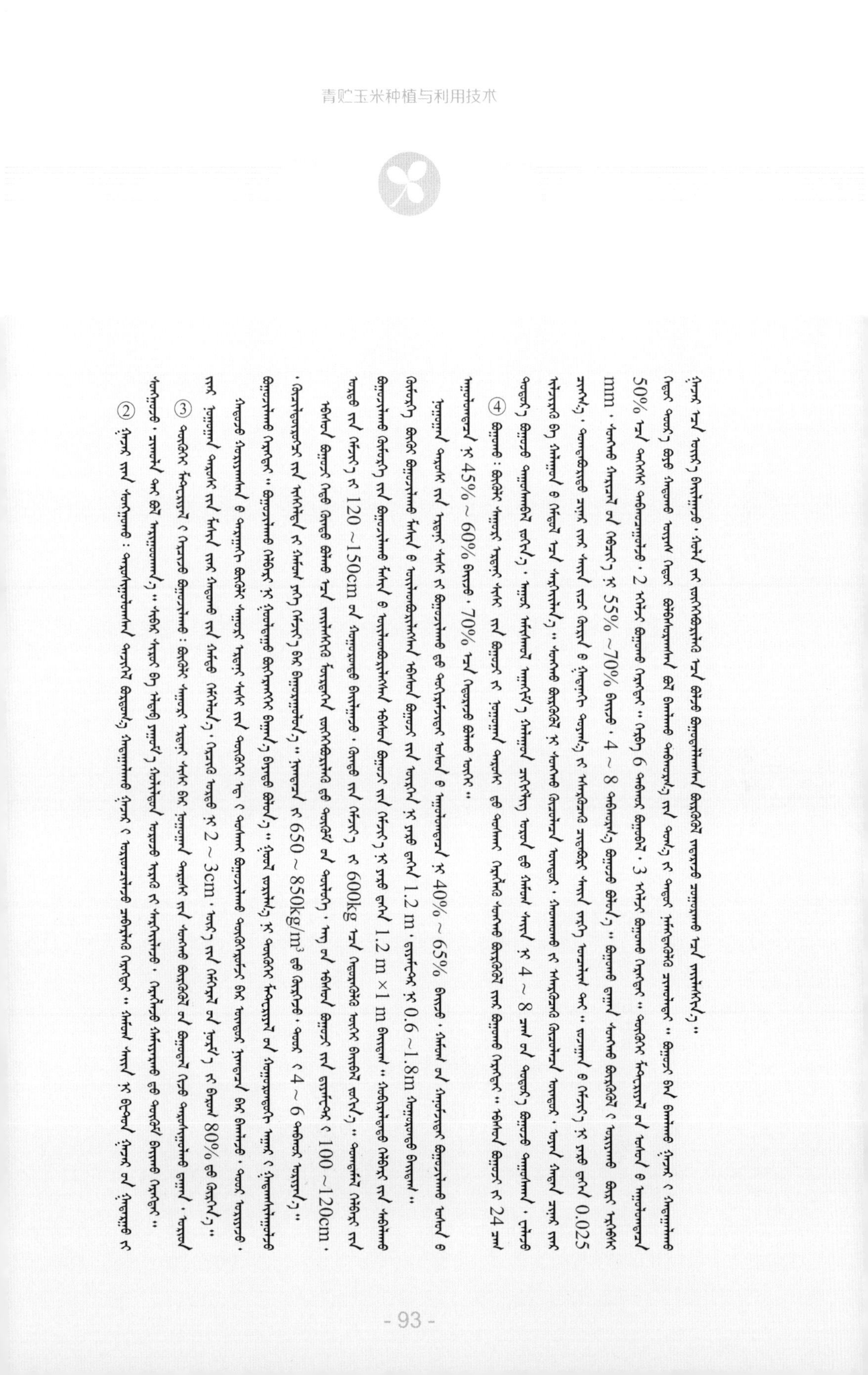

[illegible] ..

[illegible] ..

50% [illegible] · 2 [illegible] .. [illegible] 6 [illegible] · 3 [illegible] .. [illegible]

mm · [illegible] 55% ~70% [illegible] · 4 ~ 8 [illegible] .. [illegible]

[illegible] .. [illegible] 0.025

[illegible] .. [illegible]

[illegible] 4 ~ 8 [illegible]

④ [illegible] : [illegible] .. [illegible] 24 [illegible] 45% ~ 60% [illegible] · 70% [illegible] ..

[illegible] 40% ~ 65% [illegible] · [illegible] 1.2 m · [illegible] 0.6 ~1.8m [illegible] ..

[illegible] 1.2 m ×1 m [illegible] .. [illegible] 120 ~150cm [illegible] · [illegible] 600kg [illegible] .. [illegible]

[illegible] 100 ~120cm · [illegible] .. [illegible] 650 ~ 850kg/m^3 [illegible] · [illegible] 4 ~ 6 [illegible] .. [illegible] .. [illegible] .. [illegible]

[illegible] · [illegible] · [illegible] 2 ~ 3cm · [illegible] 80% [illegible] ..

③ [illegible] : [illegible] · [illegible] .. [illegible] ..

② [illegible] : [illegible] .. [illegible]

⑤ 堆放及管理：裹包好的全株玉米青贮饲料运送到贮放地进行堆放，采用露天竖式两层堆放贮藏的方式，堆放及转运过程中发现破损包应及时进行修补。

存放时要求地面平整，排水良好，没有杂物和其他尖利的东西。存放点需干燥、阴凉。裹包叠放在一起可节省贮存空间，防止鼠害，易于管理。堆放操作时，尽量避免撕裂裹包和叠放高水分裹包青贮，堆放好后，应不时检查有无破损的地方，如有破损及时用胶带修补密封。

青贮玉米裹包青贮存放30天后可取用饲喂家畜。应根据家畜每天的采食量随用随取。

裹包青贮取用后，废弃的塑料膜需回收存放，避免污染环境。青贮专用膜燃烧后会释放有毒物质，具有潜在的致癌作用，故不能燃烧。

随着我国国产专用膜和捆裹机械制造企业技术的不断提高，以及越来越多的饲料企业将裹包青贮产业化，捆包青贮技术在我国正在得到快速发展。由于裹包青贮便于运输，对广大农村牧区来说很有利用前景。我国农村牧区也面临着劳动力老化、年轻劳动力减少的问题，裹包青贮会减轻劳动强度，适合社会发展需求。但是，裹包青贮的广泛利用还需要很多社会环境和设施条件，为了发挥青贮玉米裹包青贮的社会效益，后面会介绍TMR中心的运营。

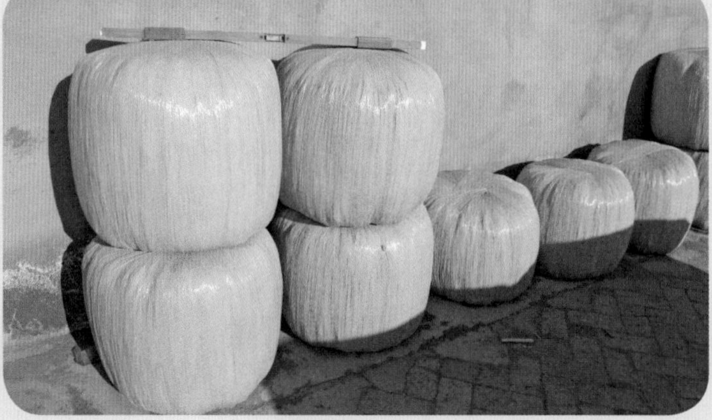

裹包青贮的存放

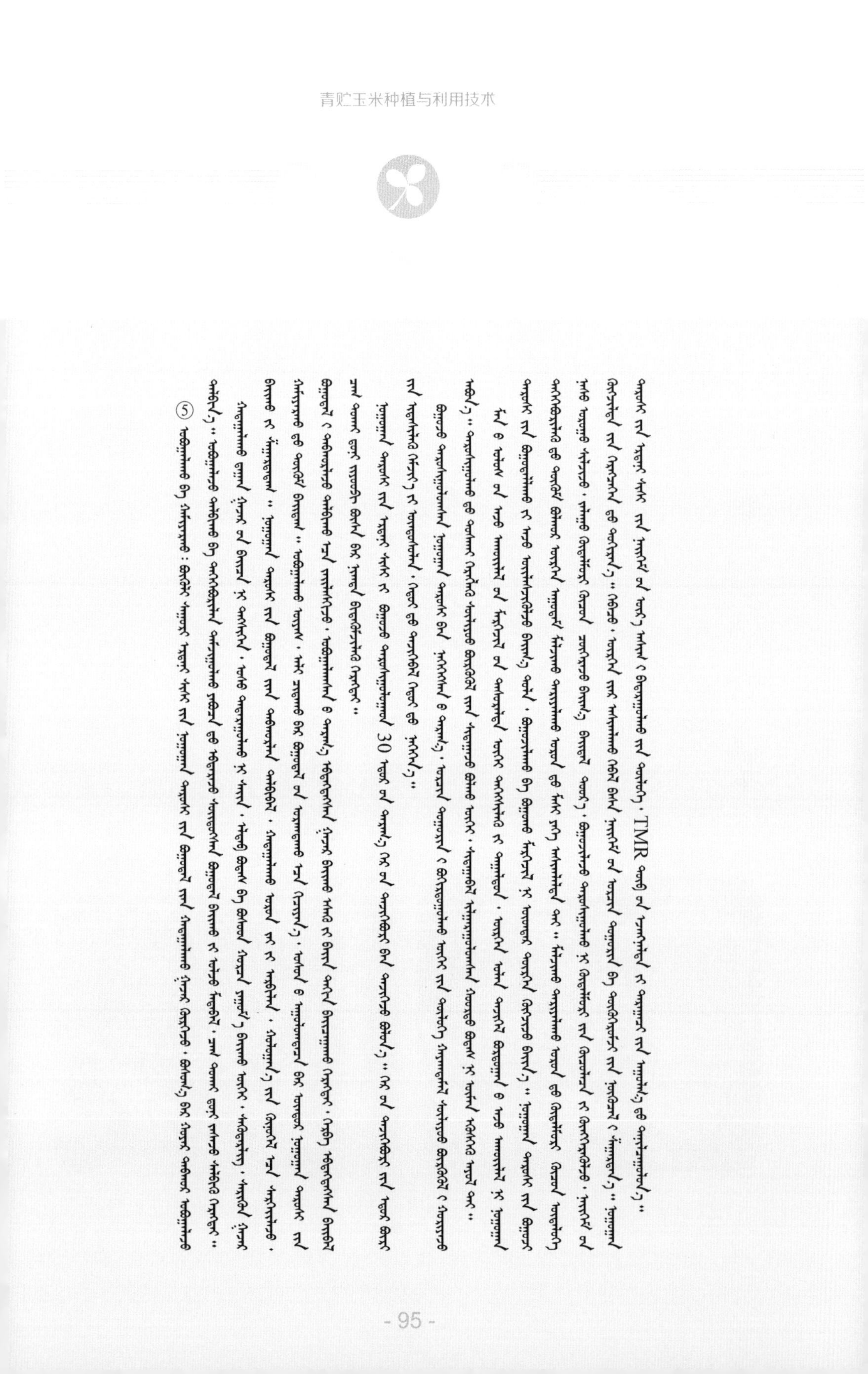

[illegible] TMR [illegible]

[illegible]

[illegible] 30 [illegible]

[illegible]

⑤ [illegible]

5. 玉米青贮的评价

（1）感官评价：在实际生产中，一般通过看、闻和手持物料等感官操作来判断青贮质量优劣。不依靠仪器设备，操作简单、快捷、实用。感官评价包括水分、颜色、气味、味道、质地等指标，将青贮质量分为上等、中等和下等三个等级。

上等：理想的青贮在窖内压得紧密，颜色应接近作物原料的颜色，玉米茎叶颜色呈黄绿色或青绿色，酸味明显，芳香味浓。质地和结构方面，用手拿起时松散柔软，不会形成块；水分适宜，略湿润，不粘手，茎叶保持原状，容易清晰辨认和分离；玉米籽粒破碎均匀。

中等:玉米茎叶颜色黄褐色或黑绿色，酸味中等或较少，芳香，稍有酒精味或丁酸味；质地柔软，稍干或水分稍多。

下等：玉米茎叶颜色黑色或褐色，有刺鼻的酸味；质地干燥、松散或略带黏性。

以上是可以利用的青贮等级。如果青贮颜色黑褐色，有腐败霉烂味，发黏结块，干燥或抓握见水，属于劣质青贮，禁止饲喂家畜。

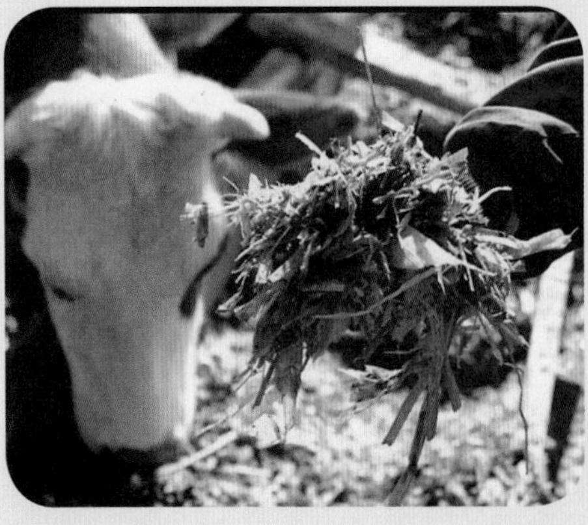

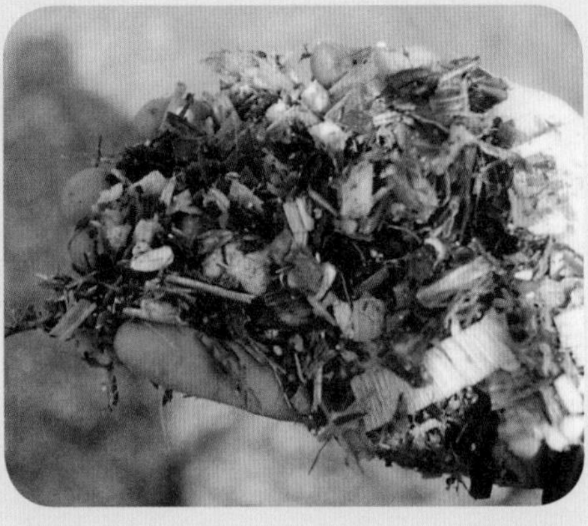

青贮的感官评价

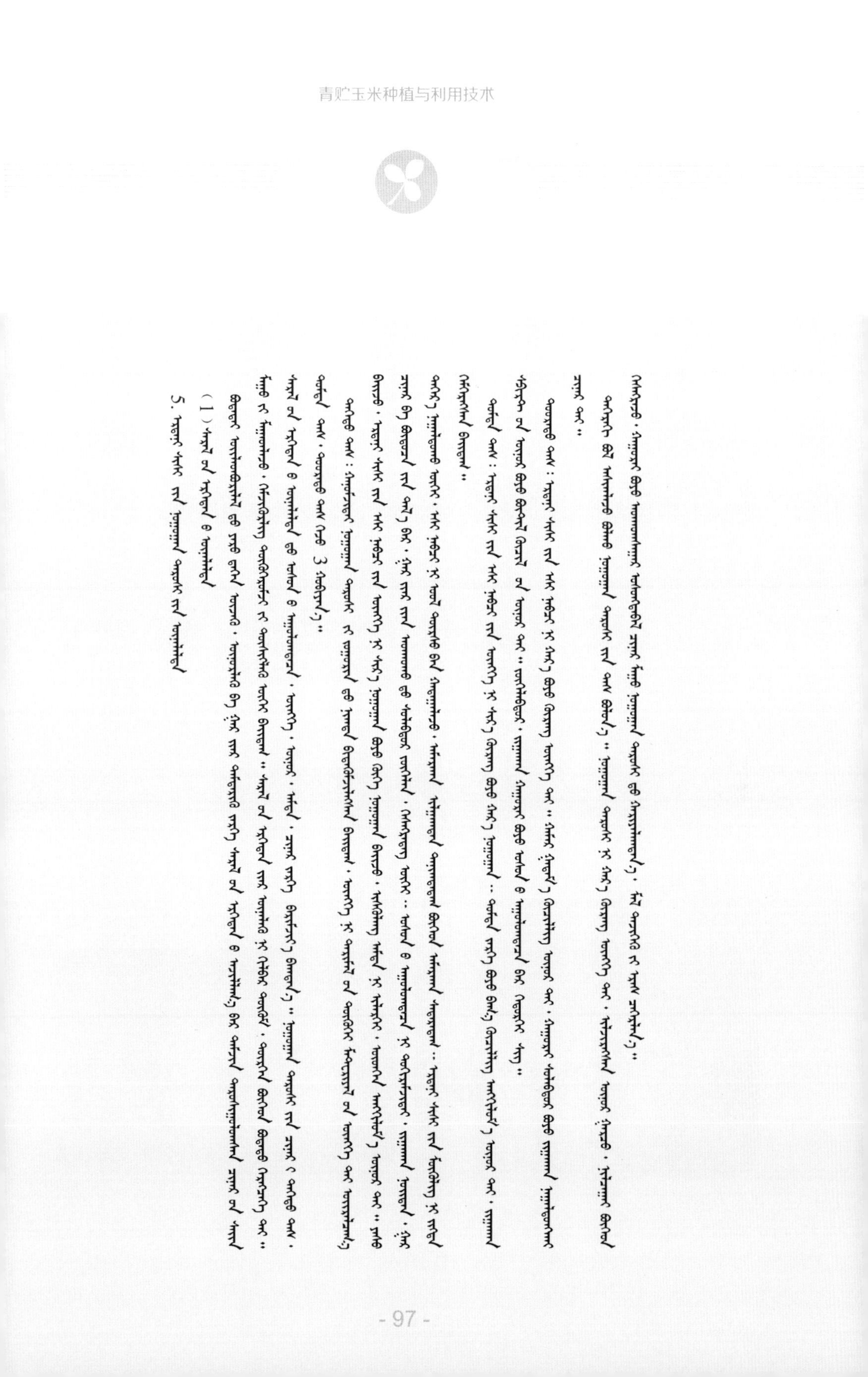

5. [illegible]

(1) [illegible]

[illegible]

[illegible] 3 [illegible]

[illegible]

[illegible]

[illegible]

（2）化学评定：化学评定是通过仪器分析来定量评价青贮的化学成分。将青贮袋打开，在料面以下10 cm进行取样分析。由于大规模的青贮可能存在发酵不均匀的情况，因而需要进行多点取样。化学评定的主要指标是pH、有机酸（乳酸、乙酸、丁酸等）、氨态氮、总氮等发酵品质参数，干物质、粗蛋白、中性洗涤纤维、酸性洗涤纤维等化学成分。优质青贮玉米各指标参数见下表。

青贮玉米饲料发酵品质

项　目	pH	乳酸/总酸重量（%）	乙酸/总酸重量（%）	丁酸/总酸重量（%）	氨态氮/总氮（%）
指标	3.8 ～ 4.2	≥60	≤20	≤1	≤10.0

青贮玉米饲料营养成分

项　目	干物质（%）	粗蛋白（%）	ADF（%）	NDF（%）
指标	25 ～ 35	7 ～ 8.4	≤20	≤45

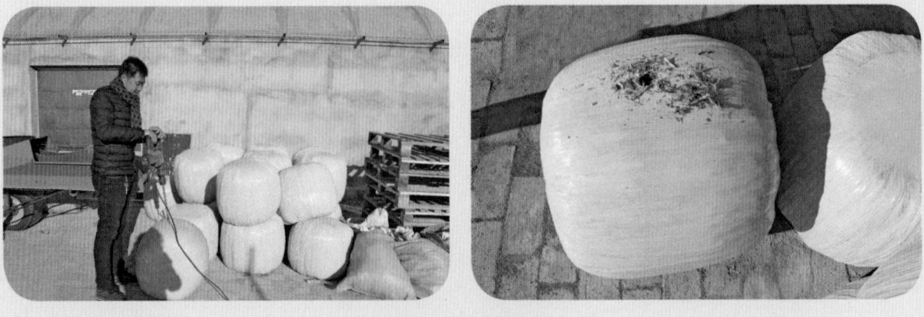

青贮饲料取样

ᠬᠡᠮᠵᠢᠶ᠎ᠡ ᠵᠦᠢᠯ	ᠬᠠᠭᠤᠷᠠᠢ ᠪᠣᠳᠠᠰ %	ᠪᠦᠳᠦᠬᠦᠨ ᠤᠤᠷᠠᠭ（CM %）	ADF（CM %）	NDF（CM %）
ᠪᠠᠢᠴᠠᠭᠠᠯᠲᠠ ᠶᠢᠨ ᠳ᠋ᠦᠩ	25 ~ 35	7 ~ 8.4	≤ 20	≤ 45

ᠨᠣᠭᠣᠭᠠᠨ ᠬᠠᠳᠠᠭᠠᠯᠠᠮᠵᠢ ᠶᠢᠨ ᠡᠭᠦᠰᠦᠨ ᠡᠳᠡᠭᠡᠨ ᠦ ᠬᠡᠮᠵᠢᠶ᠎ᠡ ᠪᠠᠷᠢᠮᠵᠢᠶ᠎ᠠ ᠶᠢᠨ ᠪᠠᠢᠴᠠᠭᠠᠯᠲᠠ

ᠬᠡᠮᠵᠢᠶ᠎ᠡ ᠵᠦᠢᠯ	pH ᠬᠡᠮᠵᠢᠶ᠎ᠡ	ᠰᠦᠨ ᠦ ᠬᠦᠴᠢᠯ / ᠨᠡᠢᠲᠡ ᠬᠦᠴᠢᠯ	ᠲᠣᠰᠤ ᠬᠦᠴᠢᠯ / ᠨᠡᠢᠲᠡ ᠬᠦᠴᠢᠯ	ᠪᠣᠲᠤᠭᠤ ᠬᠦᠴᠢᠯ / ᠨᠡᠢᠲᠡ ᠬᠦᠴᠢᠯ	ᠨᠢᠭᠤᠯᠠᠭᠳᠠᠭᠰᠠᠨ ᠠᠮᠢᠨ / ᠨᠡᠢᠲᠡ ᠠᠮᠢᠨ
ᠪᠠᠢᠴᠠᠭᠠᠯᠲᠠ ᠶᠢᠨ ᠳ᠋ᠦᠩ	3.8 ~ 4.2	≥ 60	≤ 20	≥ 1	≤ 10.0

ᠨᠣᠭᠣᠭᠠᠨ ᠬᠠᠳᠠᠭᠠᠯᠠᠮᠵᠢ ᠶᠢᠨ ᠡᠭᠦᠰᠦᠨ ᠡᠳᠡᠭᠡᠨ ᠦ ᠬᠡᠮᠵᠢᠶ᠎ᠡ ᠪᠠᠷᠢᠮᠵᠢᠶ᠎ᠠ ᠶᠢᠨ ᠵᠢᠰᠢᠶ᠎ᠡ

ᠪᠠᠢᠴᠠᠭᠠᠯᠲᠠ ᠪᠠ ᠳ᠋ᠦᠩᠨᠡᠯᠲᠡ ᠶᠢ ᠬᠡᠮᠵᠢᠶᠡᠨ ᠪᠠᠷᠢᠮᠵᠢᠶ᠎ᠠ ᠪᠠᠷ ᠬᠡᠷᠡᠭᠵᠢᠭᠦᠯᠦᠨ᠎ᠡ ᠃

ᠰᠡᠷᠡᠯᠲᠡ ᠂ ᠮᠡᠳᠡᠷᠡᠮᠵᠢ ᠵᠢᠨ ᠦᠨᠡᠯᠡᠯᠲᠡ ᠪᠠ ᠂ ᠪᠣᠳᠠᠰ ᠤᠨ ᠦᠨᠡᠯᠡᠯᠲᠡ ᠪᠠ ᠬᠣᠶᠠᠷ ᠲᠥᠷᠥᠯ ᠤᠨ ᠪᠠᠢᠴᠠᠭᠠᠯᠲᠠ ᠪᠠᠢᠨ᠎ᠠ ᠃ ᠬᠢᠮᠢ ᠶᠢᠨ ᠪᠠᠷᠢᠮᠵᠢᠶ᠎ᠠ ᠪᠠᠷ ᠬᠦᠴᠢᠯ（ᠰᠦᠨ ᠦ ᠬᠦᠴᠢᠯ ᠂ ᠲᠣᠰᠤ ᠬᠦᠴᠢᠯ ᠂ ᠪᠣᠲᠤᠭᠤ ᠬᠦᠴᠢᠯ ᠵᠡᠷᠭᠡ）᠂ ᠨᠢᠭᠤᠯᠠᠭᠳᠠᠭᠰᠠᠨ ᠠᠮᠢᠨ ᠂ ᠨᠡᠢᠲᠡ ᠠᠮᠢᠨ ᠵᠡᠷᠭᠡ ᠬᠡᠮᠵᠢᠶ᠎ᠡ ᠶᠢᠨ ᠪᠠᠢᠴᠠᠭᠠᠯᠲᠠ ᠳᠤ ᠬᠠᠭᠤᠷᠠᠢ ᠪᠣᠳᠠᠰ ᠂ ᠪᠦᠳᠦᠬᠦᠨ ᠤᠤᠷᠠᠭ ᠵᠡᠷᠭᠡ ᠪᠠᠭᠲᠠᠨ᠎ᠠ ᠃ ᠨᠣᠭᠣᠭᠠᠨ ᠬᠠᠳᠠᠭᠠᠯᠠᠮᠵᠢ ᠶᠢᠨ pH ᠬᠡᠮᠵᠢᠶ᠎ᠡ ᠂ 10cm ᠦᠨ ᠭᠦᠨ ᠳᠦ ᠪᠠᠢᠭ᠎ᠠ ᠳᠡᠭᠡᠵᠢ ᠶᠢ ᠠᠪᠴᠤ ᠪᠠᠢᠴᠠᠭᠠᠨ᠎ᠠ ᠃

(2) ᠨᠣᠭᠣᠭᠠᠨ ᠬᠠᠳᠠᠭᠠᠯᠠᠮᠵᠢ ᠶᠢᠨ ᠬᠡᠷᠡᠭᠯᠡᠭᠡ

pH：反映青贮厌氧发酵状况。优质全株玉米青贮的pH应为3.8～4.2，pH超过4.2则表明青贮发酵过程中腐败菌的活性较强，造成异常发酵；pH低于3.8，乳酸菌也难以存活。

有机酸：反映了青贮发酵的程度及发酵类型的主次，主要指标有乳酸、乙酸、丙酸和丁酸。乳酸占有机酸总量的比例越大越好。优良全株玉米青贮饲料含有较多的乳酸，占总挥发性脂肪酸60%以上；含少量的乙酸，占总挥发性脂肪酸20%以下；不应含丁酸，因为丁酸是腐败菌（如梭菌）分解蛋白质、葡萄糖和乳酸而生成的产物。若青贮饲料含有过量的乙酸、丁酸，则说明发酵品质较差。

氨态氮：占总氮的比例可反映出全株玉米青贮饲料中蛋白质和氨基酸的分解程度。测定氨态氮含量的同时，还必须测定青贮饲料的总氮含量，计算氨态氮在总氮中的比例。氨态氮与总氮的比值小于10%，则表明发酵过程良好，蛋白质和氨基酸分解少，属于优质青贮饲料；比值大则是异常发酵，蛋白质分解多，属于劣质青贮饲料。

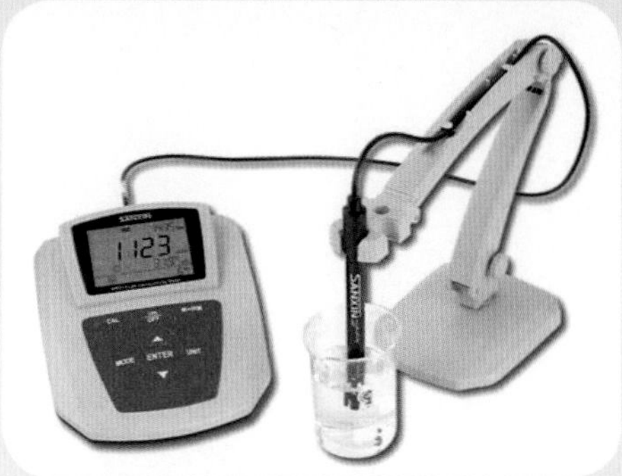

pH测定

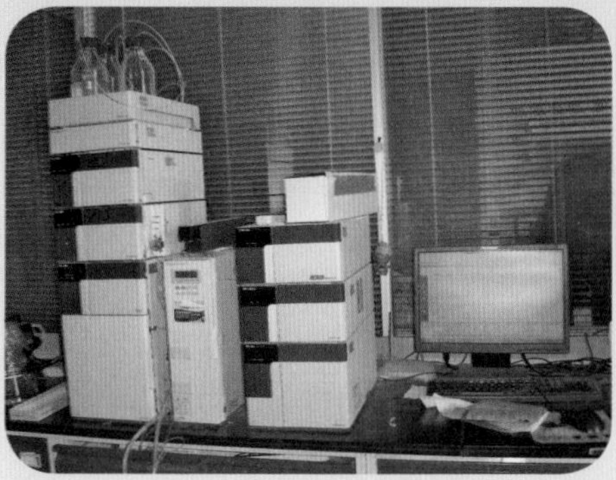

有机酸测定

青贮饲料发酵品质分析

pH ᠬᠡᠮᠵᠢᠶ᠎ᠡ: ᠰᠢᠯᠦᠷᠡᠭᠰᠡᠨ ᠲᠡᠵᠢᠭᠡᠯ ᠦᠨ ᠪᠣᠯᠪᠠᠰᠤᠷᠠᠯᠲᠠ ᠶᠢᠨ ᠴᠢᠨᠠᠷ ᠤᠨ ᠪᠠᠶᠢᠳᠠᠯ ᠢ ᠲᠤᠰᠬᠠᠶᠢᠯᠠᠨ᠎ᠠ ᠃ ᠰᠠᠶᠢᠨ ᠴᠢᠨᠠᠷᠲᠠᠢ ᠨᠣᠭᠣᠭᠠᠨ ᠲᠡᠵᠢᠭᠡᠯ ᠦᠨ ᠰᠢᠯᠦᠷᠡᠭᠰᠡᠨ ᠲᠡᠵᠢᠭᠡᠯ ᠦᠨ pH ᠬᠡᠮᠵᠢᠶ᠎ᠡ ᠨᠢ 3.8 ~ 4.2 ᠪᠠᠶᠢᠨ᠎ᠠ ᠂ pH ᠬᠡᠮᠵᠢᠶ᠎ᠡ ᠨᠢ 4.2 ᠡᠴᠡ ᠳᠡᠭᠡᠭᠰᠢ ᠪᠣᠯᠪᠠᠯ ᠰᠢᠯᠦᠷᠡᠬᠦ ᠶᠠᠪᠤᠴᠠ ᠳᠤ ᠰᠠᠯᠠᠯᠲᠠᠭᠤᠯᠬᠤ ᠪᠠᠺᠲ᠋ᠧᠷᠢ ᠶᠢᠨ ᠦᠷᠡᠵᠢᠯ ᠰᠢᠰᠤᠨ ᠢ ᠲᠤᠰᠬᠠᠶᠢᠯᠠᠨ᠎ᠠ ᠂ ᠬᠣᠯ ᠤᠨ ᠪᠣᠰᠤ ᠰᠢᠯᠦᠷᠡᠭᠰᠡᠨ ᠰᠢᠯᠦᠷᠡᠯ ᠢ ᠲᠤᠰᠬᠠᠶᠢᠯᠠᠨ᠎ᠠ ᠃ pH ᠬᠡᠮᠵᠢᠶ᠎ᠡ ᠨᠢ 3.8 ᠡᠴᠡ ᠪᠠᠭ᠎ᠠ ᠪᠣᠯ ᠰᠦᠨ ᠬᠦᠴᠢᠯ ᠤᠨ ᠬᠡᠮᠵᠢᠶ᠎ᠡ ᠬᠡᠲᠦᠷᠡᠭᠰᠡᠨ ᠢ ᠲᠤᠰᠬᠠᠶᠢᠯᠠᠨ᠎ᠠ ᠃

干物质：除去原料中的水分就是干物质，占25%～35%为宜。干物质太少，饲料能量不足；干物质含量太高，不易青贮。

粗蛋白：粗蛋白含量是反映饲料品质的重要指标，但是粗蛋白含量只能表明饲料的含氮量，而不同家畜对其中无机氮的利用效率则存在差异，超过一定量甚至会产生明显的毒害作用。

中性洗涤纤维（NDF）和酸性洗涤纤维（ADF）：中性洗涤纤维是对植物细胞壁或纤维成分的测量标准。饲料中含一定量的NDF对维持家畜瘤胃正常的发酵功能具有重要意义，但过高的NDF会对干物质采食量产生负效果。优等全株玉米青贮饲料的中性洗涤纤维（NDF）含量应不高于45%。中性洗涤纤维包括木质素、纤维素和半纤维素，可用来定量草食家畜的粗饲料采食量。酸性洗涤纤维则包括饲料中的木质素和纤维素。中性洗涤纤维（NDF）与酸性洗涤纤维（ADF）之差即为饲料中的半纤维素含量。酸性洗涤纤维（ADF）含量不高于20%。

青贮饲料品质测定常用的为日本粗饲料评定的V-Score体系。该体系是以氨态氮和乙酸、丙酸、丁酸等挥发性脂肪酸为评定指标进行青贮品质评价，各指标不同含量分配的分数不同，满分为100分。根据这个评分，将青贮饲料品质分为良好（80分以上）、尚可（60～80分）和不良（60分以下）三个级别。

我国的玉米青贮质量评定标准正在制定，今后会在生产实践中实施。各国的评价标准虽然在测定方法、内容上有一定的区别，但总体指标是基本一致的。

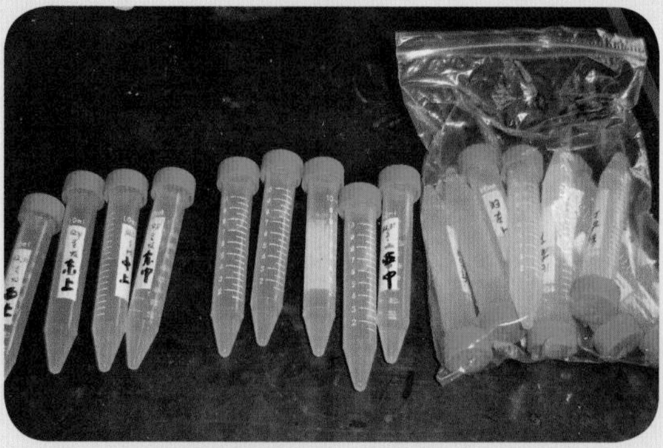

青贮发酵品质分析

ᠰᠢᠯᠢᠭᠰᠡᠨ ᠬᠡᠪᠡᠯ : ᠬᠡᠪᠡᠯ ᠦᠨ ᠬᠦᠷᠲᠡᠭᠡᠯ ᠦᠨ ᠬᠡᠮᠵᠢᠶ᠎ᠡ ᠶᠢ ᠰᠢᠯᠢᠭᠰᠡᠨ ᠬᠡᠪᠡᠯ ᠦᠨ ᠲᠡᠭᠦᠰᠦᠯᠲᠡ ᠪᠣᠯᠤᠨ᠎ᠠ᠂ ᠡᠩ ᠢ 25% ~ 35% ᠢ ᠡᠵᠡᠯᠡᠨ᠎ᠡ ᠃ ᠰᠢᠯᠢᠭᠰᠡᠨ ᠬᠡᠪᠡᠯ ᠦᠨ ᠲᠡᠭᠦᠰᠦᠯᠲᠡ ᠶᠡᠬᠡ ᠪᠠᠢᠬᠤ ᠲᠤᠰᠠ ᠭᠠᠷᠭᠠᠯᠲᠠ ᠶᠢᠨ ᠬᠡᠮᠵᠢᠶ᠎ᠡ ᠨᠢ ᠥᠨᠳᠦᠷ᠂ ᠰᠢᠯᠢᠭᠰᠡᠨ ᠬᠡᠪᠡᠯ ᠦᠨ ᠲᠡᠭᠦᠰᠦᠯᠲᠡ ᠪᠠᠭ᠎ᠠ ᠪᠠᠢᠬᠤ ᠲᠤᠰᠠ ᠰᠠᠢᠨ ᠪᠠᠢᠨ᠎ᠠ ᠃

ᠪᠣᠯᠪᠠᠰᠤᠷᠠᠯ ᠬᠡᠮᠵᠢᠶ᠎ᠡ : ᠪᠣᠯᠪᠠᠰᠤᠷᠠᠯ ᠬᠡᠮᠵᠢᠶ᠎ᠡ ᠨᠢ ᠲᠡᠭᠦᠰᠦᠯᠲᠡ ᠶᠢᠨ ᠭᠠᠷᠭᠠᠯᠲᠠ ᠶᠢᠨ ᠬᠡᠮᠵᠢᠶ᠎ᠡ ᠶᠢ ᠲᠣᠭᠠᠴᠠᠬᠤ ᠴᠢᠬᠤᠯᠠ ᠦᠵᠦᠯᠦᠯᠲᠡ ᠪᠣᠯᠬᠤ ᠪᠠᠢᠨ᠎ᠠ ᠃ ᠪᠣᠯᠪᠠᠰᠤᠷᠠᠯ ᠬᠡᠮᠵᠢᠶ᠎ᠡ ᠨᠢ ᠲᠡᠭᠦᠰᠦᠯᠲᠡ ᠶᠢ ᠰᠠᠢᠵᠢᠷᠠᠭᠤᠯᠬᠤ ᠭᠠᠷᠭᠠᠯᠲᠠ ᠶᠢᠨ ᠬᠡᠮᠵᠢᠶ᠎ᠡ ᠶᠢ ᠲᠡᠭᠦᠰᠦᠯᠲᠡ ᠶᠢᠨ ᠬᠡᠮᠵᠢᠶ᠎ᠡ ᠪᠣᠯᠭᠠᠨ᠎ᠠ᠂ ᠲᠡᠭᠡᠭᠡᠷ ᠶᠢᠨ ᠭᠠᠷᠭᠠᠯᠲᠠ ᠶᠢᠨ ᠪᠣᠯᠪᠠᠰᠤᠷᠠᠯ ᠢ ᠭᠡᠷᠴᠢᠯᠡᠨ ᠦᠵᠡᠬᠦ ᠪᠣᠯᠤᠨ᠎ᠠ᠂ ᠲᠡᠭᠦᠨ ᠦ ᠬᠡᠮᠵᠢᠶ᠎ᠡ ᠶᠢᠨ ᠭᠣᠣᠯ ᠦᠵᠦᠯᠲᠡ ᠨᠢ ᠶᠠᠭᠠᠷᠠᠯ ᠦᠭᠡᠢ ᠪᠣᠯᠤᠨ᠎ᠠ ᠃

ᠰᠢᠩᠭᠡᠬᠦ ᠴᠢᠷᠢᠭᠲᠦ ᠰᠢᠯᠤᠭᠤᠨ ᠲᠣᠯᠠᠭᠠᠢ (NDF) ᠪᠠ ᠬᠦᠴᠢᠯᠡᠯ ᠴᠢᠷᠢᠭᠲᠦ ᠰᠢᠯᠤᠭᠤᠨ ᠲᠣᠯᠠᠭᠠᠢ (ADF): ᠰᠢᠩᠭᠡᠬᠦ ᠴᠢᠷᠢᠭᠲᠦ ᠰᠢᠯᠤᠭᠤᠨ ᠲᠣᠯᠠᠭᠠᠢ ᠶᠢᠨ ᠬᠡᠮᠵᠢᠶ᠎ᠡ ᠨᠢ ᠲᠡᠵᠢᠭᠡᠯ ᠦᠨ ᠬᠣᠣᠯ ᠦᠨ ᠬᠢᠷᠢ ᠶᠢ ᠲᠣᠭᠲᠠᠭᠠᠬᠤ ᠴᠢᠬᠤᠯᠠ ᠦᠵᠦᠯᠦᠯᠲᠡ ᠪᠣᠯᠬᠤ ᠪᠠᠢᠨ᠎ᠠ ᠃ ᠲᠡᠵᠢᠭᠡᠯ ᠦᠨ ᠲᠡᠭᠦᠰᠦᠯᠲᠡ ᠨᠢ NDF ᠶᠢᠨ ᠬᠡᠮᠵᠢᠶ᠎ᠡ ᠪᠡᠷ ᠬᠢᠵᠠᠭᠠᠷᠯᠠᠭᠳᠠᠨ᠎ᠠ ᠃ ᠶᠡᠷᠦᠳᠡ NDF ᠶᠢᠨ ᠬᠡᠮᠵᠢᠶ᠎ᠡ ᠥᠨᠳᠦᠷ ᠪᠣᠯᠬᠤ ᠲᠤᠰᠠ ᠲᠡᠵᠢᠭᠡᠯ ᠦᠨ ᠬᠡᠷᠡᠭᠯᠡᠭᠡ ᠪᠠᠭᠤᠷᠠᠨ᠎ᠠ ᠃ ᠰᠢᠩᠭᠡᠬᠦ ᠴᠢᠷᠢᠭᠲᠦ ᠰᠢᠯᠤᠭᠤᠨ ᠲᠣᠯᠠᠭᠠᠢ ᠶᠢᠨ ᠬᠡᠮᠵᠢᠶ᠎ᠡ 45% ᠡᠴᠡ ᠳᠣᠣᠷ᠎ᠠ ᠪᠠᠢᠬᠤ ᠬᠡᠷᠡᠭᠲᠡᠢ ᠃ ᠬᠦᠴᠢᠯᠡᠯ ᠴᠢᠷᠢᠭᠲᠦ ᠰᠢᠯᠤᠭᠤᠨ ᠲᠣᠯᠠᠭᠠᠢ ᠶᠢᠨ ᠬᠡᠮᠵᠢᠶ᠎ᠡ ᠨᠢ ᠲᠡᠵᠢᠭᠡᠯ ᠦᠨ ᠰᠢᠩᠭᠡᠬᠦ ᠴᠢᠳᠠᠪᠬᠢ ᠶᠢ ᠲᠣᠭᠲᠠᠭᠠᠬᠤ ᠴᠢᠬᠤᠯᠠ ᠦᠵᠦᠯᠦᠯᠲᠡ ᠪᠣᠯᠬᠤ ᠪᠠᠢᠨ᠎ᠠ ᠃ NDF ᠪᠠ ADF ᠶᠢᠨ ᠬᠡᠮᠵᠢᠶ᠎ᠡ ᠨᠢ ᠪᠠᠭ᠎ᠠ ᠪᠠᠢᠬᠤ ᠲᠤᠰᠠ ᠰᠠᠢᠨ ᠃ ᠬᠦᠴᠢᠯᠡᠯ ᠴᠢᠷᠢᠭᠲᠦ ᠰᠢᠯᠤᠭᠤᠨ ᠲᠣᠯᠠᠭᠠᠢ ᠶᠢᠨ ᠬᠡᠮᠵᠢᠶ᠎ᠡ 20% ᠡᠴᠡ ᠳᠣᠣᠷ᠎ᠠ ᠪᠠᠢᠬᠤ ᠬᠡᠷᠡᠭᠲᠡᠢ ᠃ ᠪᠣᠯᠬᠤ ᠦᠭᠡᠢ ᠃

ᠬᠠᠳᠠᠭᠠᠯᠠᠯᠲᠠ ᠶᠢᠨ ᠴᠢᠨᠠᠷ ᠤᠨ ᠲᠣᠭᠠᠨ ᠦ ᠲᠡᠮᠳᠡᠭ V – Score ᠪᠡᠷ ᠦᠨᠡᠯᠡᠬᠦ ᠪᠠᠢᠨ᠎ᠠ ᠃ ᠬᠠᠳᠠᠭᠠᠯᠠᠯᠲᠠ ᠶᠢᠨ ᠴᠢᠨᠠᠷ ᠢ ᠰᠠᠢᠨ᠂ ᠳᠤᠮᠳᠠ᠂ ᠮᠠᠭᠤ ᠭᠡᠵᠦ ᠬᠤᠪᠢᠶᠠᠨ᠎ᠠ ᠃ 100 ᠤᠨᠤᠭᠠ ᠪᠠᠷ ᠳᠦᠭᠦᠷᠭᠡ ᠤᠨᠤᠭᠠ ᠪᠣᠯᠭᠠᠨ᠎ᠠ᠂ ᠰᠠᠢᠨ (80 ᠤᠨᠤᠭᠠ ᠡᠴᠡ ᠳᠡᠭᠡᠭᠰᠢ)᠂ ᠳᠤᠮᠳᠠ (60 ~ 80 ᠤᠨᠤᠭᠠ)᠂ ᠮᠠᠭᠤ (60 ᠤᠨᠤᠭᠠ ᠡᠴᠡ ᠳᠣᠣᠭᠰᠢ) 3 ᠵᠡᠷᠭᠡ ᠳᠦ ᠬᠤᠪᠢᠶᠠᠨ᠎ᠠ ᠃

ᠬᠢᠯᠪᠡ ᠲᠡᠵᠢᠭᠡᠯ ᠦᠨ ᠴᠢᠨᠠᠷ ᠤᠨ ᠪᠠᠢᠳᠠᠯ ᠢ ᠲᠣᠭᠲᠠᠭᠠᠬᠤ ᠳᠤ ᠬᠡᠷᠡᠭᠯᠡᠭᠳᠡᠨ᠎ᠡ ᠃ ᠡᠨᠡ ᠨᠢ ᠲᠡᠵᠢᠭᠡᠯ ᠦᠨ ᠴᠢᠨᠠᠷ ᠢ ᠦᠨᠡᠯᠡᠬᠦ ᠰᠢᠯᠭᠠᠬᠤ ᠠᠷᠭ᠎ᠠ ᠪᠣᠯᠤᠨ᠎ᠠ᠂ ᠬᠠᠳᠠᠭᠠᠯᠠᠯᠲᠠ ᠶᠢᠨ ᠴᠢᠨᠠᠷ ᠢ ᠦᠨᠡᠯᠡᠬᠦ ᠪᠣᠯᠤᠨ᠎ᠠ ᠃

青贮饲料V-Score体系评价级别

铵态氮/总氮%		乙酸+丙酸		丁酸及以上VFA		V-Score
X_N	计算式（Y_N）	X_A	计算式（Y_A）	X_B	计算式（Y_B）	
≤5	$Y_N=50$	≤0.2	$Y_A=10$	0～0.5	$Y_B=40-80X_B$	Y
5～10	$Y_N=60-2X_N$	0.2～1.5	$Y_A=(150-100X_A)/13$	<0.5	0	Y
10～20	$Y_N=80-4X_N$	<1.5	$Y_A=0$			Y
<20	$Y_N=0$					Y

注：VFA指挥发性脂肪酸；$Y=Y_N+Y_A+Y_B$。

在日本，用近红外光谱法快速分析青贮饲料营养成分和发酵品质的技术相当成熟，能够快速测定青贮品质，给农牧民的生产实践提供快速、便利的服务。我国研究者正在建立模型，尚未普及使用。

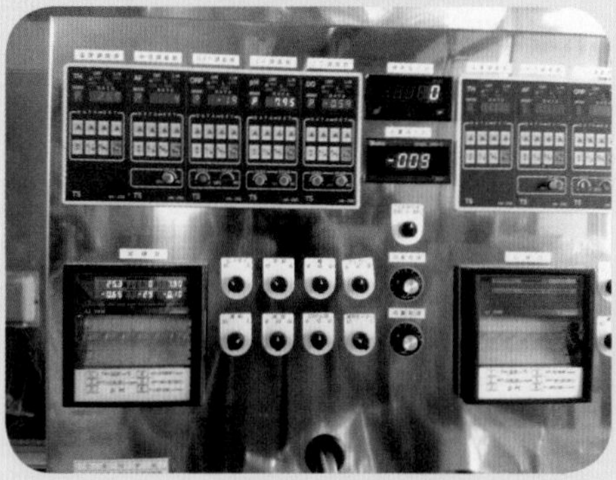

青贮品质红外线测定仪

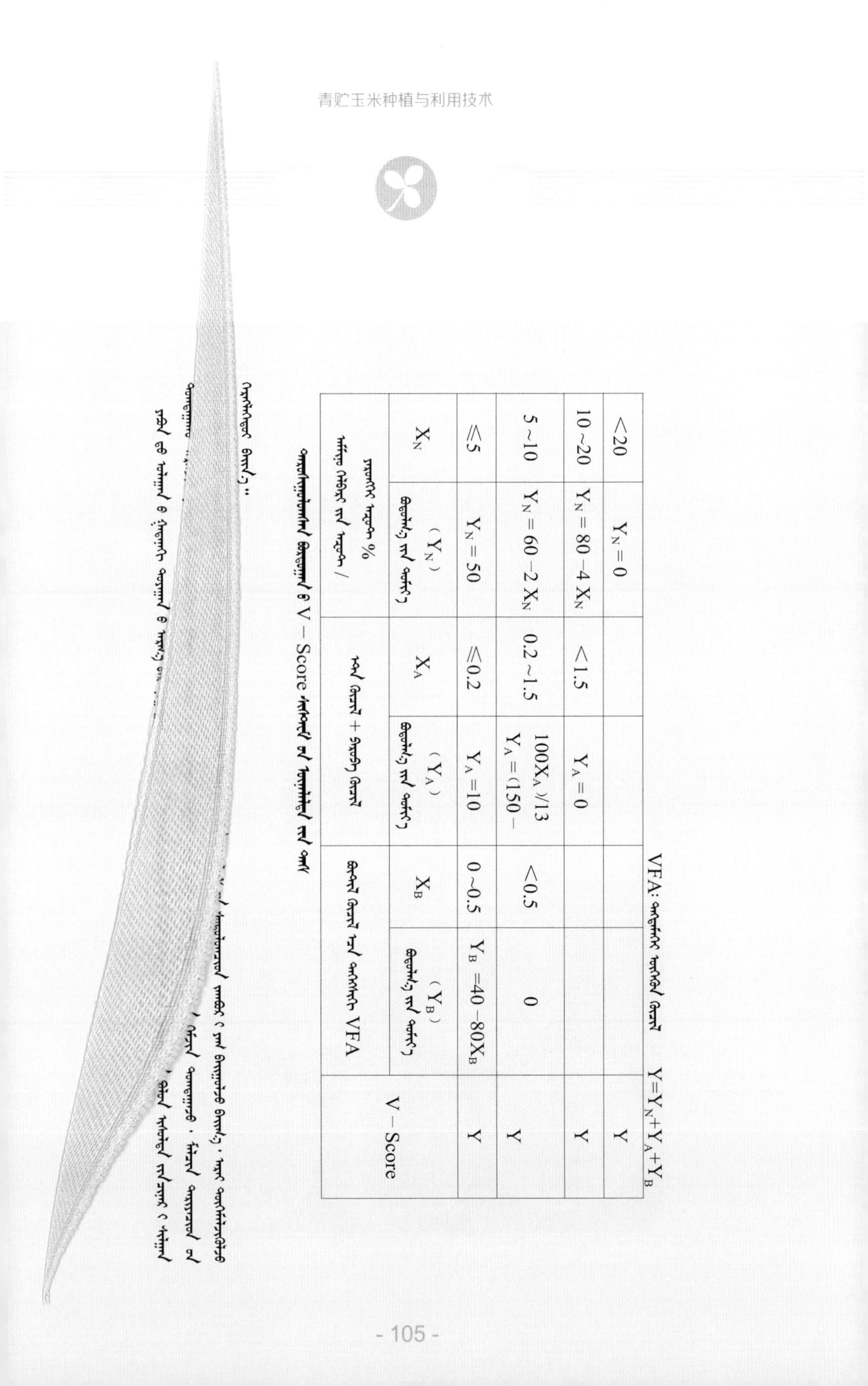

VFA: [illegible] $Y=Y_N+Y_A+Y_B$

[illegible] % / [illegible]		[illegible] + [illegible]		[illegible] VFA		V－Score
X_N	(Y_N) [illegible]	X_A	(Y_A) [illegible]	X_B	(Y_B) [illegible]	
＜20	$Y_N = 0$					Y
10～20	$Y_N = 80 - 4X_N$	＜1.5	$Y_A = 0$			Y
5～10	$Y_N = 60 - 2X_N$	0.2～1.5	$Y_A = (150 - 100X_A)/13$	＜0.5	0	Y
≤5	$Y_N = 50$	≤0.2	$Y_A = 10$	0～0.5	$Y_B = 40 - 80X_B$	Y

[illegible] V－Score [illegible]

[illegible]

（3）微生物评价：对玉米青贮饲料进行微生物评价，有助于了解青贮发酵状况。微生物评价一般检测乳酸菌、酵母菌和霉菌、梭菌、肠杆菌等几类微生物的含量。

① 乳酸菌：是青贮发酵的优势菌群，为有益微生物。在养殖生产中，大量试验观测到，饲喂接种过乳酸菌的青贮饲料可以提高奶牛或肉牛的生产性能。这是由于青贮料中的乳酸菌进入牛消化道发挥了益生菌的作用。

② 酵母和霉菌：是青贮有氧腐败的菌群，也是影响青贮正常厌氧发酵的主要微生物，还存在孳生霉菌毒素引发中毒的风险。

③ 梭菌：梭菌发酵产生丁酸和氨气，造成营养物质损失并降低饲料适口性。

④ 肠杆菌：生成硝态氮，增加潜在的中毒风险。

（4）安全性评价：青贮饲料的安全问题不少。一是原料本身可能含有毒有害物质，如果调制不当，可能影响动物的健康发育；二是加工贮藏过程中，有毒有害微生物大量繁殖，危害动物和人体健康；三是受重金属污染，导致重金属含量超标，引起动物中毒或死亡。常见的检测内容有硝酸盐、亚硝酸盐、氰化物、生物碱、铅、砷、镉、汞、霉菌毒素和霉菌等。

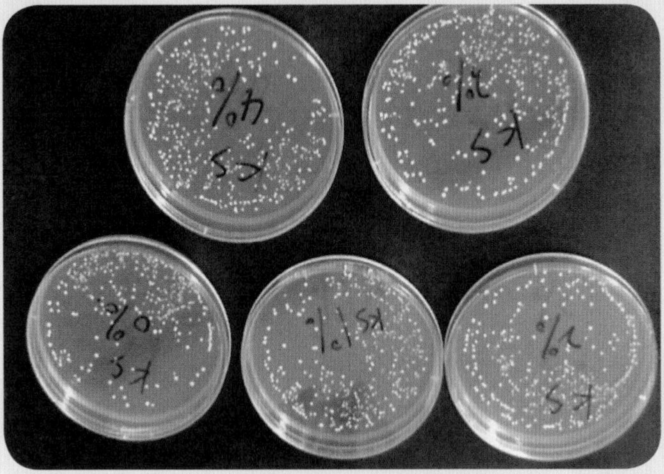

培养植物乳酸菌

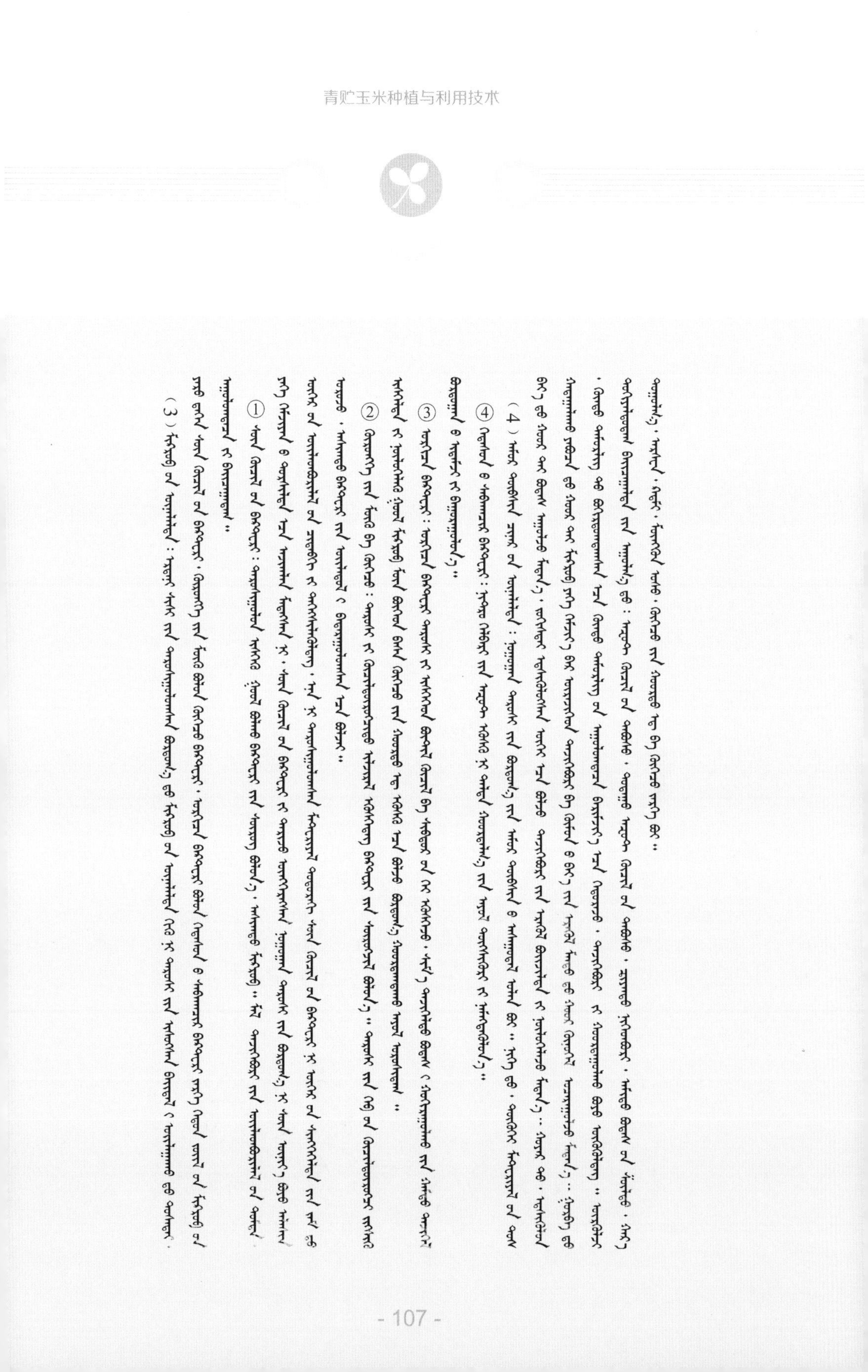

(3) [illegible]

① [illegible]

② [illegible]

③ [illegible]

④ [illegible]

(4) [illegible]

6. 青贮玉米加工中存在的问题

（1）营养成分含量不高：青贮原料纤维含量高，只能被反刍动物瘤胃中的共生微生物分解成纤维二糖、纤维三糖、葡萄糖等，而不能被猪、鸡等单胃动物消化吸收；秸秆青贮中较低的蛋白含量不能满足牲畜的正常生长。

（2）安全性管理需要加强：青贮玉米收获过早，残留农药未完全挥发，牲畜食用含残留农药的青贮料后会引发中毒，重者导致牲畜死亡。添加剂中的菌体不仅能够分解纤维素、提高饲料蛋白含量，而且可成为饲喂过程中牲畜肠胃中的益生菌，但仍有大量菌种的安全性值得商榷，其携带的致病基因常常会对牲畜的健康造成威胁。青贮工作大多在雨季进行，霉变的青贮原料含有黄曲霉素、赤霉菌毒素、曲霉毒素等，家畜食用轻则产生毒害，重则致命；饲喂中引起的二次发酵同样会引发青贮料的霉变等。

（3）机械设备不足：我国青贮饲料生产机械化水平低，保有量较少，割草机、打捆机保有量仅为美国的0.1%，青贮机械保有量不足美国的5%，且90%以上为国外公司的畜牧机械装备。

（4）社会运营体系尚待完善：我国的青贮玉米种植和加工事业发展较晚，但养殖业规模快速增加，对青贮玉米的需求发生了变化。但是，适合于国情的相关社会环境及运营体系还未完善。例如，发达国家的循环经济已经很普遍，我们广大农村牧区尚未成熟。发达国家青贮玉米的利用已经发展成TMR利用，关于TMR调制的社会分工与协作关系很完备；我国全株玉米青贮利用刚开始普及，TMR利用尚未普及。

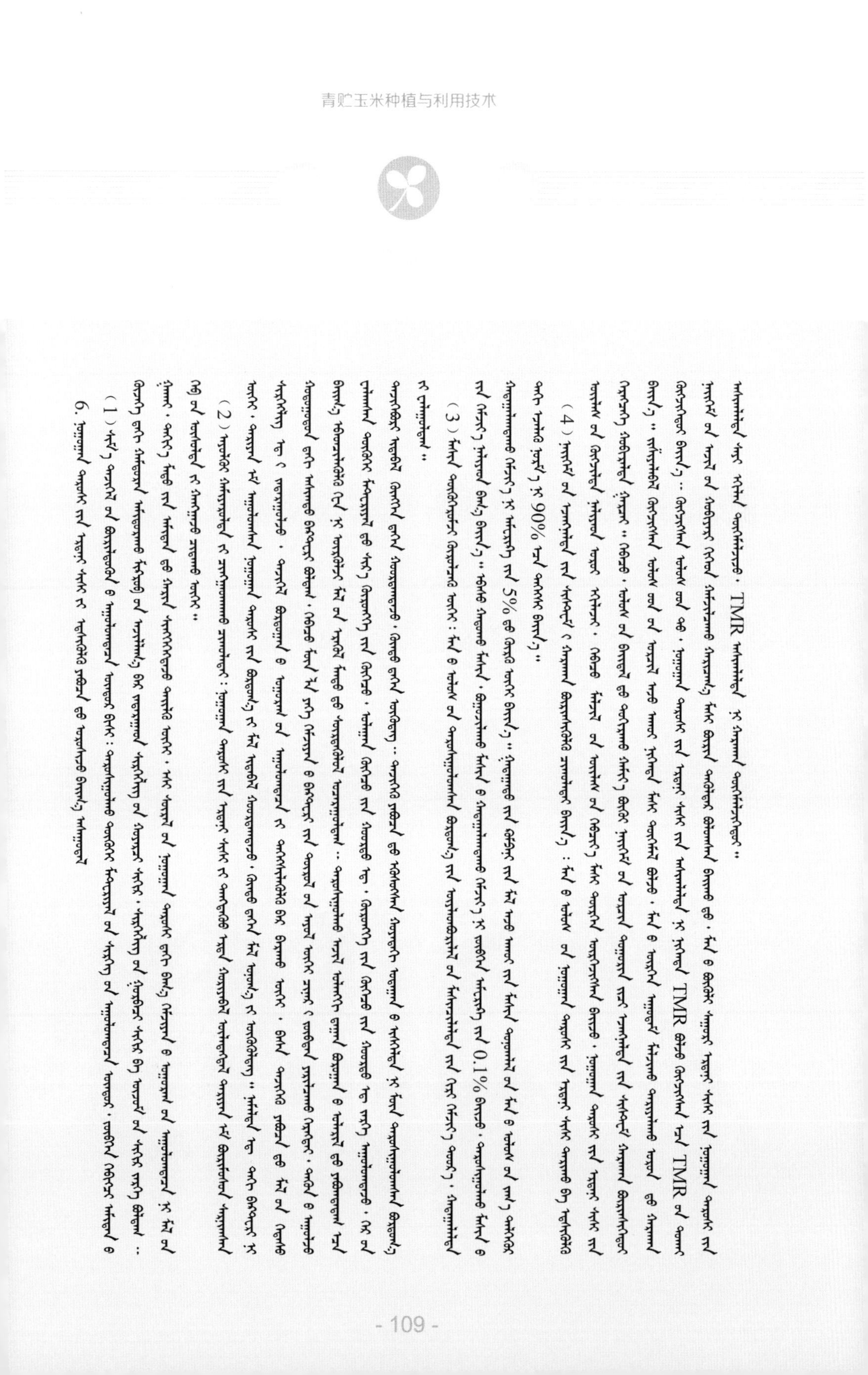

(三)青贮收获加工机械

机械设备是目前影响我国青贮玉米产业发展的重要因素，广大农牧民需要了解相关信息。下面介绍常用的青贮收获加工机械的功能及注意事项，供参考。

1. 青贮收获机

青贮饲料收获机可一次性完成饲草料的切割、捡拾、切碎或揉搓、抛送、装载等作业流程。按与动力装置连接方式不同，可分为悬挂式、牵引式和自走式3种。

(1)悬挂式玉米青贮收获机械：悬挂式一般为小型青饲料收获机，收获幅宽在2 m以内。该机型结构较为紧凑，性能较为稳定，质量可靠，价格合理。但作业幅宽较小，作业效率低。要与拖拉机配套使用，优点为资金占用少，提高拖拉机使用率。缺点是与拖拉机配套要求较高，作业效率与拖拉机关系密切，建议根据拖拉机情况购买。

① 主要用途：主要与拖拉机或其他大型谷物联合收获机配套使用，多采用侧悬挂、后悬挂、前悬挂等连接方式。与拖拉机配套使用时主要采用侧悬挂与后悬挂连接方式，与大型谷物联合收获机配套使用时多采用前悬挂式连接。

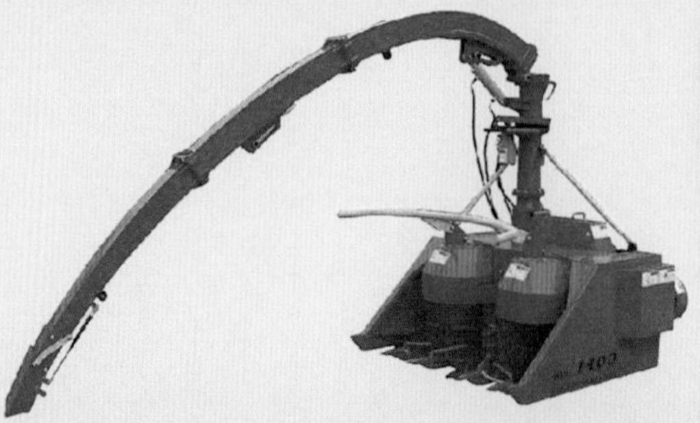
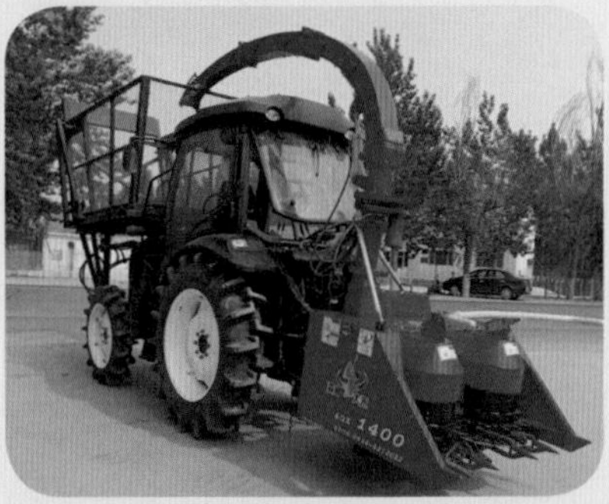

悬挂式青贮收获机

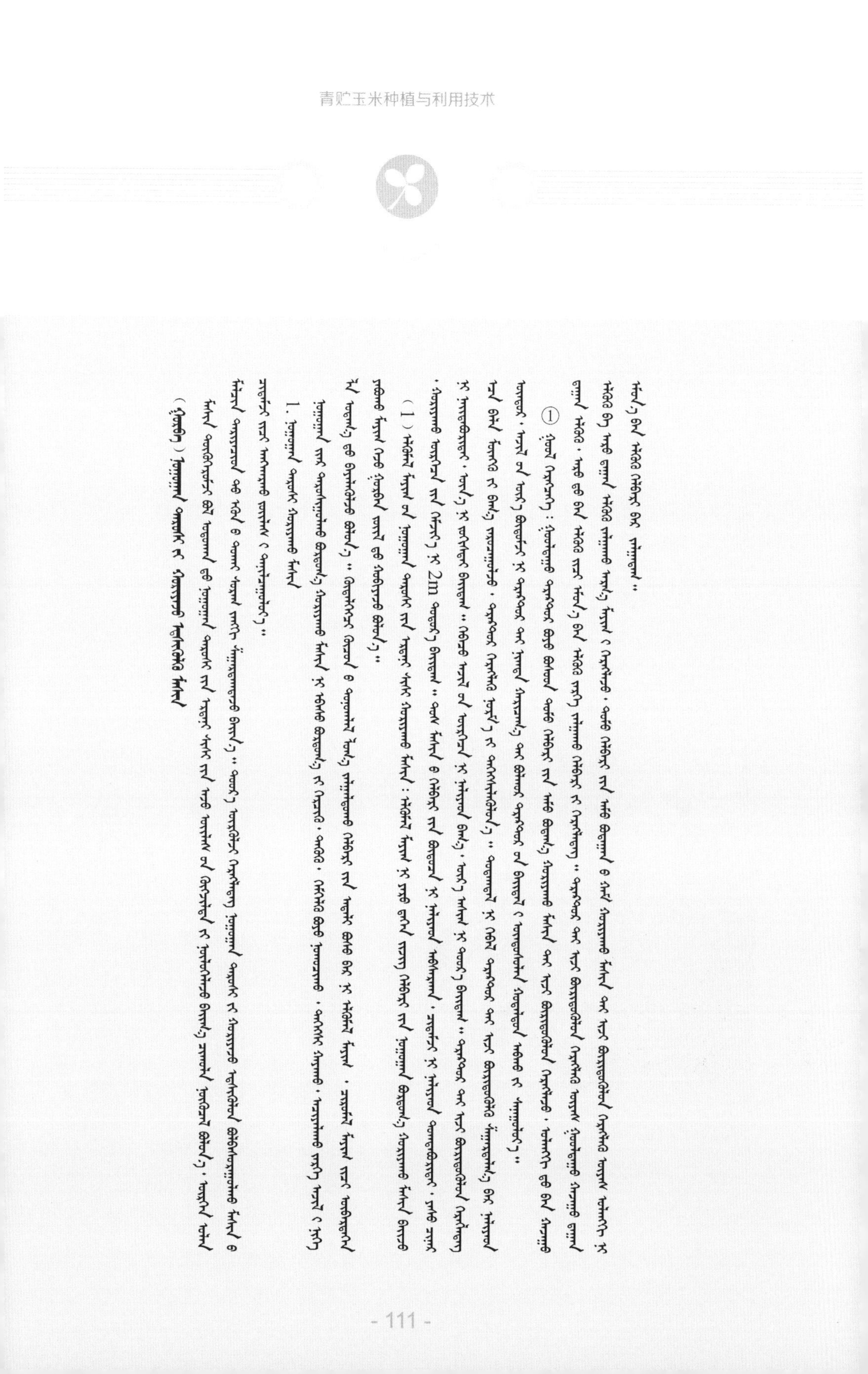

[illegible]

② 类型：悬挂式玉米收获机分以下三个类型。

侧悬挂式玉米青贮收获机：多与中小型拖拉机配套使用，以拖拉机后输出动力为主要动力源，该机型多采用立式滚筒进行喂入。作业幅宽较小，作业效率低，第一行作业时无法自行开道，有一定的局限性。

后悬挂式玉米青贮收获机：主要采用三点悬挂与拖拉机进行连接，结构与侧挂式玉米青贮收获机械相似，但作业幅宽较大，收获效率较高，其在与传统拖拉机配套使用时，可一机多用。但由于工作时拖拉机需倒开，存在视野范围差和操纵不方便等问题，且可倒开的拖拉机较少，使用推广也较少。

前悬挂式玉米青贮收获机：主要与拖拉机或其他大型谷物收获机配套使用。在与拖拉机配套使用时，需加装前悬挂动力输出装置，其连接与后悬挂连接方式相同。该机与谷物收获机（玉米收获机为主）配套使用时，需更换谷物收获机割台，其结构性能与自走式玉米青贮收获机械极为相似。

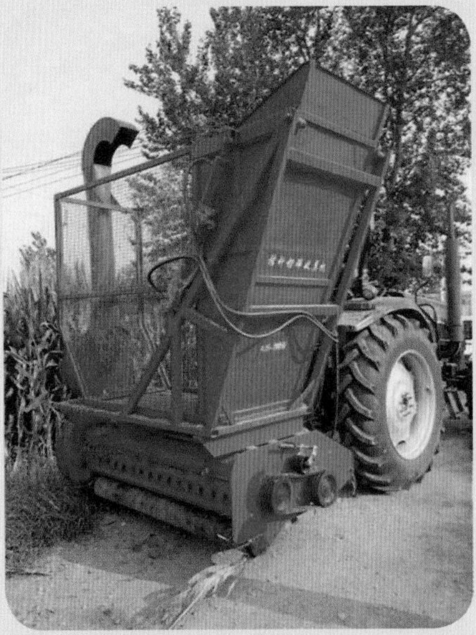
牵引式青贮收获机

（2）牵引式玉米青贮收获机械：主要以拖拉机为配套动力，使用成本较低。在作业过程中，第一行作业时无法自行开道，需进行人工辅助劳作，人工劳动强度较大，生产效率较低。由于作业机组整体尺寸过大，转弯半径较大，不适合小地块作业，作业环境适应性较差，存在一定的局限性，一般用于大型农场。优点是作业幅度大，效率高；缺点是需配套机械较多，不能单独作业，作业时需有机械开道，推广较为困难，批量生产较少。

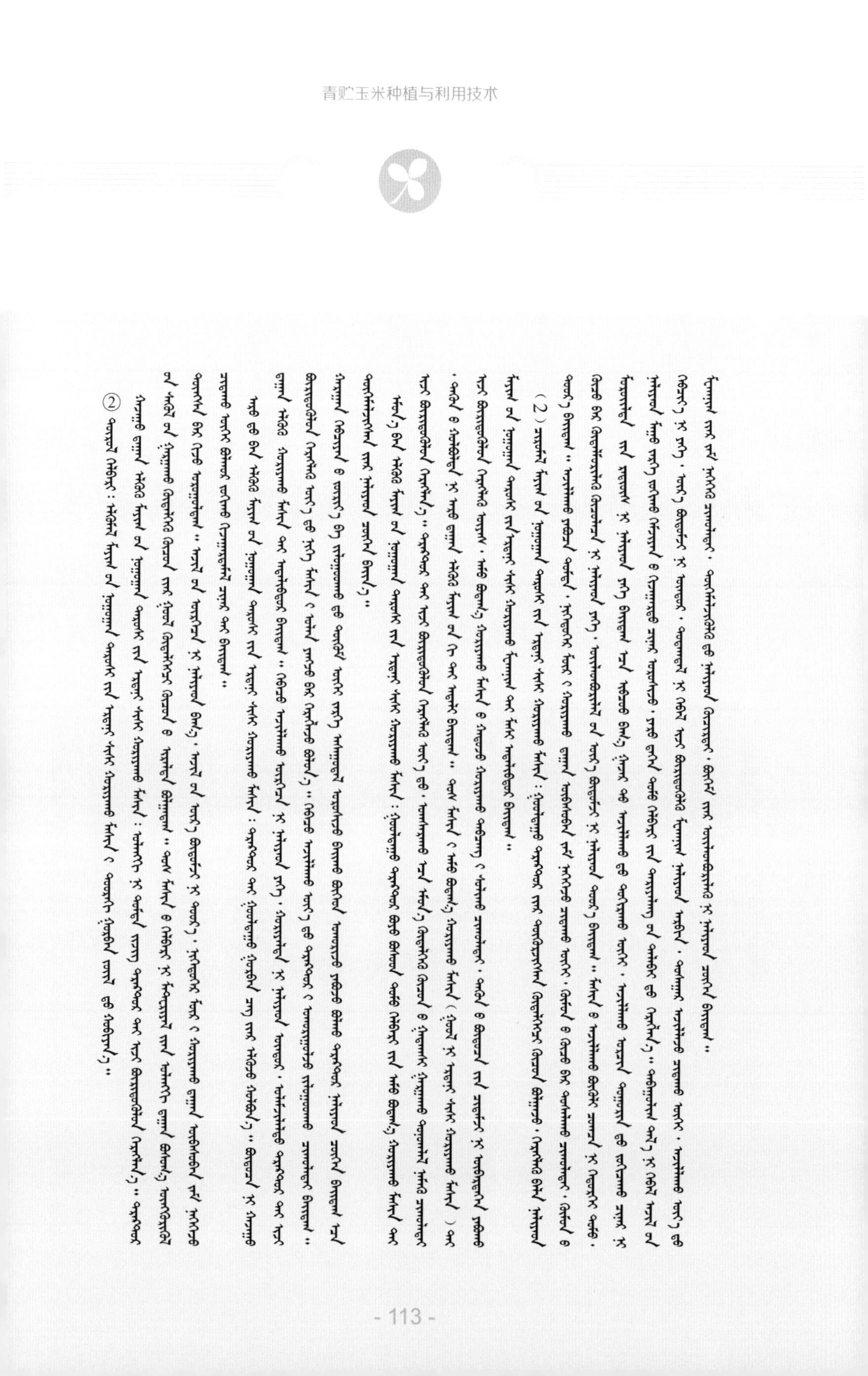

② [illegible]

(2) [illegible]

（3）自走式玉米青贮收获机械：该收获机自带动力，属专用的青贮作业机械，收获幅宽一般在2.4～6 m。目前国内常规的青贮切割机械的切割长度多为1.5 cm和3.0 cm两个规格。选择1.5 cm规格，则可降低干物质损失率，提高青贮品质。国外先进的大型青贮饲料收获机械工作幅宽已有7.5 m，工作效率极高。目前有相对较贵的自走式玉米青贮收割机械，其切割的全株玉米长度较短（1.0 cm左右），同时对玉米籽实进行了破碎，能增强青贮的发酵效果。

可一次性完成收割、喂入、切碎、揉搓、输送和抛送、运送等多项作业，无需人工辅助作业，劳动强度较低。此外，在使用过程中，可对割台进行更换，对高粱、牧草、小麦等作物进行青贮收割。

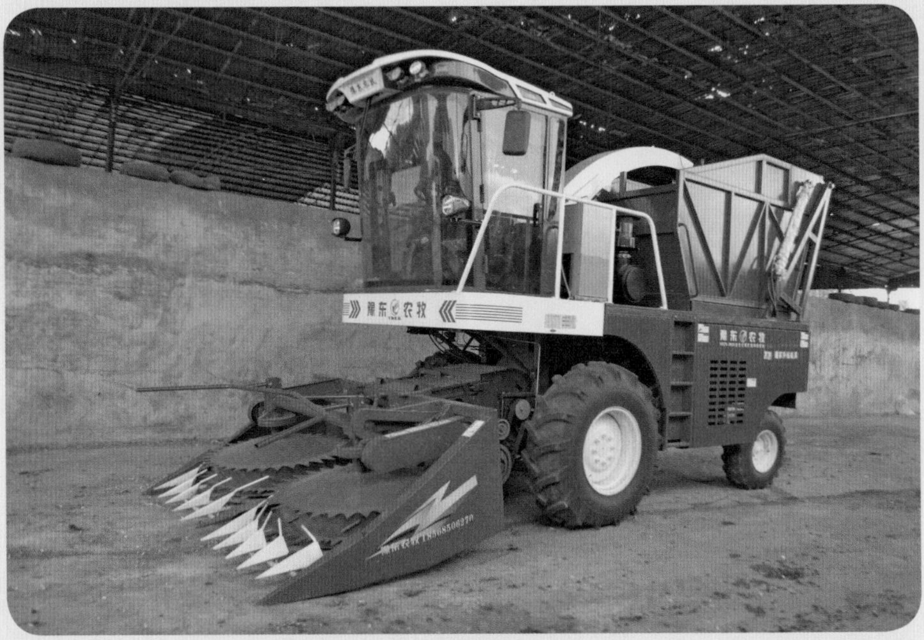

自走式青贮收获机

ᠶᠢᠨ ᠰᠢᠯᠭᠠᠭᠤᠷ ᠮᠡᠳᠡᠭᠳᠡᠯ ᠰᠢᠯᠭᠠᠬᠤ ᠬᠡᠮᠵᠢᠶ᠎ᠡ ᠶᠢᠨ ᠪᠦᠲᠦᠭᠡᠯ ᠦᠨ ᠪᠠᠶᠢᠷᠢ ᠰᠢᠯᠭᠠᠯᠲᠠ ᠶᠢᠨ ᠲᠣᠭ᠎ᠠ ᠶᠢᠨ ᠲᠣᠭᠠᠨ ᠪᠠ ᠰᠢᠯᠭᠠᠬᠤ ᠲᠣᠭᠠ (1.0cm ᠲᠣᠭᠠᠲᠠᠢ)᠂ ᠲᠣᠭᠠᠨ ᠰᠢᠯᠭᠠᠬᠤ ᠶᠢᠨ ᠲᠣᠭ᠎ᠠ ᠢ ᠰᠢᠯᠭᠠᠬᠤ ᠲᠠᠢ ᠲᠣᠭ᠎ᠠ ᠶᠢᠨ ᠪᠦᠲᠦᠭᠡᠭᠰᠡᠨ ᠢ 7.5m ᠲᠣᠭᠠᠲᠠᠢ᠂ ᠲᠣᠭᠠᠨ ᠤ ᠲᠣᠭ᠎ᠠ ᠪᠦᠲᠦᠭᠡᠯ ᠬᠡᠮᠵᠢᠶ᠎ᠡ ᠲᠣᠭᠲᠠᠨ᠎ᠠ ᠃ ᠲᠣᠭᠲᠠᠭᠠᠬᠤ ᠳᠤ ᠰᠢᠯᠭᠠᠭᠤᠯᠬᠤ ᠪᠠ ᠰᠢᠯᠭᠠᠬᠤ ᠲᠣᠭᠠᠨ ᠲᠣᠭᠲᠠᠭᠠᠬᠤ ᠪᠦᠲᠦᠭᠡᠭᠰᠡᠨ ᠰᠢᠯᠭᠠᠬᠤ ᠬᠡᠮᠵᠢᠶ᠎ᠡ ᠶᠢᠨ ᠲᠣᠭᠠᠨ ᠰᠢᠯᠭᠠᠬᠤ ᠰᠢᠯᠭᠠᠭᠤᠯᠬᠤ ᠶᠢᠨ ᠲᠣᠭ᠎ᠠ ᠢ ᠪᠦᠲᠦᠭᠡᠭᠰᠡᠨ᠂ ᠰᠢᠯᠭᠠᠭᠤᠯᠬᠤ ᠲᠣᠭ᠎ᠠ ᠲᠣᠭᠠᠨ ᠢ ᠰᠢᠯᠭᠠᠭᠤᠯᠤᠨ᠎ᠠ ᠃ ᠰᠢᠯᠭᠠᠬᠤ ᠶᠢᠨ ᠪᠦᠲᠦᠭᠡᠯ ᠰᠢᠯᠭᠠᠬᠤ ᠶᠢᠨ ᠪᠦᠲᠦᠭᠡᠯ ᠰᠢᠯᠭᠠᠭᠤᠯᠬᠤ ᠬᠡᠮᠵᠢᠶ᠎ᠡ ᠶᠢᠨ ᠬᠡᠮᠵᠢᠶ᠎ᠡ ᠶᠢᠨ ᠲᠣᠭᠲᠠᠭᠠᠬᠤ ᠶᠢᠨ ᠲᠣᠭ᠎ᠠ ᠢ 1.5cm ᠡᠴᠡ 3.0cm ᠬᠦᠷᠲᠡᠯ᠎ᠡ ᠪᠠᠶᠢᠯᠭᠠᠨ᠎ᠠ ᠃ 1.5cm ᠡᠴᠡ ᠪᠠᠭ᠎ᠠ ᠪᠠᠶᠢᠯᠭᠠᠬᠤ ᠶᠢ ᠰᠢᠯᠭᠠᠭᠤᠯᠬᠤ ᠰᠢᠯᠭᠠᠬᠤ ᠪᠣᠯ ᠶᠢᠨ ᠬᠡᠮᠵᠢᠶ᠎ᠡ ᠳᠤ ᠰᠢᠯᠭᠠᠭᠤᠯᠬᠤ᠂ ᠰᠢᠯᠭᠠᠭᠤᠯᠬᠤ ᠶᠢᠨ ᠲᠣᠭᠠᠨ ᠢ ᠲᠣᠭ᠎ᠠ ᠪᠣᠯ 2.4 ~ 6m ᠪᠠᠶᠢᠨ᠎ᠠ ᠃ ᠲᠣᠭᠲᠠᠭᠠᠬᠤ ᠳᠤ ᠰᠢᠯᠭᠠᠬᠤ ᠤ ᠬᠡᠮᠵᠢᠶ᠎ᠡ ᠶᠢᠨ ᠲᠣᠭ᠎ᠠ ᠤ ᠰᠢᠯᠭᠠᠭᠤᠷ ᠮᠡᠳᠡᠭᠳᠡᠯ ᠬᠡᠮᠵᠢᠶ᠎ᠡ

与牵引式、悬挂式玉米青贮收获机械相比，自走式玉米青贮收获机械除具有收获效率高、转弯半径较小、作业性能好等特点外，还具有切割性能好、效率高、作业可靠，保养维修方便等优点。缺点为用途单一，每年使用时间短，资金占用量大。建议根据实际需求情况购买。

（4）青贮玉米收获机的选择：青贮玉米收获机的类型有多种，要根据实际情况选择适合的机型。一般如果青贮玉米的种植面积在1 000 hm^2以上，可以选择以自走式为主的机型，再按自走与牵引比例配备一定数量的牵引机。无论选择何种机型，都要注意所选择机型不但要满足青贮玉米在最佳的收割时期收割，还要考虑现有的拖拉机动力是否充足，另外还要考虑投资效益和回报率问题。除此之外，在选择机械时，有的使用者还考虑国产和国外机型的问题。对于这一问题，建议首先要考虑资金能力的大小，然后再考虑技术的先进性、制造工艺的水平高低，以及机械的生产效率等方面，选择价格低、服务好且诚信度高的产品。

（5）正确使用与安全管理：目前，很多的农户和操作者在使用青贮玉米收获机时缺乏必要的知识，导致机械无法发挥最大的功效，使机械的使用率降低，有时还会损伤机械，导致机械的使用寿命缩短。因此，操作者应正确使用玉米青贮收割机。

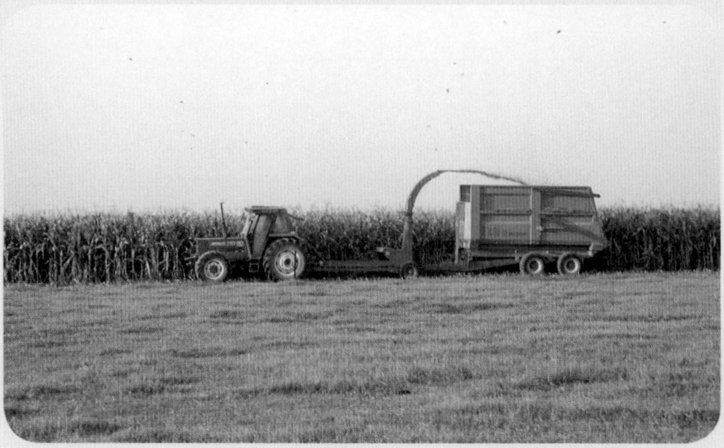

安全收获

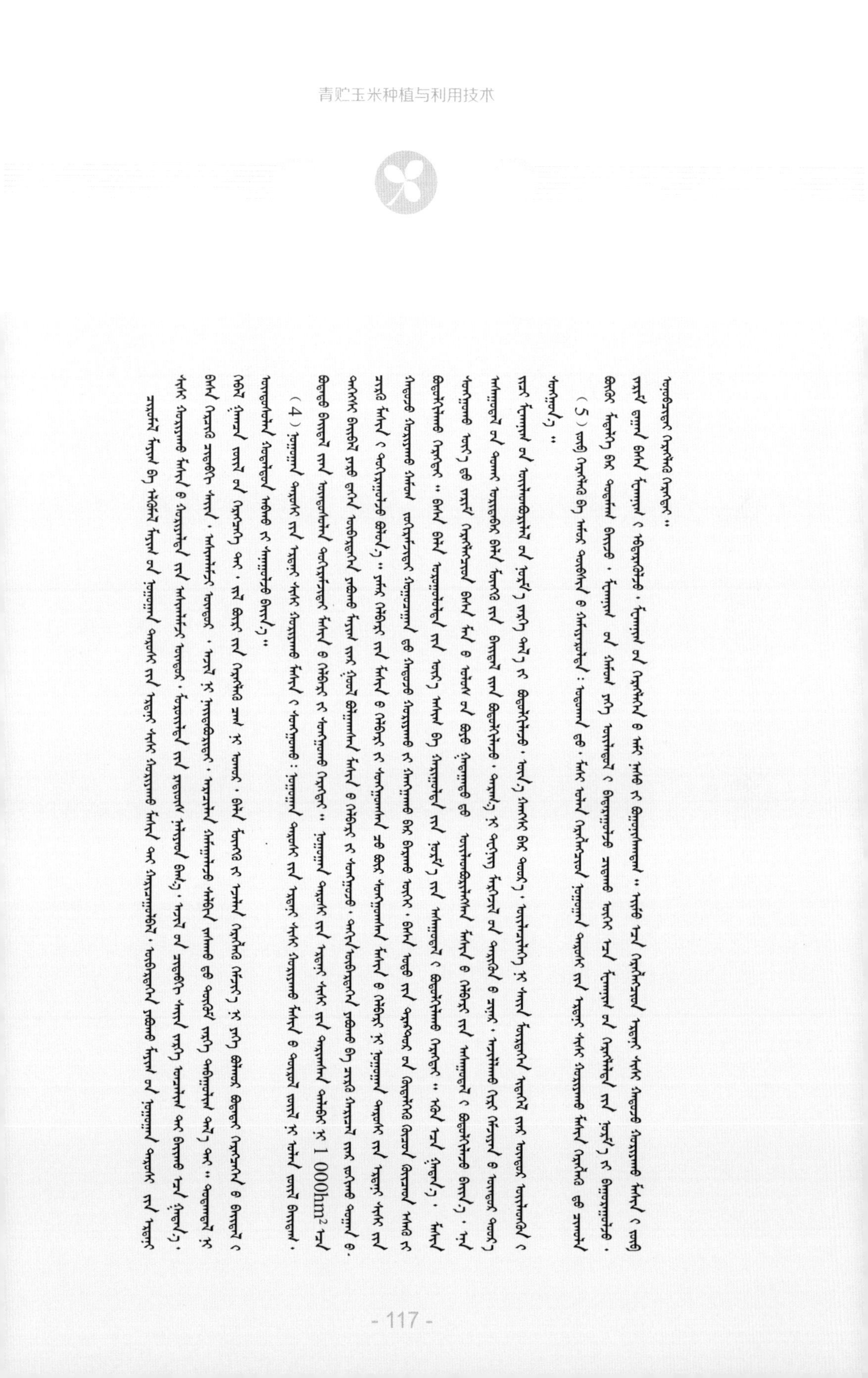

（5）

（4）

1 000hm^2

要严格按照说明书进行操作，在机械投入使用前有必要对操作者进行一定的培训，使其充分熟悉机械的功能和安全规程。机械的动力要按要求进行配备，以免动力不足。

田地土壤情况、种植情况不同，因此在正式投入生产前有必要进行试割。在试割时需要对机械进行调整和保养，只有机械达到最佳工作状态且确保没有问题才能正式投入使用。

不同型号机械的生产率不同，使用者需要正确理解机械标示的生产率，尤其是国外进口的机械。由于青贮收割机不但可切割还可粉碎，而粉碎部分的工作效率会直接影响整个机械的工作效率。在使用国外机械时，有的人认为其马力大，常超负荷使用，这会对机械造成严重的损坏，还会耽误了青贮玉米的黄金收割期。因此，在使用时需要根据田间的实际产量和机械给定的生产率来确定最适宜的机械行走速度，避免越极限使用机械。

在使用机械前需要对作业地块进行必要的准备工作。首先，要求作业的地块要平整，田埂的高度不能超过10 cm，否则会损坏收割机的割刀和护刀器。其次，要将田地间的硬物，如铁丝、铁块、石块等捡干净，以免机械的粉碎部件受到损坏。再次，所种植的青贮玉米也要符合要求，有些品种收割起来较为困难。如果青贮玉米在播种时较为集中，收获的时间也较为集中，这样易造成机械不能满足作业，导致后收割的玉米无法青贮，影响经济效益。因此，在播种时需要有计划进行，不能错过播种时间而拉长收割期。除此之外，还需要做好作业的组织工作，一方面要尽可能避免小面积作业，这样可以提高机械的使用效率，减少机械转弯、等拖车的时间；另一方面要做好机械使用的培训工作，避免人为失误造成机械出现故障。

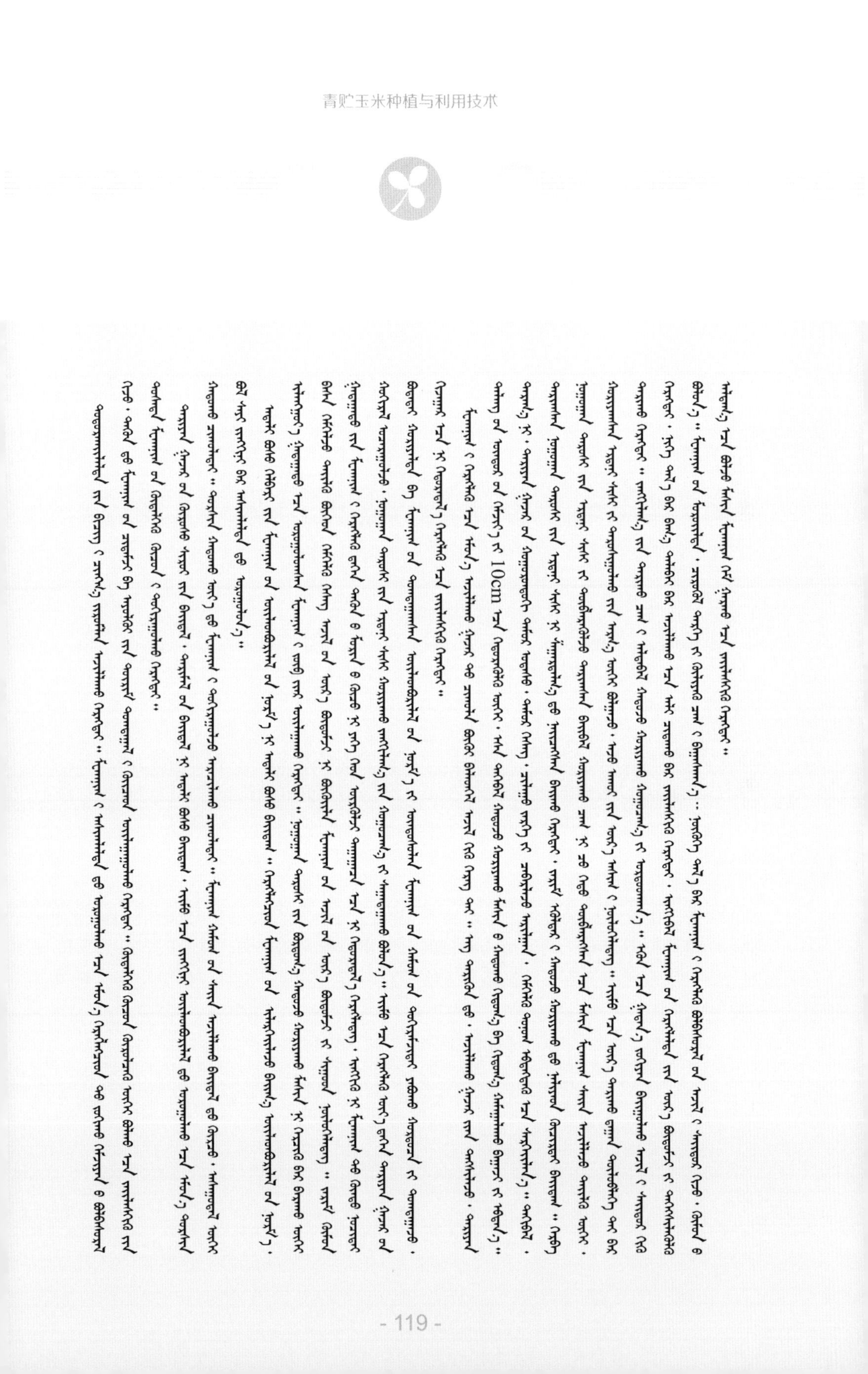

在青贮玉米收割机作业时要注意一些事项，并进行安全管理，以提高机械的使用效率，同时还可避免事故的发生。驾驶人员操作时要注意观察周围情况，如果遇到障碍物要及时停止收割工作，并缓慢绕行，不可与障碍物硬撞，否则会造成割台装置和喷料装置损坏。在作业过程中还要注意听机械的声音，如果发现有异常响声，需要停止作业并下车检查，查明原因后进行处理。另外，在操作的过程中，操作人员还需要随时观察收割机与运料车的距离，随时调整喷料筒的方向，保证饲料准确进入运料车，避免出现浪费。在机械作业的过程中，严禁有闲杂人员在田间走动，运料车上也不允许上人。

2. 打捆机与包膜机

（1）打捆机：青贮饲料打捆机的作用是将加工好的青贮饲料滚压密实、打成捆并包上塑料网或塑料膜，使之成为紧实、规则的形状。打捆机规格一般按青贮饲料成捆直径确定，成捆直径有500 mm、700 mm、850 mm、1 000 mm、1 200 mm等。我国生产的打捆机一般是成捆直径700 mm以下的小型打捆机。

青贮饲料打捆机根据所打的草捆形状分为圆草捆打捆机和方草捆打捆机，例如，黑龙江德沃科技开发有限公司开发的9YG-2200型圆捆打捆机和9YQ-2200C型方捆打捆机。

根据青贮饲料打捆机是否能移动分为移动式打捆机和固定式打捆机。移动式打捆机多与拖拉机配套使用，可进行跟车打捆作业；固定式打捆机则是在某一固定场所进行打捆作业。两种形式的打捆机工作流程大体相同，均为喂入打捆、缠网（膜）及开仓放捆等。该机各个工作节点由传感器提供信号，打捆密度、缠网（膜）层数根据要求调整，整个工作过程自动完成，出现故障自动报警停机，还在多个位置设置急停开关，以保护操作人员和设备安全。

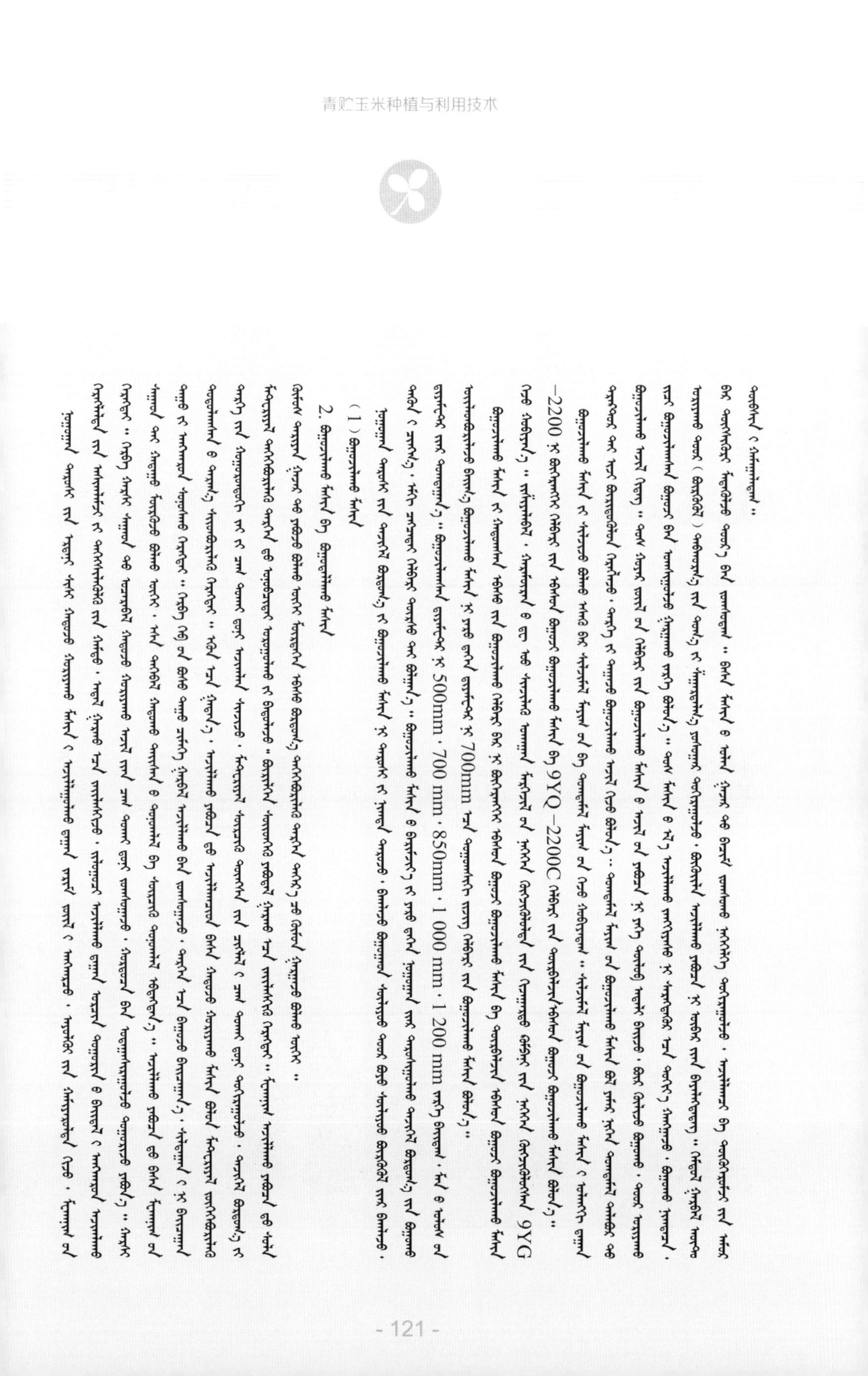

9YQ–2200C

–2200

9YG

500mm、700 mm、850mm、1 000 mm、1 200 mm

700mm

2.

(1)

收获打捆一体机是将青贮饲料的收获、打捆工序集合到一体的装备，可在田间一次性完成收割、切碎、打捆操作。其优点是，在田间直接完成青贮作业，减少了散料中间环节造成的时间、饲料浪费，保证及时完成青贮作业，提高青贮品质，但因机器结构复杂、工作环节多、要求精细，所以价格较高。目前我国已有企业正在研发生产该机型，并正逐步国产化。

（2）包膜机：包膜机与打捆机配套使用，其作用是将打好的青贮饲料捆再包上膜，以隔绝空气，利于厌氧发酵，形成高品质青贮饲料。

可在田间与青贮饲料收获机配合完成裹包青贮作业。包膜机分为牵引式与悬挂式两种，均需要拖拉机提供工作动力。也可放在固定场地进行作业，能够一次性完成青贮饲料的打捆、包膜作业，后者机特点是自动化程度高、作业效益高及劳动强度低。

包膜机的工作流程有上捆、缠膜、断膜、放捆等。缠膜时通过草捆滚动、青贮膜水平旋转的复合运动，将青贮膜拉伸、缠绕在草捆上，各工作节点由传感器提供信号自动完成包膜工作过程。青贮膜的拉伸率和包膜层数可根据需要调整。目前，国内草捆直径700 mm以上的包膜机主要依赖进口。

（3）联合裹包机：目前，国外已经研发出了联合裹包机，即压捆和裹包两个操作过程合成一体的专用青贮机械。

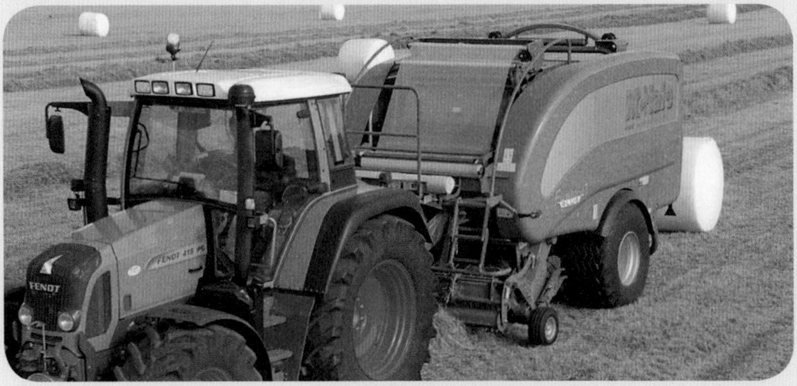

联合裹包机

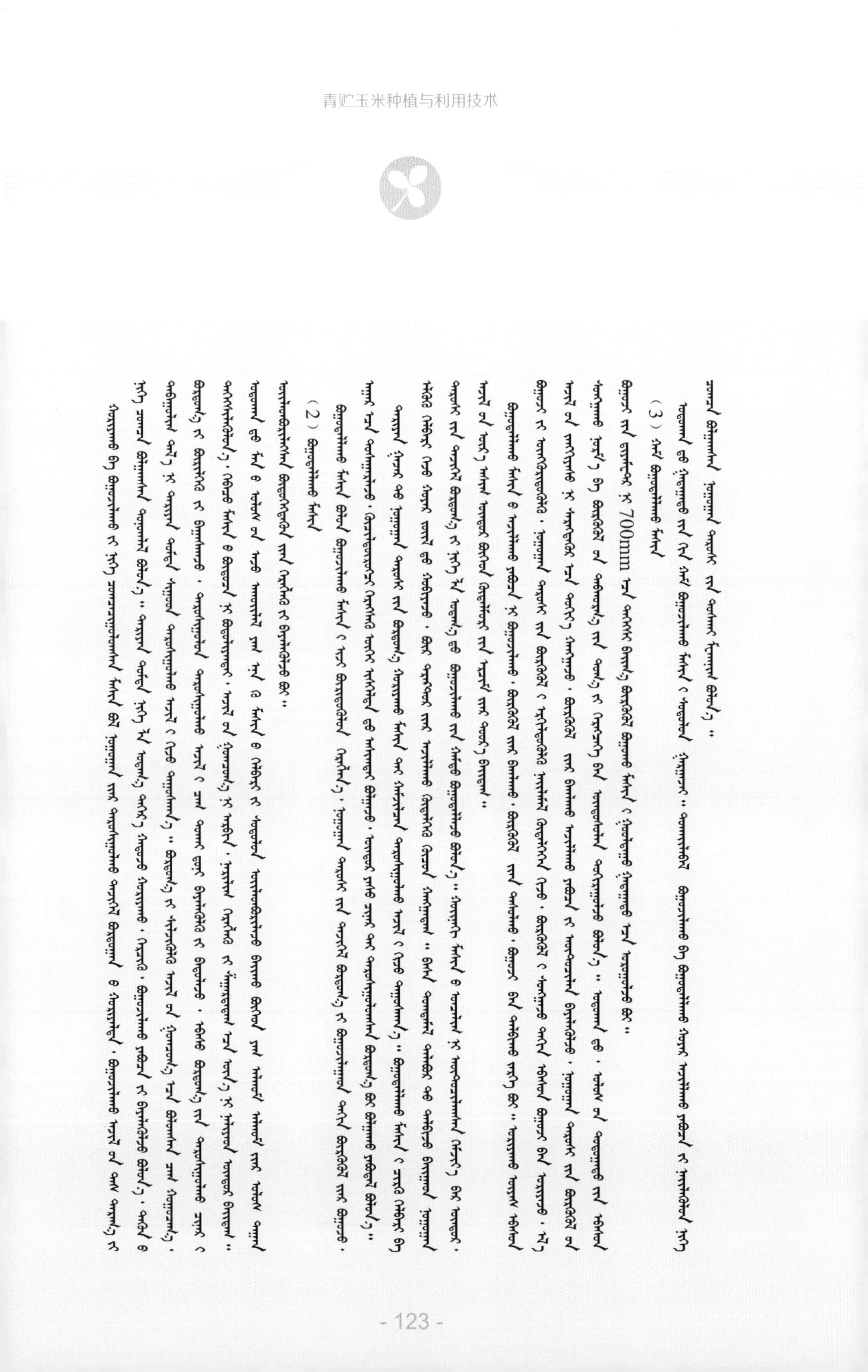

[illegible]

（2）[illegible]

[illegible]

[illegible]

[illegible]

（3）[illegible]

[illegible] 700mm [illegible]

[illegible]

3. 运输、装卸机

青贮饲料运输车是将青贮收获机收获的青贮饲料从田间运送到青贮场地。主要是工程自卸车、拖拉机拖挂的自卸拖车或由农用自卸车加高护栏改装而成。多为由拖拉机牵引，主要特点是拖车的载重量大、轮胎多、轮胎宽，可有效地减轻对土壤的压实。

使用前需对车辆进行彻底清洗、消毒，减少对青贮饲料的污染。

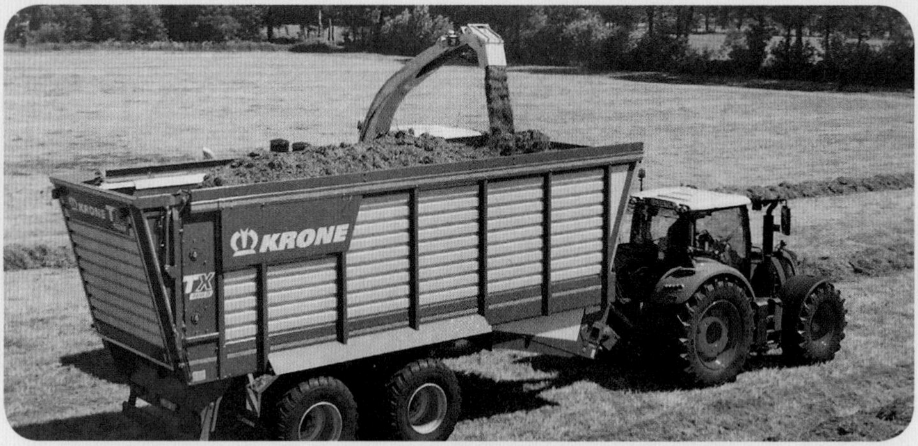

青贮运输车

裹包青贮的移动机械主要是拖拉机前装载抱草夹或工程车和滑移装载机配抱草夹，应具有夹紧力度合适、转向方便、操作准确和灵活等特点。在运输过程中，为避免将青贮膜划破，防止破坏其发酵环境及变质，以保证青贮饲料的品质。

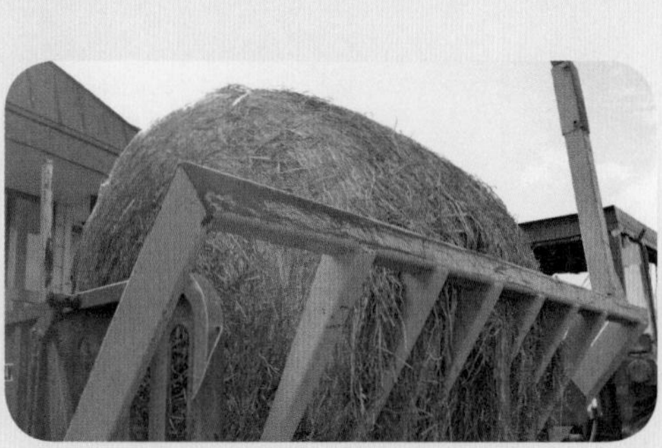

抱草夹

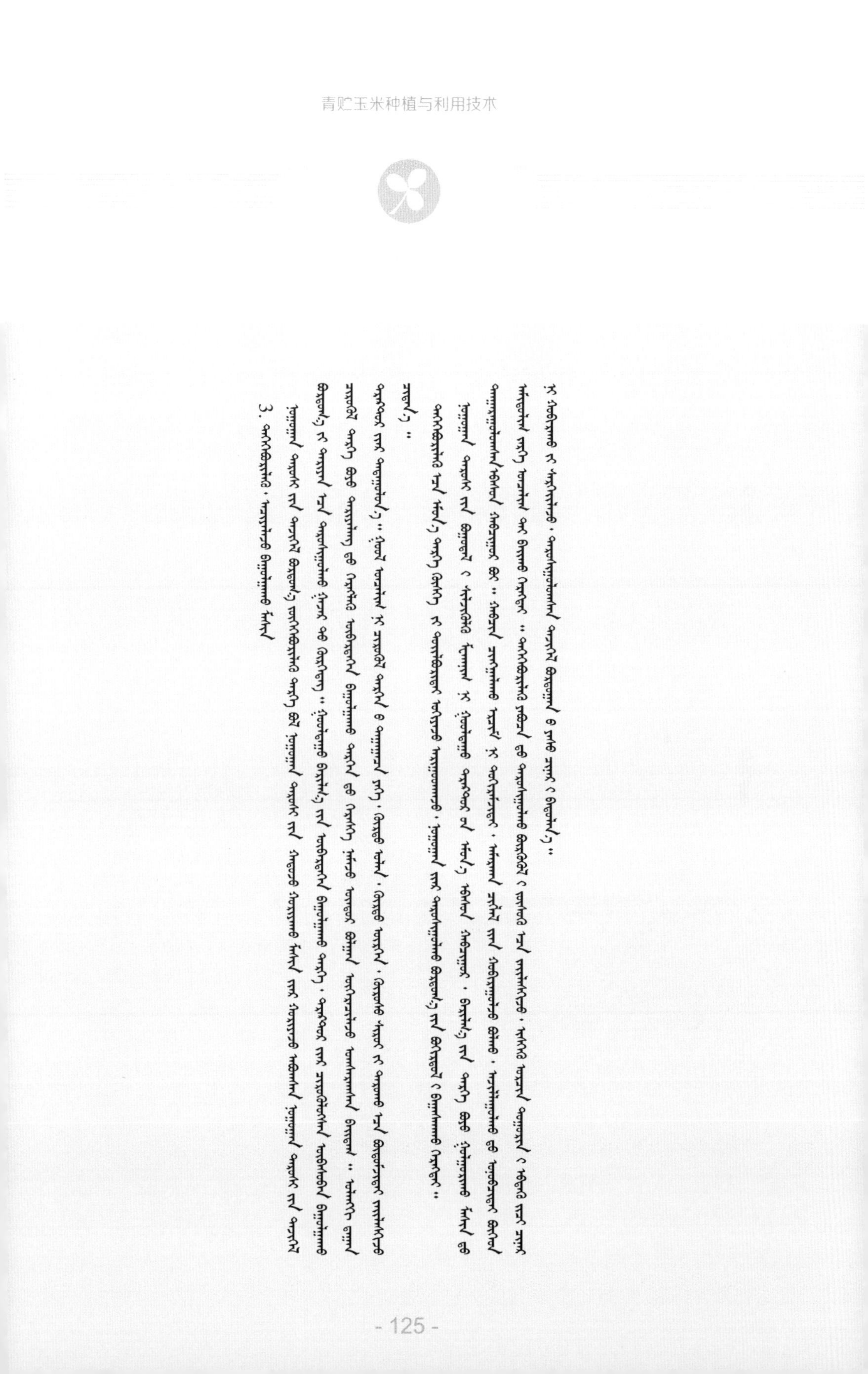

4. 压实机械

压实装备的功能是对装填到青贮窖里或堆放好的青贮饲料进行压实。通常，从装填到封窖应在3天内完成，一般用工程机械和大型拖拉机作为压实设备，为保证压实质量，一般需要在拖拉机前后加上配重。青贮饲料入窖填充速度取决于压实设备的重量，设备重量越大，压实效率越高、填充速度越快，青贮品质越好。

5. 开封取料机械

采用窖贮时，一般选用青贮取料机；采用裹包青贮时，可选择抱草夹等。国外已研发成功全自动饲喂系统，我国大型养殖场也在尝试。

6. 青贮机械的维护与作业要求

（1）青贮机械维护：出车前应先检查行走系统是否具备行走条件，以及行走系统上是否有杂草、尘土，如有需清除。

检查前一班作业后是否对机械进行保养，没有保养的应立即按要求保养。

检查割台主轴承是否需要更换，如需检查割台底部，割台提升后锁住液压系统、切断动力，发动机熄火后用粗木块或结实的铁板凳把割台支好后，人员才可到割台下方检查、维修，以防割台突然下降砸伤人。

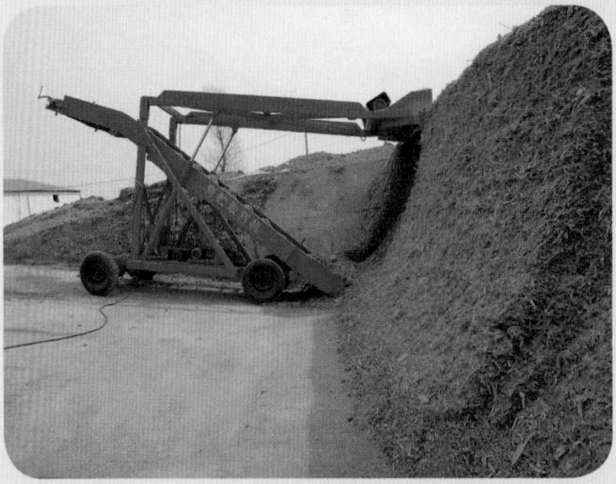

青贮取饲机械

检查切割刀片是否完好，间隙是否正常，刃口磨损状况。如需更换，要更换成组刀片。

检查主要部件螺丝连接情况，看是否有松动，如有拧紧；还要看各部件是否有缺损、变形，如有请更换。

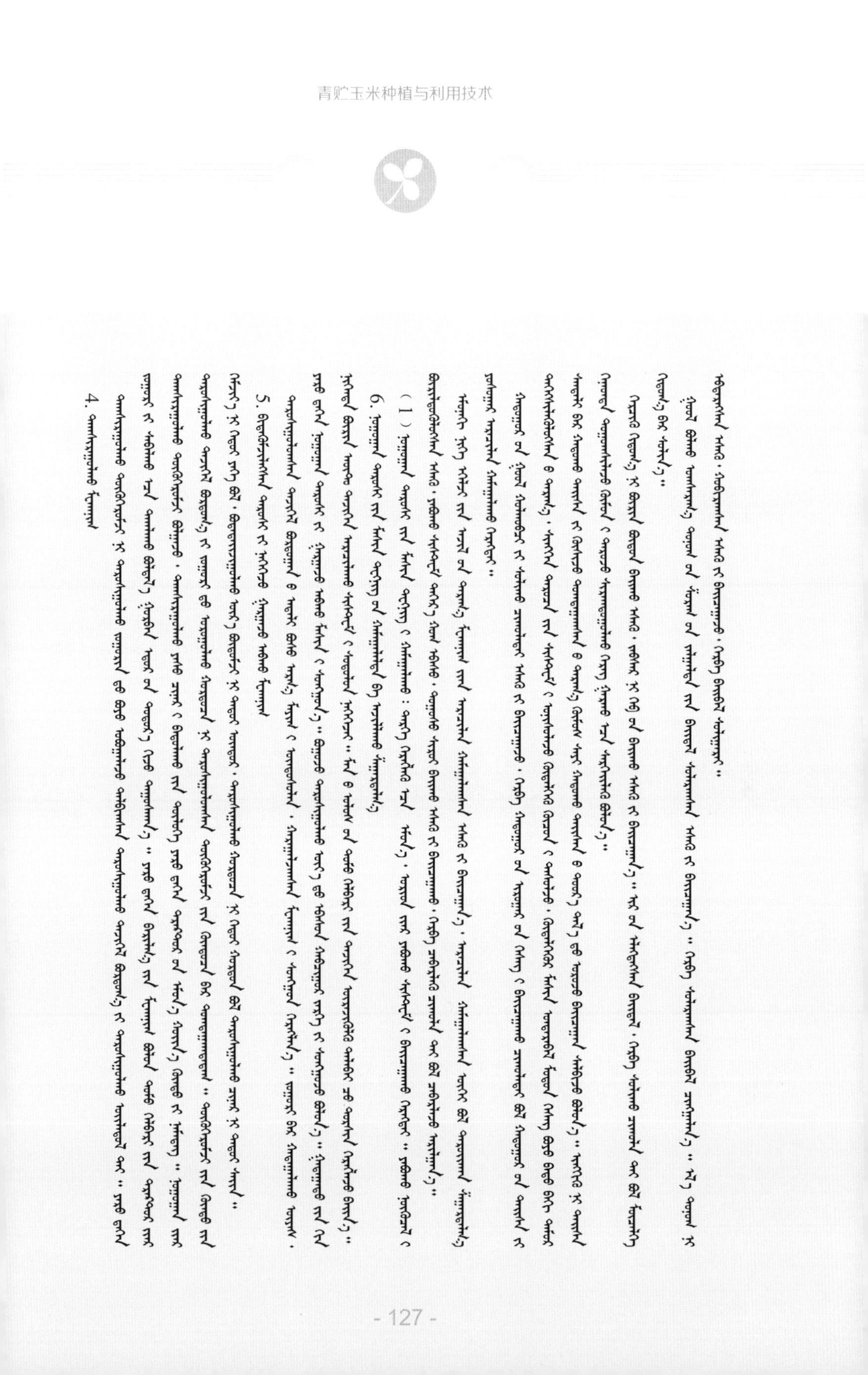

4. [illegible]

[illegible]

5. [illegible]

[illegible]

6. [illegible]

(1) [illegible]

[illegible]

查看发动机、液压缸、液压管线是否有漏油和漏水现象，以及冷却水是否加满。注意，在检查燃油时不能用明火照明。

检查传动系统连接是否正常，链条、皮带松紧度是否合适。启动后检查仪表盘，看机油压力是否达到0.3 MPa以上；看有没有报警指示灯在亮，如有请立即查找原因予以维修。

检查操纵机构是否灵活。

注意：调整、检查、保养、更换零部件时必须在发动机熄火后进行，有必要时轮胎前后放置木块或石块防止溜车。

（2）青贮机械作业要求：因青贮机械又长又宽又高，所以起步前要严格按照要求检查车周边有没有人或物妨碍车辆行驶，起步时要鸣笛、打转向灯、看倒车镜，养成良好习惯。

发动机水温达到50℃，机油压力达到0.3 MPa以上方可下地作业。

作业时要轻柔，不能生拉硬抗，过沟坎要慢，必要时抬高割台，应顺沟槽作业。

在作业时割台容易缠绕杂草，如发现有杂草缠绕应立即停车，空转2～3分钟，切断动力、发动机熄火后清除杂草，严禁没有切断动力、发动机没有熄火而清除割台上杂草，以防把人带入割台发生伤亡事件。

青贮机械出现故障时要及时维修，严禁机械带“病”作业。

ᠪᠠᠷᠢᠯᠭ᠎ᠠ ᠳᠤ ᠬᠠᠯᠠᠭᠤ ᠶᠢᠨ ᠬᠡᠮᠵᠢᠶ᠎ᠡ 50 ℃ ᠬᠦᠷᠲᠡᠯ ᠂ ᠰᠢᠯᠢᠮᠡᠯ ᠳᠠᠷᠤᠯᠲᠠ ᠶᠢᠨ ᠬᠡᠮᠵᠢᠶ᠎ᠡ ᠨᠢ 0.3 MPa ᠳᠤ ᠬᠦᠷᠲᠡᠯ᠎ᠡ ᠪᠠᠢᠯᠭᠠᠵᠤ ᠬᠡᠮᠵᠢᠬᠦ ᠪᠣᠯᠣᠨ᠎ᠠ ᠄᠄

ᠲᠣᠭᠲᠠᠭᠠᠬᠤ ᠳᠤ ᠬᠡᠮᠵᠢᠶ᠎ᠡ ᠶᠢᠨ ᠪᠠᠷᠢᠭᠳᠠᠨ᠎ᠠ ᠄᠄ ᠰᠢᠯᠢᠮᠡᠯ ᠳᠠᠷᠤᠯᠲᠠ ᠶᠢᠨ ᠬᠡᠮᠵᠢᠶ᠎ᠡ 0.3 MPa ᠳᠤ ᠬᠦᠷᠪᠡᠯ ᠪᠠᠶᠢᠷᠢ ᠪᠠᠢᠨ᠎ᠠ ᠶᠢ ᠬᠡᠮᠵᠢᠬᠦ ᠂ ᠬᠡᠮᠵᠢᠭᠳᠡᠬᠦ ᠬᠡᠮᠵᠢᠶᠡᠨ ᠬᠡᠷᠡᠭᠰᠡᠯ ᠲᠣᠭ᠎ᠠ ᠬᠡᠮᠵᠢᠬᠦ ᠪᠠᠶᠢᠷᠢ

六、青贮玉米的饲喂利用

（一）青贮玉米的饲喂

青贮玉米饲料主要用于饲喂奶牛和肉牛。目前，我国在肉羊饲养中也逐渐应用青贮了。

1. 取料

青贮原料装窖（袋）密封40天后，便可取料饲喂。取用青贮饲料时，先将取用端的土和腐烂层除掉，不要让泥土掉入饲料中。要分段开池，分层取用，每次取用后，必须用塑料封盖好，以免空气侵入引起饲料霉变。若遇青贮饲料开启后表面发热，应将发热部分装入塑料袋中并尽快使用。同时，用甲酸、丙酸、丁酸及己酸和己二烯酸等喷洒表面，用量为0.5 ～ 1.0 L/m^2。取料要均匀，截面要整齐。

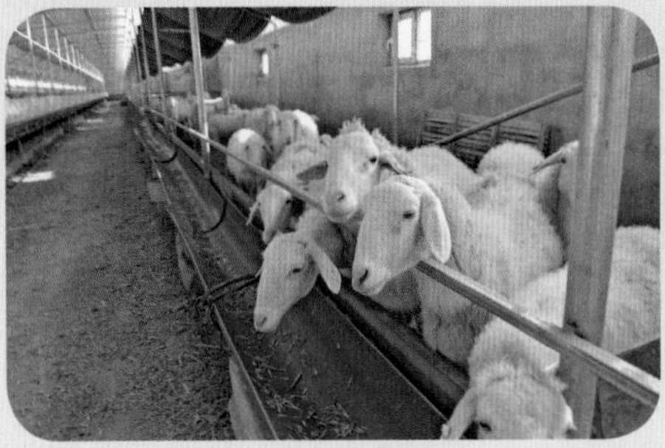

青贮饲料饲喂肉羊

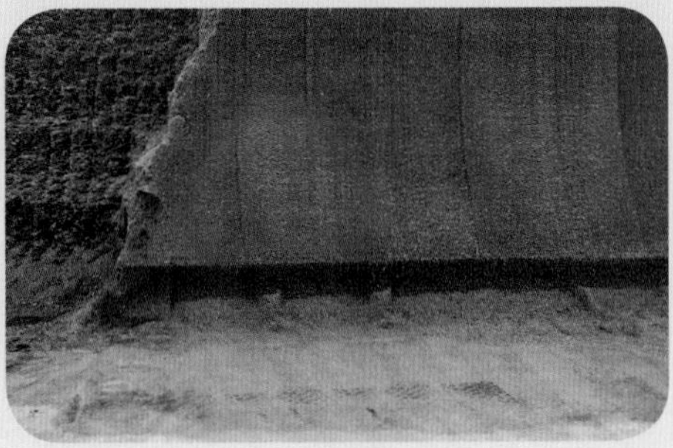

青贮窖取料截面

ᠨᠣᠭᠣᠭᠠᠨ ᠲᠡᠵᠢᠭᠡᠯ ᠦᠨ ᠨᠦᠬᠡᠨ ᠰᠠᠩ ᠨᠢ ᠭᠠᠵᠠᠷ ᠤᠨ ᠳᠣᠣᠷᠠ (ᠭᠠᠵᠠᠷ) ᠢ 40 ᠰᠠᠮ ᠭᠦᠨ ᠮᠠᠲᠠᠷᠬᠠᠢ ᠪᠠᠶᠢᠳᠠᠯ ᠢᠶᠠᠷ ᠨᠦᠬᠡᠨ ᠪᠣᠯᠭᠠᠨ ᠬᠠᠳᠠᠭᠠᠯᠠᠬᠤ ᠪᠠᠶᠢᠭᠤᠯᠤᠮᠵᠢ ᠪᠣᠯᠤᠨ᠎ᠠ ᠂ ᠨᠦᠬᠡᠨ ᠰᠠᠩ ᠤᠨ ᠳᠣᠲᠣᠷ᠎ᠠ ᠬᠠᠨ᠎ᠠ ᠨᠢ ᠭᠥᠯᠥᠭᠡᠷ ᠂ ᠬᠠᠲᠠᠭᠤ ᠪᠠᠶᠢᠬᠤ ᠬᠡᠷᠡᠭᠲᠡᠢ ᠂ ᠳᠣᠣᠷᠠ ᠬᠡᠰᠡᠭ ᠢ ᠨᠦᠬᠡᠨ ᠰᠠᠩ ᠤᠨ ᠥᠨᠴᠥᠭ ᠬᠠᠭᠤᠷᠠᠢ ᠪᠣᠯᠭᠠᠬᠤ ᠬᠡᠷᠡᠭᠲᠡᠢ :: ᠨᠦᠬᠡᠨ ᠰᠠᠩ ᠤᠨ ᠬᠠᠨ᠎ᠠ ᠶᠢ ᠳᠣᠣᠷᠠ ᠴᠠᠭ ᠲᠤ ᠪᠠᠭᠠᠰᠬᠠᠨ ᠮᠠᠲᠠᠭᠠᠷ ᠪᠣᠯᠭᠠᠬᠤ ᠬᠡᠷᠡᠭᠲᠡᠢ :: ᠭᠠᠵᠠᠷ ᠤᠨ ᠤᠰᠤᠨ ᠤ ᠲᠦᠪᠰᠢᠨ ᠡᠴᠡ ᠳᠡᠭᠡᠭᠰᠢ ᠪᠠᠶᠢᠬᠤ ᠬᠡᠷᠡᠭᠲᠡᠢ :: ᠨᠦᠬᠡᠨ ᠰᠠᠩ ᠤᠨ ᠡᠷᠦᠭᠦᠨ ᠰᠢᠯ ᠲᠦ ᠤᠰᠤ ᠬᠤᠷᠢᠶᠠᠬᠤ ᠨᠦᠬᠡᠨ ᠪᠣᠯᠭᠠᠵᠤ ᠂ ᠬᠠᠮᠤᠭ ᠳᠣᠣᠷᠠ ᠲᠡᠭᠰᠢ ᠪᠣᠯᠭᠠᠬᠤ ᠂ ᠬᠠᠨ᠎ᠠ ᠶᠢᠨ ᠳᠣᠲᠣᠷ᠎ᠠ ᠭᠠᠳᠠᠷᠭᠤ ᠶᠢ ᠦᠯᠦ ᠨᠡᠪᠲᠡᠷᠡᠬᠦ ᠮᠠᠲᠧᠷᠢᠶᠠᠯ ᠢᠶᠠᠷ ᠪᠦᠷᠬᠦᠭᠰᠡᠨ ᠪᠠᠶᠢᠬᠤ ᠬᠡᠷᠡᠭᠲᠡᠢ :: ᠲᠠᠯᠠᠪᠠᠢ ᠶᠢᠨ ᠨᠢᠭᠡ ᠳᠥᠷᠪᠡᠯᠵᠢᠨ ᠮᠧᠲ᠋ᠷ ᠲᠤ ᠨᠢ ᠤᠰᠤ ᠪᠦᠬᠦᠢ ᠂ ᠬᠦᠢᠲᠡᠨ ᠰᠠᠯᠬᠢ ᠶᠢ 0.5 ~1.0L/m² ᠪᠠᠶᠢᠨ᠎ᠠ :: ᠬᠠᠳᠠᠭᠠᠯᠠᠯᠲᠠ ᠶᠢᠨ ᠬᠡᠮᠵᠢᠶ᠎ᠡ ᠶᠢ ᠲᠣᠭᠲᠠᠭᠠᠬᠤ ᠳᠤ ᠨᠣᠭᠣᠭᠠᠨ ᠲᠡᠵᠢᠭᠡᠯ ᠦᠨ ᠬᠡᠮᠵᠢᠶ᠎ᠡ ᠪᠣᠯᠤᠨ ᠠᠰᠢᠭᠯᠠᠬᠤ ᠮᠠᠯ ᠤᠨ ᠲᠣᠭ᠎ᠠ ᠶᠢ ᠪᠠᠳᠤᠯᠠᠭᠠᠨ ᠲᠣᠭᠲᠠᠭᠠᠬᠤ ᠬᠡᠷᠡᠭᠲᠡᠢ ::

2. 饲喂量

初次饲喂青贮玉米的家畜开始有些不太适应，饲喂量应由少到多逐渐增加，逐步过渡到正常饲喂量。一般经过3 ～ 5天饲喂后即可加到正常饲喂量。青贮饲料可单独喂，也可与平时用的饲草掺和着饲喂。停喂青贮饲料时应由多到少，使家畜逐渐适应。青贮饲料的用量，应视家畜种类、年龄、生产水平和青贮饲料的品质好坏而定。以湿重计算，一般每头每日饲喂量为：肉牛10 ～ 20 kg，奶牛15 ～ 20 kg，羊3 ～ 5 kg。如果青贮玉米秸秆切得过细，对牛羊的反刍不利。因此，在大量饲喂青贮玉米饲料时，应合理搭配干草，每天应适当补饲优质干草3 ～ 4 kg。

（二）青贮玉米的安全管理

霉变和劣质的青贮饲料不能喂家畜，以免发生腹泻或中毒。

1. 玉米青贮饲料不良发酵

主要有丁酸发酵引起的酮病。奶牛酮病是泌乳奶牛在分娩后几天至几周内易发生的一种代谢性疾病。

近几年，随着对奶牛泌乳量的要求不断提高，导致酮病的发病率呈现逐渐升高的趋势。该病既会导致奶牛产奶量减少和乳品质变差，还会使其繁殖性能降低。主要症状：表现出停止采食，兴奋或者昏睡，体重减轻，产奶量降低，有时会出现运动失调。酮病的发病原因多种，其中食源性酮病由奶牛饲料中的某些成分引起，主要是青贮饲料中含有大量的挥发性脂肪酸，如丁酸、丙酸等。其中，丁酸是生酮先质，丙酸是生糖先质，如果丁酸水平过高，被小肠吸收后就会进入血液，从而产生大量酮体。另外，当青贮饲料含有过多丁酸盐时，导致适口性变差、采食量减少，从而引起发病。

ᠬᠠᠭᠠᠬᠤ ᠳᠠᠭᠠᠨ 3 ~ 4 kg ᠲᠠᠷᠢᠶᠠᠨ ᠤ ᠰᠣᠷᠣᠯ ᠢ ᠴᠠᠶ ᠲᠠᠢ ᠬᠣᠯᠢᠨ ᠬᠡᠷᠡᠭᠯᠡᠨ᠎ᠡ᠃
kg᠂ ᠲᠠᠷᠢᠶᠠᠨ ᠤ ᠬᠠᠭᠠᠬᠤ ᠳᠤ 15 ~ 20 kg᠂ ᠬᠠᠭᠠᠬᠤ ᠳᠤ 3 ~ 5kg᠃ ᠰᠢᠯᠣᠰ ᠬᠠᠳᠠᠭᠠᠯᠠᠯᠲᠠ ᠶᠢᠨ ᠬᠣᠪᠤᠯ ᠤᠨ ᠬᠠᠮᠢᠶᠠᠷᠤᠯᠲᠠ ᠶᠢᠨ ᠬᠡᠮᠵᠢᠶ᠎ᠡ ᠪᠡᠨ ᠰᠠᠶᠢᠵᠢᠷᠠᠭᠤᠯᠬᠤ ᠳᠤ ᠬᠣᠯᠢᠨ ᠬᠡᠷᠡᠭᠯᠡᠨ᠎ᠡ᠃

2. 玉米青贮饲料霉菌毒素

霉变饲料坚决不能饲喂。霉菌毒素毒性稳定，一旦产生不易被降解；许多霉菌毒素具有致癌作用。

黄曲霉毒素是由黄曲霉或者寄生曲霉产生的次级代谢产物。玉米很容易受到黄曲霉的污染而产生黄曲霉毒素。玉米籽实是黄曲霉毒素聚积的场所之一。制作成青贮饲料后，在理想状态下，饲草原料中含有的乳酸菌在厌氧条件下自然发酵，利用可溶性糖转化为乳酸，快速降低pH，能够抑制梭状芽孢杆菌、酵母菌和大多数霉菌。但在实际生产中，青贮饲料普遍难以做到完全厌氧并且容易被霉菌侵染，普遍存在霉变和霉菌毒素污染现象。青贮后产生的霉菌毒素主要与氧气的接触有关，包括覆盖物的破损、青贮饲料的装填密度、开窖后饲喂或者贮存过程中与空气接触等都能够接触到氧气，从而增大霉菌毒素积累的风险。全株玉米青贮饲料在奶牛、肉牛或肉羊等反刍动物的饲料中具有重要地位，玉米青贮饲料的质量安全情况对于奶牛健康和乳制品安全具有重要意义。研究表明，添加乳酸菌和纤维素酶对青贮饲料中黄曲霉毒素的产生存在抑制作用，且两者同时添加效果最好。

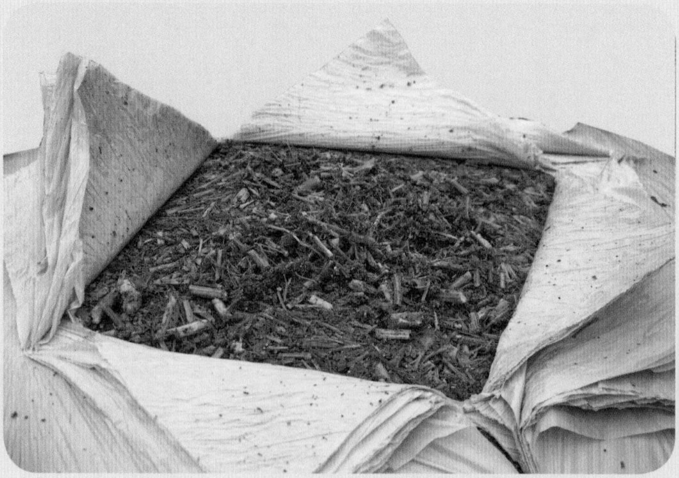

青贮玉米安全检查

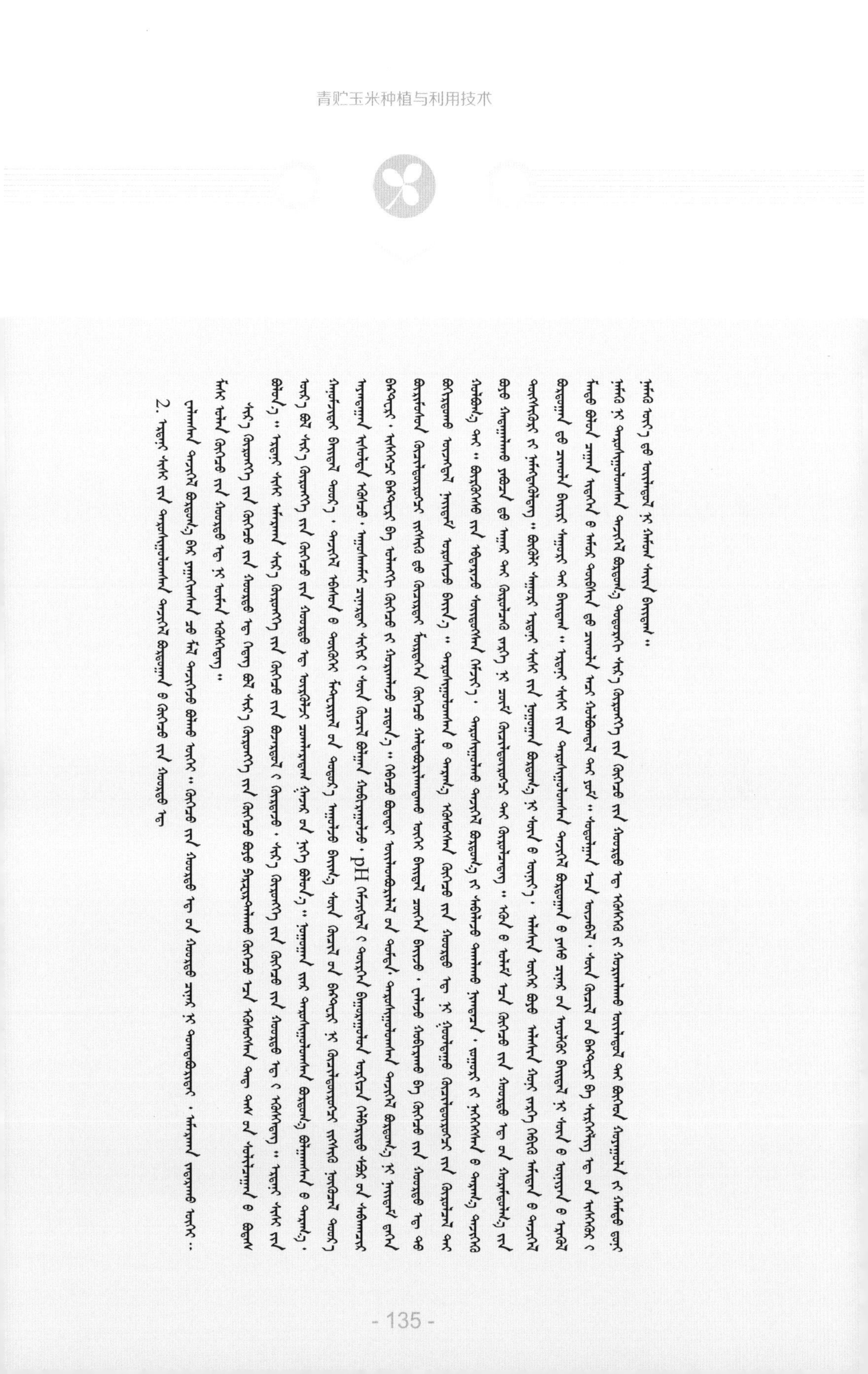

3. 玉米青贮饲料中的硝酸盐

硝酸盐和亚硝酸盐是常见的天然有毒有害物质。硝酸盐虽不会对畜禽产生直接危害，但在一些条件下硝酸盐会转化为亚硝酸盐，可对家畜产生严重危害。亚硝酸盐是公认的强致癌物质，可造成全身组织特别是脑组织的急性损害。奶牛在短时间内采食了大量含硝酸盐的饲料，则会出现严重的呼吸困难症状，在短期内迅速死亡。反刍动物饲料中若含有大量的硝酸盐，不仅对反刍动物的生理状态和生产性能有影响，而且对奶制品和肉品质也有不良影响。如果富含硝酸盐的饲料处理不当或保存不妥，会导致亚硝酸盐含量剧增，造成更严重的危害。所以，在饲料工业和动物养殖业中，必须严格监测和控制饲料中硝酸盐和亚硝酸盐的含量。

施无机氮肥会增加玉米青贮饲料中硝酸盐含量；青贮过程能够降解掉部分硝酸盐，增加饲喂安全性。在玉米青贮饲料存放过程中，存在硝酸盐向亚硝酸盐的转化，开袋后应尽快使用。

美国家畜饲养标准规定，饲料作物干物质中硝酸盐含量在0 ～ 0.25%时为安全，0.25% ～ 0.5%为警戒，0.5% ～ 1.5%为危险，超过1.5%即为有毒。当硝酸盐含量超过0.25%时，会对家畜造成不同程度的毒害，因此有研究者把硝酸盐含量超过0.25%作为有毒的限量指标。

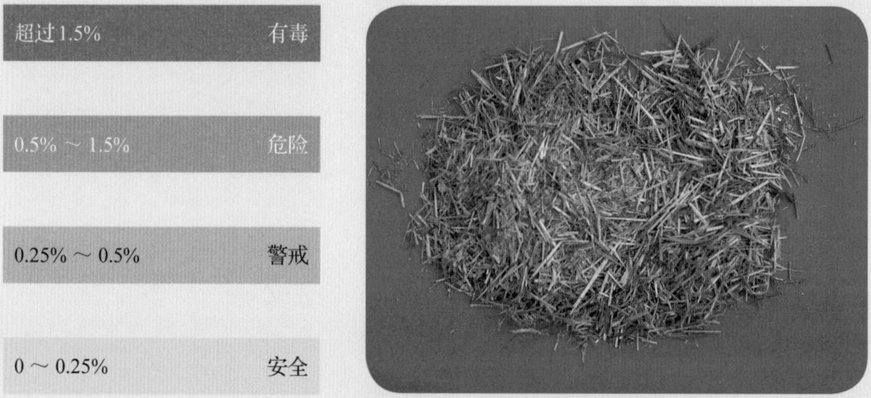

饲料作物中硝酸盐限量指标

ᠪᠣᠯᠭᠠᠬᠤ ᠬᠡᠷᠡᠭᠴᠡᠭᠡ ᠲᠠᠢ ᠪᠣᠯᠳᠠᠭ ᠶᠤᠮ ᠪᠣᠯᠤᠨ᠎ᠠ ::
ᠴᠢᠨᠠᠷ ᠤᠨ ᠳᠡᠭᠡᠳᠦ ᠰᠢᠯᠢᠳᠡᠭ ᠨᠣᠭᠤᠭᠠᠨ ᠤ ᠲᠡᠵᠢᠭᠡᠯ ᠪᠦᠲᠦᠭᠡᠭᠳᠡᠬᠦᠨ ᠳᠦ ᠲᠣᠰᠣᠨ ᠬᠦᠴᠢᠯ ᠤᠨ ᠠᠭᠤᠯᠭ᠎ᠠ ᠶᠢᠨ ᠬᠡᠮᠵᠢᠶ᠎ᠡ 0.25% ᠡᠴᠡ ᠪᠠᠭ᠎ᠠ ᠪᠠᠢᠬᠤ ᠶᠢ ᠱᠠᠭᠠᠷᠳᠠᠳᠠᠭ ᠂ 1.5% ᠡᠴᠡ ᠳᠡᠭᠡᠭᠰᠢ ᠪᠣᠯ ᠨᠣᠭᠤᠭᠠᠨ ᠲᠡᠵᠢᠭᠡᠯ ᠢ ᠬᠡᠷᠡᠭᠯᠡᠵᠦ ᠪᠣᠯᠬᠤ ᠦᠭᠡᠢ :: ᠲᠣᠰᠣᠨ ᠬᠦᠴᠢᠯ ᠤᠨ ᠠᠭᠤᠯᠭ᠎ᠠ ᠶᠢᠨ ᠬᠡᠮᠵᠢᠶ᠎ᠡ 0.25 % ᠡᠴᠡ ᠪᠠᠭ᠎ᠠ ᠪᠣᠯ ᠂ [illegible] ᠲᠣᠰᠣᠨ ᠬᠦᠴᠢᠯ ᠤᠨ ᠠᠭᠤᠯᠭ᠎ᠠ ᠶᠢᠨ ᠬᠡᠮᠵᠢᠶ᠎ᠡ ᠨᠢ 0 ~ 0.25% ᠪᠠᠢᠬᠤ ᠶᠢ ᠰᠠᠶᠢᠨ ᠳᠦ ᠬᠠᠮᠢᠶᠠᠷᠤᠭᠤᠯᠤᠨ᠎ᠠ · 0.25% ~ 0.5 % ᠨᠢ ᠳᠤᠮᠳᠠ ᠂ 0.5 % ~1.5 %

[illegible]

[illegible] ::

[illegible]

[illegible] ::

[illegible] ::

3. [illegible] ᠲᠣᠰᠣᠨ ᠬᠦᠴᠢᠯ ᠤᠨ ᠠᠭᠤᠯᠭ᠎ᠠ

（三）面向青贮玉米的全面利用——TMR及其运营机构

养殖业要求家畜营养平衡，要发挥青贮玉米的优点，并非单独使用，而应与其他营养物质一起饲喂。实现这个目标的是TMR饲料。这里介绍TMR以及运营机构，为改善今后青贮玉米的利用技术与营造运营环境提供参考。

1. TMR及其种类

（1）TMR的定义：TMR是英文total mixed rations（全混合日粮）的简称，是一种将粗料、精料、矿物质、维生素和其他添加剂充分混合，能够提供足够的营养以满足奶牛需要的饲养技术。通常，TMR一词指这个技术调制的饲料产品。TMR作为奶牛饲喂技术在发达国家已经普遍使用，我国随着饲养规模的扩大而正在逐渐推广使用。

TMR的优点：设计好的饲料容易喂养；将切短的饲料混合均匀，喂养时可避免挑食；能够不断喂养而采食量和产奶量均增加。TMR饲养技术需要配套技术措施和性能优良的机械。养殖业通过TMR饲料提高了饲草的经济效益，并提高了劳动生产效率。

（2）TMR的类型：TMR分干TMR、新鲜TMR和发酵TMR三种。在我国大型规模化奶牛养殖基地等以新鲜TMR为主，而在日本TMR中心发酵TMR逐渐增多。目前TMR主要用于泌乳奶牛饲养，从前景预测，今后会进一步扩大利用。

干TMR：将几种精饲料、干草和甜菜浆等含汁液饲料进行混合，饲喂之前加粗饲料和水。属于早期的TMR类型，现在已不多见。

新鲜TMR：将粗饲料、粕渣类、精饲料等混合调制后直接饲喂。由于容易产生霉菌、酵母而导致好氧性变质，所以调制后必须每天配送并尽快饲喂。

[illegible] ::

[illegible] TMR : [illegible] TMR [illegible] ::

[illegible] TMR : [illegible] TMR [illegible] ::

(2) TMR [illegible] : [illegible] TMR , [illegible] TMR [illegible] TMR [illegible] ::

TMR [illegible] : [illegible] TMR [illegible] TMR [illegible] ::

1. TMR [illegible]

(1) TMR [illegible] : TMR [illegible] Total Mixed Rations ([illegible]) [illegible] TMR [illegible] ::

([illegible]) [illegible] — TMR [illegible]

发酵TMR：为了提高TMR的保存性能而开发出发酵TMR，即将新鲜TMR装入青贮设备等密封容器中进行数周厌氧发酵的混合饲料。可以调制成袋装发酵TMR或裹包发酵TMR。

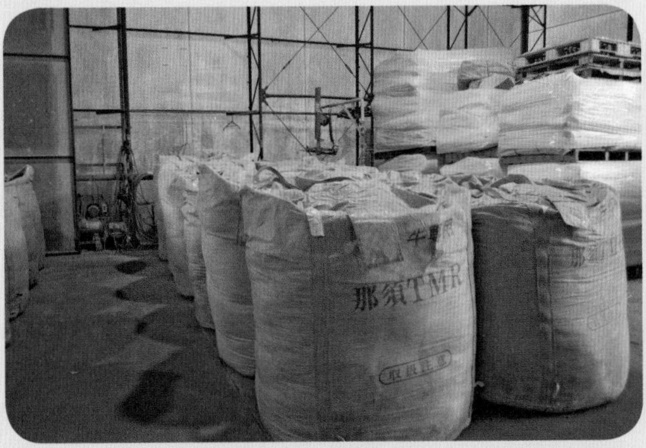

袋装发酵TMR

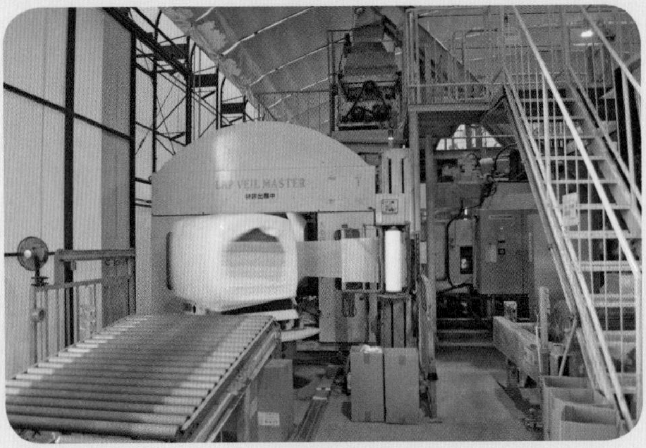

裹包发酵TMR

TMR ᠪᠣᠯᠪᠠ ᠪᠦᠷᠢᠨ ᠲᠡᠵᠢᠭᠡᠯ TMR ᠪᠦᠲᠦᠭᠡᠪᠡ ᠪᠣᠯᠤᠨ᠎ᠠ ᠃
ᠬᠠᠮᠢᠶᠠᠷᠤᠯᠤᠭᠳᠠᠬᠤ ᠬᠠᠷᠢᠴᠠᠭᠤᠯᠬᠤ ᠲᠠᠯ᠎ᠠ ᠪᠠᠷᠢᠮᠵᠢᠯᠠᠭᠰᠠᠨ ᠠᠯᠢ ᠬᠡᠪ ᠬᠡᠯᠪᠡᠷᠢ ᠲᠤᠭᠤᠷᠠᠭᠤᠯᠬᠤ ᠲᠠᠯ᠎ᠠ ᠳᠤ ᠲᠡᠵᠢᠭᠡᠯ ᠰᠤᠳᠤᠯᠤᠭᠳᠠᠭᠰᠠᠨ ᠂ ᠬᠠᠮᠤᠭ ᠤᠨ ᠳᠤ ᠨᠡᠢᠲᠡ ᠲᠡᠵᠢᠭᠡᠯ
ᠲᠡᠵᠢᠭᠡᠯ TMR : TMR ᠤᠨ ᠨᠡᠢᠯᠡᠭᠦᠯᠬᠦ ᠵᠠᠷᠴᠢᠮ ᠢ ᠬᠠᠷᠢᠶᠠᠯᠴᠠᠭᠤᠯᠪᠠᠯ ᠦᠨ ᠬᠤᠪᠢᠶᠠᠷᠢ ᠬᠠᠭᠠᠯᠭ᠎ᠠ ᠨᠡᠢᠲᠡᠯᠡᠭᠰᠡᠨ ᠦᠭᠡ ᠃ ᠲᠡᠵᠢᠭᠡᠯ TMR ᠪᠣᠯ ᠬᠤᠷᠢᠶᠠᠩᠭᠤᠢ TMR ᠤ

2. TMR调制要点

用下面的图表示TMR调制过程及技术要点。

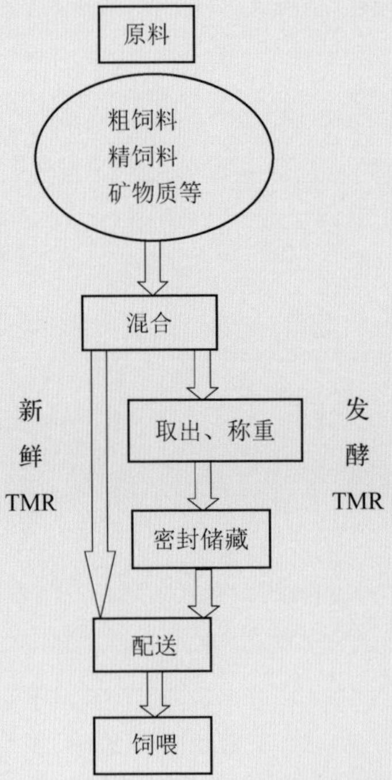

技术要点

水分含量、营养成分分析

水分调节

改善发酵品质

养分平衡

混合时间为15～25分钟为标准

有发酵损失，投入量比产品重量稍高

根据温度条件贮藏2～8周

注意因袋子破损而漏气

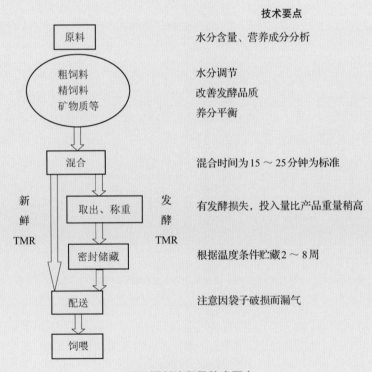

TMR调制流程及技术要点

ᠨᠢ ᠬᠣᠯᠢᠯᠳᠠ ᠶᠢᠨ ᠬᠤᠭᠤᠴᠠᠭ᠎ᠠ
ᠲᠣᠭᠠᠴᠠᠭᠰᠠᠨ ᠪᠠᠷ ᠪᠤᠯᠤ
2 ~ 8 ᠮᠢᠨᠦ᠋ᠲ ᠬᠣᠯᠢᠭᠤᠯᠤᠨ᠎ᠠ
ᠬᠣᠯᠢᠭᠤᠯᠤᠭᠰᠠᠨ ᠤ ᠳᠠᠷᠠᠭᠠᠬᠢ
ᠪᠣᠯᠪᠠᠰᠤᠷᠠᠭᠤᠯᠤᠯ ᠤᠨ ᠪᠠᠶᠢᠳᠠᠯ ᠪᠠᠷ ᠲᠡᠵᠢᠭᠡᠯ ᠪᠣᠯᠤᠨ
ᠬᠠᠷᠢᠴᠠᠭ᠎ᠠ ᠪᠠᠷ ᠮᠦᠷᠳᠡᠭᠡᠨ ᠲᠡᠵᠢᠭᠡᠬᠦ ᠦᠢᠯᠡ ᠶᠢ
ᠬᠢᠭᠰᠡᠨ ᠪᠠᠷ ᠬᠡᠮᠵᠢᠶ᠎ᠡ ᠲᠠᠢ ᠰᠢᠯᠭᠠᠨ
ᠪᠠᠷ ᠪᠣᠳᠣᠭᠳᠠᠬᠤ ᠪᠣᠯᠤᠨ᠎ᠠ
ᠰᠢᠯᠭᠠᠯᠲᠠ ᠶᠢᠨ ᠤᠷᠲᠤ ᠨᠢ 15 ~ 25 ᠮᠢᠯᠢᠮᠧᠲ᠋ᠷ

ᠪᠣᠯᠤᠨ ᠰᠣᠶᠤᠯ ᠤᠨ ᠰᠤᠷᠭᠠᠯᠵᠢᠯᠠᠯᠲᠠ
ᠬᠡᠷᠡᠭᠯᠡᠬᠦ ᠪᠠᠷ ᠭᠠᠳᠠᠭᠠᠳᠤ ᠶᠢ ᠬᠠᠮᠠᠭᠠᠯᠠᠬᠤ ᠶᠢᠨ ·
ᠬᠡᠷᠡᠭ ᠦᠨ ᠬᠣᠷᠢᠭᠤᠯ ᠢ ᠰᠢᠯᠭᠠᠬᠤ ᠶᠢᠨ ·
ᠰᠣᠶᠤᠯ ᠤᠨ ᠪᠠᠶᠢᠭᠤᠯᠤᠯ ᠤᠨ ᠪᠦᠲᠦᠭᠡᠯ ·
ᠬᠡᠷᠡᠭ ᠦᠨ ᠲᠡᠵᠢᠭᠡᠯᠳᠡᠭᠡᠨ · ᠪᠣᠯᠤᠨ
ᠲᠡᠵᠢᠭᠡᠯ ᠦᠨ ᠬᠡᠷᠡᠭᠯᠡᠭᠡ

ᠰᠠᠭᠠᠯᠢ ᠦᠬᠡᠷ ᠲᠦ TMR ᠬᠣᠯᠢᠯᠳᠠ ᠲᠡᠵᠢᠭᠡᠯ ᠢ ᠬᠡᠷᠡᠭᠯᠡᠬᠦ ᠳᠦ ᠲᠡᠵᠢᠭᠡᠯ ᠦᠨ ᠬᠡᠷᠡᠭᠯᠡᠭᠡ ᠶᠢ ᠬᠢᠷᠢᠯᠡᠬᠦ ::

2. TMR ᠬᠣᠯᠢᠯᠳᠠ ᠲᠡᠵᠢᠭᠡᠯ ᠦᠨ ᠬᠡᠷᠡᠭᠯᠡᠭᠡ

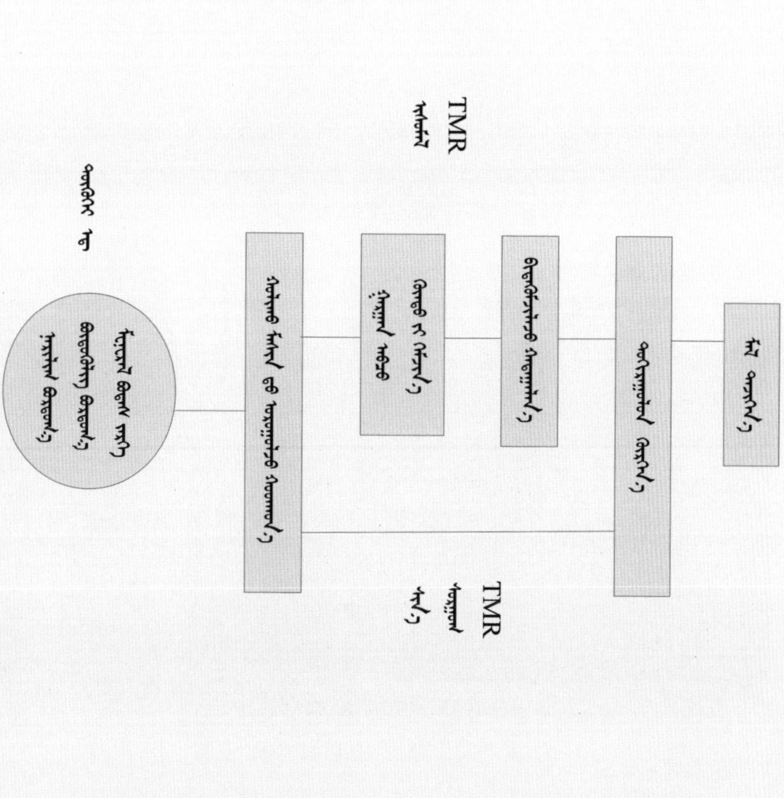

（1）原料：在发酵TMR调制中，主要原料是玉米青贮、牧草青贮和农副产品等。精饲料根据TMR中心的要求或条件而定，利用地区特有的精饲料、玉米、熟大豆等都可以。农副产品如甜菜浆、大豆粕等已经被广泛利用，还有酱油渣、啤酒渣、果汁渣等都可以利用。不过，对原料必须进行水分含量、营养成分分析。各种原料的添加量要精密计算，用量小的原料用精密仪器控制添加量。

（2）水分调节：发酵TMR生产的关键是控制原料含水量，通常将含水量调节到40%左右。

（3）改善发酵品质：玉米青贮中应该见不到玉米芯的轮状部分，芯的部分被切成4～5块为宜。干草长度3 cm左右。通常认为长度2 cm以下不容易挑食，但切得过细会使纤维性饲料的物理性能降低。在冬季，为了促进发酵可以加入乳酸菌及酶类；在夏季，外部温度高的话可以通过缩短贮藏时间来调节发酵。

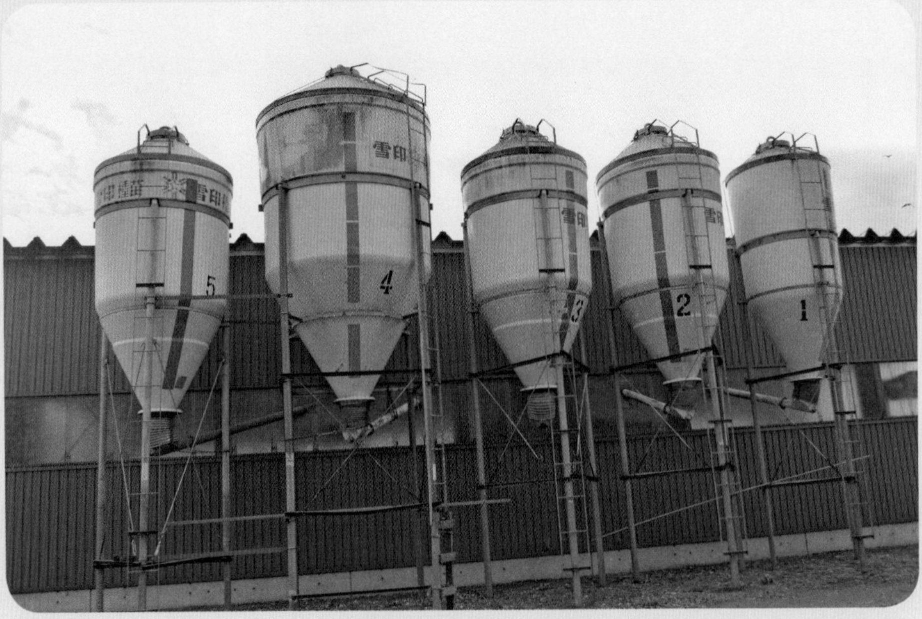

TMR原料添加用计量器

(1) ᠬᠣᠯᠢᠮᠠᠭ ᠤᠨ : TMR ᠲᠡᠵᠢᠭᠡᠯ ᠦᠨ ᠬᠣᠯᠢᠭᠠᠰᠤ ᠨᠢ ᠬᠣᠯᠢᠮᠠᠭ ᠲᠡᠵᠢᠭᠡᠯ ᠳᠦ ᠬᠡᠪ ᠵᠢᠭᠳᠡ ᠲᠠᠢ ᠲᠡᠭᠰᠢ ᠬᠣᠯᠢᠭᠳᠠᠭᠰᠠᠨ ᠪᠠᠢᠬᠤ ᠂ ᠬᠠᠲᠠᠭᠤ ᠨᠣᠭᠣᠭᠠ ᠲᠠᠢ ᠲᠡᠭᠰᠢ ᠪᠠᠢᠬᠤ ᠂ ᠬᠡᠰᠡᠭᠦᠳ ᠤᠨ ᠪᠠᠢᠳᠠᠯ ᠢ ᠬᠠᠷᠢᠴᠠᠭᠤᠯᠬᠤ ᠂ ᠴᠢᠢᠭ ᠤᠨ ᠬᠡᠮᠵᠢᠶ᠎ᠡ ᠶᠢᠨ ᠬᠢᠵᠠᠭᠠᠷ ᠤᠨ ᠲᠤᠰ ᠲᠡᠵᠢᠭᠡᠯ ᠦᠨ ᠴᠢᠨᠠᠷ ᠢ ᠪᠠᠲᠤᠯᠠᠨ᠎ᠠ ::
(2) ᠲᠠᠯ᠎ᠠ ᠶᠢᠨ ᠬᠡᠮᠵᠢᠶ᠎ᠡ ᠶᠢ ᠬᠡᠮᠵᠢᠬᠦ ᠠᠷᠭ᠎ᠠ : TMR ᠲᠡᠵᠢᠭᠡᠯ ᠦᠨ ᠬᠡᠮᠵᠢᠭᠡᠨ ᠳᠦ ᠬᠣᠯᠢᠮᠠᠭ ᠲᠡᠵᠢᠭᠡᠯ ᠦᠨ ᠲᠠᠯ᠎ᠠ ᠶᠢᠨ ᠬᠡᠮᠵᠢᠶ᠎ᠡ ᠶᠢ ᠬᠢᠨᠠᠨ ᠰᠢᠯᠭᠠᠬᠤ ᠳᠤ 40% ᠡᠴᠡ ᠳᠡᠭᠡᠭᠰᠢ ᠪᠠᠢᠬᠤ ᠶᠣᠰᠣᠲᠠᠢ ::
(3) ᠲᠡᠵᠢᠭᠡᠯ ᠦᠨ ᠨᠣᠭᠣᠭᠠ ᠨᠠᠭᠤᠷ ᠤᠨ ᠬᠡᠮᠵᠢᠶ᠎ᠡ : ᠨᠣᠭᠣᠭᠠ ᠲᠡᠵᠢᠭᠡᠯ ᠦᠨ ᠤᠷᠳᠤ ᠨᠢ ᠲᠡᠵᠢᠭᠡᠯ ᠦᠨ ᠤᠷᠳᠤ ᠨᠢ ᠪᠠᠭ᠎ᠠ ᠪᠣᠯᠪᠠᠰᠤ ᠬᠣᠭᠣᠯᠠᠢ ᠵᠢᠷᠤᠭ ᠤᠨ ᠤᠷᠳᠤ ᠨᠢ 4 ~ 5 ᠰᠠᠷ᠎ᠠ ᠬᠠᠳᠠᠭᠠᠯᠠᠭᠳᠠᠨ᠎ᠠ :: ᠰᠢᠯᠤᠰᠤ ᠲᠡᠵᠢᠭᠡᠯ ᠦᠨ ᠤᠷᠳᠤ 3cm ᠡᠴᠡ ᠳᠡᠭᠡᠭᠰᠢ ᠪᠠᠢᠬᠤ :: ᠬᠠᠮᠤᠭ ᠤᠨ ᠬᠠᠳᠠᠭᠠᠯᠠᠯᠲᠠ ᠶᠢᠨ ᠤᠷᠳᠤ 2cm ᠡᠴᠡ ᠳᠣᠣᠭᠰᠢ ᠪᠠᠢᠬᠤ ᠨᠢ ᠲᠡᠵᠢᠭᠡᠯ ᠦᠨ ᠡᠳᠡᠭᠡᠭᠰᠡᠨ ᠪᠣᠯᠵᠣ ᠲᠡᠵᠢᠭᠡᠯ ᠦᠨ ᠵᠢᠭᠳᠡ ᠲᠡᠭᠰᠢ ᠪᠠᠢᠳᠠᠯ ᠢ ᠬᠠᠳᠠᠭᠠᠯᠠᠬᠤ ᠳᠤ ᠪᠣᠯᠤᠨ᠎ᠠ :: ᠬᠣᠯᠢᠮᠠᠭ ᠲᠡᠵᠢᠭᠡᠯ ᠦᠨ ᠴᠢᠨᠠᠷ ᠢ ᠬᠠᠷᠢᠭᠤᠴᠠᠭᠤᠯᠬᠤ ᠪᠣᠯᠤᠨ᠎ᠠ ::

（4）养分平衡：TMR原料的配方比例因饲养对象的不同而有差异，如泌乳奶牛、干乳期奶牛、育肥牛等各有不同要求，即使泌乳奶牛在分娩期、泌奶初期、泌奶后期营养需求也不同。

市场上，以奶牛生产性能测定体系（简称DHI测定）为代表的奶牛生产数字化管理体系对奶牛生产性能进行准确测评和营养平衡管理。

（5）混合：将按比例搭配好的原料投入搅拌机混合均匀，可提高饲料的吸收率和利用率。搅拌时间是关键，通常以15～25分钟为宜。

给混合机投料一般按干草、精料、颗粒粕类、青贮及糟粕、多汁类饲料的顺序添加。一般容量占90%可达到最佳搅拌效果。

混合好后，新鲜TMR用翻斗车等配送，直接饲喂；发酵TMR还要称重和密封。

（6）取出、称重：TMR在发酵的过程中重量会减少。特别是在水分含量50%以下、贮藏温度低于20℃的条件下，乙醇发酵变得强烈，重量减少较多。因此，装入量应较产品量高1%～2%。

（7）密封贮藏：为了减少二次发酵引起的损失，必须快速装入集装袋密封。如果用细切型打捆机进行捆包效果更好，大约能保存1个月。寒冷地区有可能需要延长时间，天气热时需要缩短时间。

（8）配送：集装袋包和压缩捆包方式的配送需要带起重机的卡车或升降机。配送过程中应注意因袋子破损而漏气。

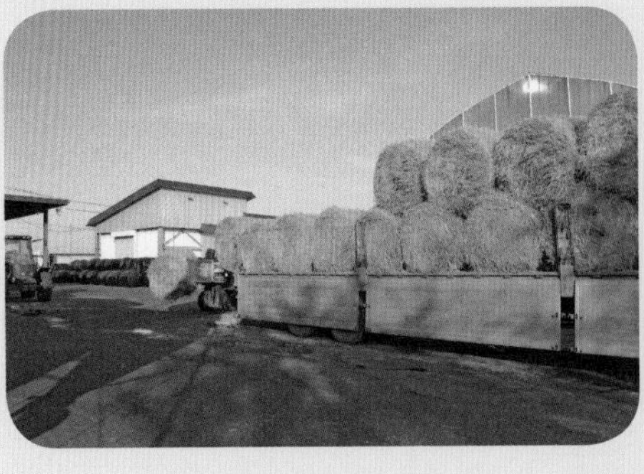

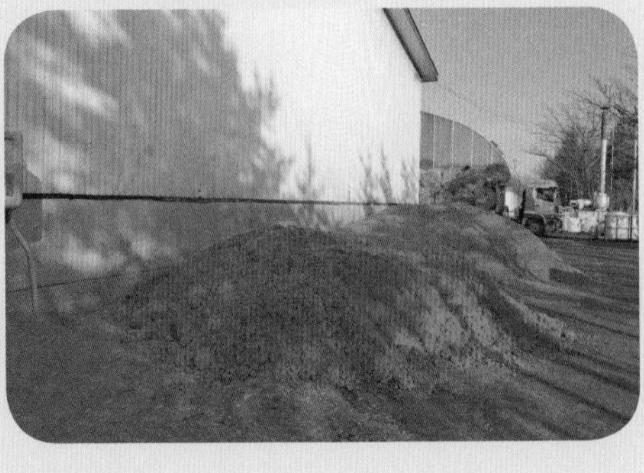

TMR用原料

ᠬᠡᠷᠡᠭᠯᠡᠬᠦ ᠲᠡᠵᠢᠭᠡᠯ ᠪᠣᠯᠭᠠᠬᠤ ᠬᠡᠷᠡᠭᠲᠡᠢ ᠄ ᠬᠣᠯᠢᠮᠠᠭᠯᠠᠭᠰᠠᠨ ᠲᠡᠵᠢᠭᠡᠯ ᠦᠨ ᠲᠤᠬᠠᠢ ᠲᠡᠮᠳᠡᠭᠯᠡᠯ ᠬᠢᠵᠦ ᠦᠯᠡᠳᠡᠭᠡᠬᠦ ᠶᠢ ᠰᠠᠶᠢᠵᠢᠷᠠᠭᠤᠯᠤᠨ᠎ᠠ ᠄

（8）ᠬᠣᠯᠢᠮᠠᠭᠯᠠᠭᠰᠠᠨ ᠲᠡᠵᠢᠭᠡᠯ ： ᠪᠦᠲᠦᠭᠡᠯ ᠦᠨ ᠬᠡᠮᠵᠢᠶ᠎ᠡ ᠶᠢ ᠪᠦᠲᠦᠭᠡᠬᠦ ᠳᠦ ᠬᠣᠯᠢᠮᠠᠭᠯᠠᠭᠰᠠᠨ ᠪᠦᠲᠦᠭᠡᠯ ᠦᠨ ᠬᠣᠯᠢᠮᠠᠭᠯᠠᠭᠰᠠᠨ ᠲᠡᠵᠢᠭᠡᠯ ᠦᠨ ᠬᠡᠮᠵᠢᠶ᠎ᠡ ᠵᠢᠷᠤᠮ ᠪᠣᠯᠪᠠᠰᠤ ᠴᠢᠨᠠᠷ ᠲᠠᠢ ᠲᠡᠵᠢᠭᠡᠯ ᠢ ᠬᠠᠮᠠᠭᠠᠯᠠᠬᠤ ᠂ ᠮᠠᠯ ᠤᠨ ᠡᠷᠡᠭᠦᠯ ᠮᠡᠨᠳᠦ ᠶᠢ ᠪᠠᠲᠤᠯᠠᠬᠤ ᠬᠡᠷᠡᠭᠲᠡᠢ ᠄ ᠲᠤᠰ ᠬᠠᠷᠢᠴᠠᠩᠭᠤᠢ ᠶᠢᠨ ᠲᠡᠵᠢᠭᠡᠯ ᠦᠨ ᠪᠦᠲᠦᠭᠡᠯ ᠢ ᠲᠣᠭᠲᠠᠭᠠᠬᠤ ᠂ ᠲᠡᠵᠢᠭᠡᠯ ᠦᠨ ᠳᠠᠪᠤᠰᠤ ᠵᠢᠴᠢ ᠪᠣᠯᠪᠠᠰᠤ ᠶᠢ ᠬᠠᠮᠢᠶᠠᠷᠤᠯᠬᠤ ᠬᠡᠷᠡᠭᠲᠡᠢ ᠄

（7）ᠪᠣᠯᠪᠠᠰᠤᠷᠠᠭᠤᠯᠬᠤ ᠰᠢᠯᠢᠭᠡᠬᠦ ： ᠰᠠᠶᠢᠨ ᠴᠢᠨᠠᠷ ᠤᠨ ᠲᠡᠵᠢᠭᠡᠯ ᠦᠨ ᠪᠣᠯᠪᠠᠰᠤᠷᠠᠯ ᠤᠨ ᠴᠢᠨᠠᠷ ᠢ ᠰᠢᠯᠢᠭᠡᠬᠦ ᠳᠦ ᠂ ᠲᠡᠵᠢᠭᠡᠯ ᠦᠨ ᠬᠡᠮᠵᠢᠶ᠎ᠡ ᠶᠢ ᠭᠠᠳᠠᠷ ᠳᠠᠭᠠᠨ ᠪᠣᠯᠪᠠᠰᠤᠷᠠᠭᠤᠯᠬᠤ ᠬᠡᠷᠡᠭᠲᠡᠢ ᠄ ᠲᠡᠵᠢᠭᠡᠯ ᠦᠨ ᠲᠡᠮᠰᠡᠯ ᠤᠨ ᠬᠡᠮᠵᠢᠶ᠎ᠡ ᠶᠢᠨ ᠬᠤᠪᠢ 1%～2% ᠪᠠᠢᠬᠤ ᠬᠡᠷᠡᠭᠲᠡᠢ ᠄ ᠳᠤᠯᠠᠭᠠᠨ ᠤ ᠬᠡᠮ ᠢ ᠰᠢᠯᠢᠭᠡᠬᠦ ᠳᠦ 20℃ ᠡᠴᠡ ᠳᠣᠣᠷ᠎ᠠ ᠪᠠᠢᠬᠤ ᠬᠡᠷᠡᠭᠲᠡᠢ ᠄

（6）ᠵᠢᠭᠠᠯᠳᠠᠭ᠎ᠠ ᠰᠢᠯᠢᠭᠡᠬᠦ ： TMR ᠲᠡᠵᠢᠭᠡᠯ ᠦᠨ ᠬᠡᠮᠵᠢᠶ᠎ᠡ ᠶᠢᠨ ᠢᠯᠡᠭᠦᠦ ᠳᠤᠲᠠᠭᠤ ᠶᠢ ᠰᠢᠯᠢᠭᠡᠬᠦ ᠳᠦ ᠂ ᠬᠡᠮᠵᠢᠶ᠎ᠡ ᠶᠢᠨ ᠵᠢᠭᠠᠯᠳᠠᠭ᠎ᠠ 50% ᠡᠴᠡ ᠳᠣᠣᠷ᠎ᠠ ᠂ ᠪᠣᠯᠪᠠᠰᠤᠷᠠᠭᠰᠠᠨ ᠪᠣᠯᠪᠠᠰᠤ ᠶᠢᠨ ᠬᠡᠮᠵᠢᠶ᠎ᠡ ᠶᠢ ᠰᠢᠯᠢᠭᠡᠬᠦ ᠬᠡᠷᠡᠭᠲᠡᠢ ᠄ ᠰᠠᠶᠢᠨ TMR ᠦᠨ ᠲᠡᠵᠢᠭᠡᠯ ᠦᠨ ᠪᠦᠲᠦᠭᠡᠯ ᠢ ᠪᠠᠲᠤᠯᠠᠬᠤ ᠬᠡᠷᠡᠭᠲᠡᠢ ᠄

（5）ᠰᠢᠯᠢᠭᠡᠬᠦ ： ᠰᠠᠶᠢᠨ ᠴᠢᠨᠠᠷ ᠤᠨ TMR ᠦᠨ ᠲᠡᠵᠢᠭᠡᠯ ᠦᠨ ᠦᠩᠭᠡ ᠨᠢ ᠵᠢᠭᠳᠡ ᠬᠡᠮᠵᠢᠶ᠎ᠡ ᠲᠠᠢ ᠂ ᠲᠡᠵᠢᠭᠡᠯ ᠦᠨ ᠨᠢ ᠮᠠᠯ ᠤᠨ 90% ᠶᠢ ᠡᠵᠡᠯᠡᠨ᠎ᠡ ᠂ ᠰᠢᠯᠢᠭᠡᠬᠦ ᠬᠡᠮᠵᠢᠶ᠎ᠡ ᠶᠢᠨ ᠪᠦᠲᠦᠭᠡᠯ ᠢ ᠲᠣᠭᠲᠠᠭᠠᠬᠤ ᠂ ᠰᠢᠯᠢᠭᠡᠬᠦ ᠲᠡᠵᠢᠭᠡᠯ ᠦᠨ ᠬᠡᠮᠵᠢᠶ᠎ᠡ ᠶᠢ ᠬᠢᠨᠠᠨ ᠪᠠᠢᠴᠠᠭᠠᠬᠤ ᠪᠣᠯᠤᠨ᠎ᠠ ᠄ ᠰᠢᠯᠢᠭᠡᠬᠦ ᠲᠡᠵᠢᠭᠡᠯ ᠦᠨ ᠰᠢᠯᠢᠭᠡᠬᠦ ᠬᠤᠭᠤᠴᠠᠭ᠎ᠠ 15～25 ᠬᠣᠨᠣᠭ ᠤᠨ ᠳᠠᠷᠠᠭ᠎ᠠ ᠪᠣᠯᠤᠨ᠎ᠠ ᠄ ᠬᠠᠷᠢᠴᠠᠩᠭᠤᠢ ᠶᠢᠨ ᠬᠡᠮᠵᠢᠶ᠎ᠡ ᠶᠢᠨ ᠪᠣᠯᠪᠠᠰᠤ ᠶᠢ ᠬᠢᠨᠠᠨ ᠰᠢᠯᠢᠭᠡᠬᠦ ᠬᠡᠷᠡᠭᠲᠡᠢ ᠄

ᠲᠤᠰ ᠠᠷᠭ᠎ᠠ ᠬᠡᠮᠵᠢᠶ᠎ᠡ ᠂ ᠮᠠᠯ ᠤᠨ ᠡᠷᠡᠭᠦᠯ ᠮᠡᠨᠳᠦ ᠶᠢᠨ ᠪᠠᠢᠳᠠᠯ ᠢ ᠬᠢᠨᠠᠨ ᠰᠢᠯᠢᠭᠡᠬᠦ （ᠪᠣᠯᠪᠠᠰᠤᠷᠠᠭᠤᠯᠤᠯ DHI ᠶᠢ ᠰᠢᠯᠢᠭᠡᠬᠦ） ᠪᠣᠯᠤᠨ᠎ᠠ ᠄ ᠮᠠᠯ ᠤᠨ ᠡᠷᠡᠭᠦᠯ ᠮᠡᠨᠳᠦ ᠶᠢᠨ ᠬᠡᠮᠵᠢᠶ᠎ᠡ ᠶᠢ ᠲᠣᠭᠲᠠᠭᠠᠬᠤ ᠶᠢ ᠬᠢᠨᠠᠨ ᠪᠠᠢᠴᠠᠭᠠᠬᠤ ᠪᠣᠯᠤᠨ᠎ᠠ ᠄

（4）ᠲᠡᠵᠢᠭᠡᠯ ᠦᠨ ᠬᠡᠮᠵᠢᠶ᠎ᠡ ᠶᠢ ᠬᠢᠨᠠᠨ ᠰᠢᠯᠢᠭᠡᠬᠦ ： TMR ᠲᠡᠵᠢᠭᠡᠯ ᠦᠨ ᠬᠡᠮᠵᠢᠶ᠎ᠡ ᠶᠢᠨ ᠬᠣᠯᠢᠮᠠᠭ ᠢ ᠰᠢᠯᠢᠭᠡᠬᠦ ᠳᠦ ᠲᠡᠵᠢᠭᠡᠯ ᠦᠨ ᠪᠦᠲᠦᠭᠡᠯ ᠦᠨ ᠬᠡᠮᠵᠢᠶ᠎ᠡ ᠪᠠᠷ ᠰᠢᠯᠢᠭᠡᠬᠦ ᠂ ᠲᠡᠵᠢᠭᠡᠯ ᠦᠨ ᠬᠡᠮᠵᠢᠶ᠎ᠡ ᠶᠢᠨ ᠪᠠᠢᠳᠠᠯ ᠢ ᠬᠢᠨᠠᠨ ᠡᠵᠡᠮᠰᠢᠬᠦ ᠪᠣᠯᠤᠨ᠎ᠠ ᠂ ᠲᠡᠵᠢᠭᠡᠯ ᠦᠨ ᠬᠡᠮᠵᠢᠶ᠎ᠡ ᠡᠴᠡ ᠪᠠᠢᠳᠠᠯ

3. TMR利用及运营机构

农牧民对TMR的利用方法有两种：一是自家购买TMR搅拌机或TMR自动调制给饲机调制喂养。这需要大量投资，为了补充其投资成本，需要一定的规模。二是购买TMR中心供应的TMR饲料。这样每天的饲料费增加，但不需要大的投资，即使是中小规模的经营者也可以利用。

（1）TMR生产饲喂方式：可分牵引式、自走式及固定式三种。

① 牵引式+铲车：传统式，可以自家购买。

特点：饲料原料不动，铲车、搅拌车等整套设备移动到待装草、原料堆放处，借助铲车等装料设备装料，搅拌车混合好后整套设备再直接移动到牛舍发料。

缺点：配料精确度不高，机械耗油量高。使用牵引式+铲车投料、实行TMR饲喂工艺的牧场，因取料投料范围散、铲车跟着搅拌车跑，长料切割困难而制作时间过长、能耗过大，现实中时有出现影响TMR应该发挥功效的情况。

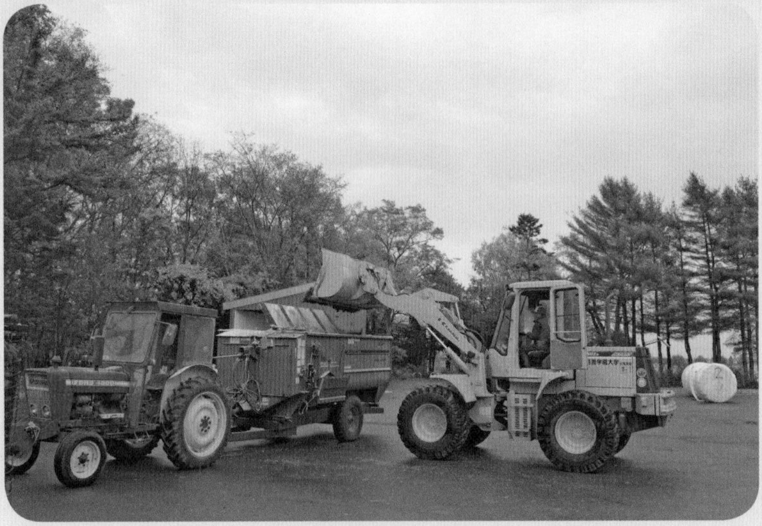

牵引式+铲车生产TMR

ᠶᠢ ᠬᠣᠯᠢᠭᠰᠠᠨ ᠠᠷᠭ᠎ᠠ ᠭᠡᠳᠡᠭ ᠪᠣᠯᠬᠤ ᠪᠣᠯᠤᠨ ᠠᠷᠭᠠᠳ TMR ᠦᠨ ᠪᠣᠯᠪᠠᠰᠤᠷᠠᠭᠤᠯᠬᠤ ᠲᠤᠬᠠᠢ ᠳᠤ ᠨᠢᠯᠡᠭᠦᠯᠦᠯ ᠢ ᠦᠵᠡᠭᠦᠯᠦᠨ᠎ᠡ ᠃
ᠠᠷᠭ᠎ᠠ ᠶᠢ ᠬᠡᠷᠡᠭᠯᠡᠬᠦ ᠳᠡᠭᠡᠨ ᠡ ᠠᠵᠢᠯᠯᠠᠬᠤ ᠪᠣᠯᠤᠮᠵᠢ ᠨᠢᠭᠡᠳᠦᠭᠡᠷ ᠪᠣᠯᠤᠨ᠎ᠠ ᠂ ᠲᠡᠵᠢᠭᠡᠯ ᠢ ᠬᠣᠯᠢᠬᠤ ᠳᠤ ᠪᠡᠯᠡᠳᠬᠡᠬᠦ ᠦᠶ᠎ᠡ ᠳᠦ ᠂ ᠮᠠᠰᠢᠨ ᠲᠣᠨᠣᠭ ᠲᠠᠢ ᠶᠢ ᠬᠣᠯᠢᠭᠰᠠᠨ ᠲᠠᠯ᠎ᠠ ᠪᠠᠷ ᠂ ᠲᠡᠵᠢᠭᠡᠯ ᠦᠨ ᠰᠤᠷᠭᠠᠭᠤᠯᠢ
ᠲᠡᠵᠢᠭᠡᠯ ᠲᠡᠵᠢᠭᠡᠬᠦ ᠂ TMR ᠠᠷᠭ᠎ᠠ ᠪᠠᠷ ᠲᠡᠵᠢᠭᠡᠯ ᠢ ᠬᠣᠯᠢᠨ ᠪᠡᠯᠡᠳᠬᠡᠬᠦ ᠪᠣᠯᠤᠨ᠎ᠠ ᠲᠡᠵᠢᠭᠡᠯ ᠦᠨ ᠠᠷᠭ᠎ᠠ ᠶᠢᠨ ᠲᠡᠵᠢᠭᠡᠯ ᠲᠡᠵᠢᠭᠡᠬᠦ ᠬᠡᠮᠵᠢᠶ᠎ᠡ ᠶᠢ ᠲᠣᠭᠲᠠᠭᠠᠬᠤ ᠪᠣᠯᠤᠮᠵᠢ ᠲᠠᠢ ᠰᠠᠶᠢᠨ

ᠪᠣᠳᠣᠯᠭ᠎ᠠ ᠪᠠᠨ ᠠᠷᠭ᠎ᠠ ᠄ ᠪᠡᠯᠡᠳᠬᠡᠯ ᠲᠤᠰᠬᠠᠢ ᠮᠠᠰᠢᠨ ᠤ ᠲᠤᠰᠠᠭᠠᠷ ᠂ ᠲᠡᠵᠢᠭᠡᠯ ᠦᠨ ᠠᠮᠤᠯᠠᠯ ᠢ ᠪᠣᠯᠪᠠᠰᠤᠷᠠᠭᠤᠯᠬᠤ ᠶᠠᠭᠤᠮ ᠲᠤᠰᠠᠭᠠᠷ ᠪᠣᠯᠤᠨ᠎ᠠ ᠃ ᠬᠣᠰᠢᠭᠤ ᠮᠠᠰᠢᠨ + ᠰᠠᠭᠠᠯᠲᠠ ᠠᠷᠭ᠎ᠠ ᠪᠠᠷ
ᠲᠡᠵᠢᠭᠡᠬᠦ ᠂ ᠰᠠᠭᠠᠯᠲᠠᠨ ᠤ ᠠᠷᠭ᠎ᠠ ᠮᠠᠰᠢᠨ ᠲᠠᠯ᠎ᠠ ᠳᠤ ᠰᠠᠭᠠᠬᠤ ᠳᠤ ᠪᠣᠯᠬᠤ ᠠᠷᠭᠠᠳ ᠃

ᠲᠡᠵᠢᠭᠡ ᠂ ᠠᠮᠤᠪᠢᠷ ᠲᠡᠵᠢᠭᠡᠯ ᠲᠡᠵᠢᠭᠡᠬᠦ ᠪᠣᠯᠤᠨ᠎ᠠ ᠶᠡᠬᠡ ᠪᠠ ᠳᠤᠮᠳᠠᠪᠢᠯ ᠂ ᠰᠠᠭᠠᠯᠲᠠ ᠠᠷᠭ᠎ᠠ ᠶᠢᠨ ᠲᠡᠵᠢᠭᠡᠯ ᠲᠡᠵᠢᠭᠡᠬᠦ ᠠᠮᠤᠪᠢᠷ ᠪᠠᠷ ᠲᠡᠵᠢᠭᠡᠯ ᠦᠨ ᠰᠠᠭᠠᠬᠤ ᠠᠷᠭᠠ ᠳᠤ
ᠲᠣᠬᠢᠷᠠᠮᠵᠢ ᠄ ᠠᠷᠭ᠎ᠠ ᠪᠠᠶᠢᠳᠠᠯ ᠤ ᠠᠮᠤᠪᠢᠷ ᠲᠡᠵᠢᠭᠡᠯ ᠢ ᠲᠣᠬᠢᠷᠠᠭᠤᠯᠬᠤ ᠲᠠᠯ᠎ᠠ ᠃ ᠰᠠᠭᠠᠯᠲᠠ ᠠᠷᠭ᠎ᠠ ᠂ ᠶᠡᠷᠦᠩᠬᠡᠢ ᠠᠷᠭ᠎ᠠ ᠶᠢᠨ ᠵᠢᠴᠢ ᠪᠠᠢᠳᠠᠯ ᠠᠮᠤᠪᠢᠷ ᠡᠴᠡ ᠲᠡᠵᠢᠭᠡ ᠪᠠᠷ ᠪᠠᠶᠢᠭᠤᠯᠤᠨ᠎ᠠ

① ᠬᠣᠰᠢᠭᠤ ᠮᠠᠰᠢᠨ + ᠰᠠᠭᠠᠯᠲᠠ ᠠᠷᠭ᠎ᠠ ᠄ ᠲᠡᠵᠢᠭᠡᠯᠳᠡᠬᠦ ᠮᠠᠰᠢᠨ ᠤ ᠪᠣᠯᠤᠨ ᠂ ᠲᠠᠯ᠎ᠠ ᠶᠢᠨ ᠰᠤᠷᠭᠠᠯ ᠲᠠᠢ ᠬᠡᠷᠡᠭᠯᠡᠬᠦ ᠪᠣᠯᠤᠨ᠎ᠠ ᠃

（1）TMR ᠲᠡᠵᠢᠭᠡᠯ ᠦᠨ ᠠᠷᠭ᠎ᠠ ᠲᠠᠯ᠎ᠠ ᠲᠡᠰ ᠄ ᠬᠣᠰᠢᠭᠤ ᠮᠠᠰᠢᠨ ᠂ ᠠᠮᠤᠪᠢᠷ ᠮᠠᠰᠢᠨ ᠵᠡᠷᠭᠡ ᠲᠣᠨᠣᠭᠯᠠᠯ ᠪᠠᠷ ᠮᠠᠰᠢᠨ ᠢ ᠬᠡᠷᠡᠭᠯᠡᠬᠦ ᠪᠣᠯᠤᠨ᠎ᠠ ᠃
ᠪᠡᠯᠡᠳᠬᠡᠯ ᠦᠨ ᠲᠣᠭ᠎ᠠ ᠶᠢ ᠲᠣᠭᠲᠠᠭᠠᠬᠤ ᠪᠣᠯᠪᠠᠰᠤ ᠪᠠᠶᠢᠨ᠎ᠠ ᠬᠡᠮᠵᠢᠶ᠎ᠡ ᠲᠣᠭᠲᠠᠭᠠᠬᠤ ᠲᠠᠯ᠎ᠠ ᠂ ᠠᠵᠢᠯ ᠪᠣᠯᠤᠨ ᠮᠠᠰᠢᠨ ᠤ ᠲᠣᠭᠲᠠᠭᠠᠭᠰᠠᠨ ᠳᠤ ᠰᠠᠭᠠᠬᠤ ᠪᠣᠯᠤᠨ᠎ᠠ ᠃
ᠮᠡᠳᠡᠷᠡᠭᠦᠯᠦᠭᠴᠢ ᠠᠷᠭ᠎ᠠ ᠬᠡᠮᠵᠢᠶ᠎ᠡ ᠄ ᠰᠠᠭᠠᠨ ᠶᠢ TMR ᠠᠮᠤ ᠲᠠᠢ ᠰᠠᠭᠠᠯᠲᠠ TMR ᠪᠡᠯᠡᠳᠬᠡᠬᠦ ᠰᠣᠩᠭᠣᠬᠤ ᠲᠠᠯ᠎ᠠ ᠳᠤ ᠰᠣᠩᠭᠣᠨ᠎ᠠ ᠃ ᠲᠡᠵᠢᠭᠡ ᠶᠢ ᠲᠣᠬᠢ ᠮᠡᠳᠡ ᠶᠢᠨ ᠠᠷᠭ᠎ᠠ
ᠪᠠᠶᠢ ᠠᠷᠭᠠᠳ ᠃ ᠲᠡᠭᠦᠨ ᠳᠦ ᠪᠣᠯᠤᠨ ᠮᠠᠰᠢᠨ ᠤ ᠮᠠᠰᠢ ᠲᠣᠭᠲᠠᠭᠠᠬᠤ ᠮᠠᠰᠢ ᠪᠠᠨ ᠂ ᠠᠮᠤ ᠶᠢᠨ ᠮᠠᠰᠢ ᠲᠣᠭᠲᠠᠭᠠᠬᠤ ᠶᠢᠨ ᠲᠠᠯ᠎ᠠ ᠳᠤ ᠲᠣᠭᠲᠠᠬᠤ ᠶᠢ ᠲᠣᠭᠲᠠᠭᠠᠬᠤ ᠶᠢᠨ ᠠᠷᠭ᠎ᠠ ᠠᠷᠭᠠᠪᠢᠷ ᠪᠠᠶᠢ

ᠲᠡᠵᠢᠭᠡᠯ ᠠᠮᠤᠷᠠᠯ TMR ᠢ ᠲᠡᠵᠢᠭᠡᠬᠦ ᠲᠠᠯ᠎ᠠ ᠰᠠᠭᠠᠨ ᠬᠡᠷᠡᠭ ᠪᠠᠢ ᠄ ᠲᠡᠷᠡ ᠶᠢ ᠂ ᠲᠠᠯ᠎ᠠ ᠶᠢᠨ TMR ᠰᠠᠭᠠᠯᠲᠠ ᠲᠡᠵᠢᠭᠡᠯ ᠰᠣᠩᠭᠣᠨ ᠲᠣᠬᠢ TMR ᠲᠡᠵᠢᠭᠡᠯ ᠦᠨ ᠠᠷᠭᠠᠪᠢᠷ

3. TMR ᠤᠨ ᠲᠡᠵᠢᠭᠡᠯᠲᠡ ᠶᠢᠨ ᠲᠣᠬᠢᠷᠠᠭᠤᠯᠬᠤ ᠶᠢᠨ ᠪᠣᠯᠤᠮᠵᠢ

例如，山东圣时机械制造有限公司生产的TMR搅拌车，根据形式分为卧式和立式两种。可以牵引到青贮料库、干草料库、精料库及其他辅料库进行分别上料，然后进行搅拌，搅拌均匀后再牵引至牛棚，自动卸料进行饲喂。可根据料库的位置，选择合适的地点进行临时性固定安装，接通电源即可作业，其行走装置能使设备方便地转移工作场地。

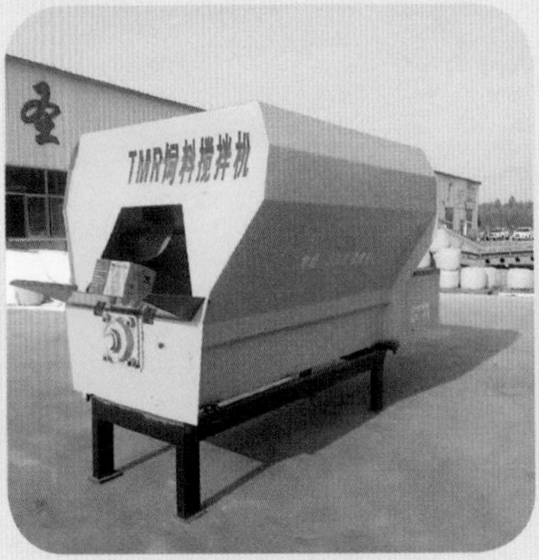

卧式

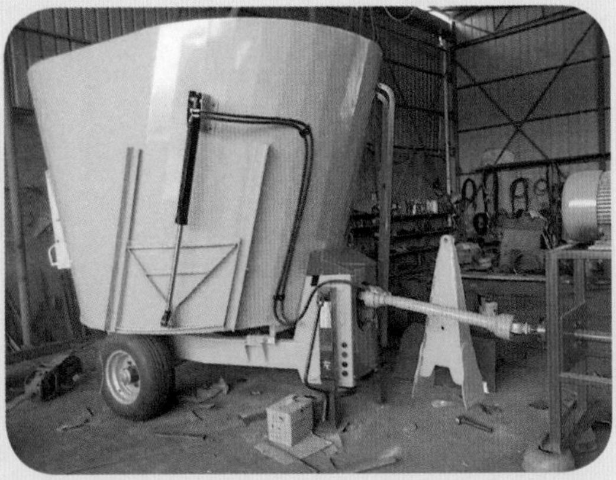

立式

TMR搅拌车

② 固定式TMR搅拌车：主设备固定，饲料原料移动。原料投放及成品出品采用电动专用快速输送带，制作的TMR由专用发料车送到牛舍。优点是大功率，使用电，设备利用率高，成本低而稳定，同时可供给多个养殖场。固定式TMR搅拌车是大量制作TMR的必备设备。

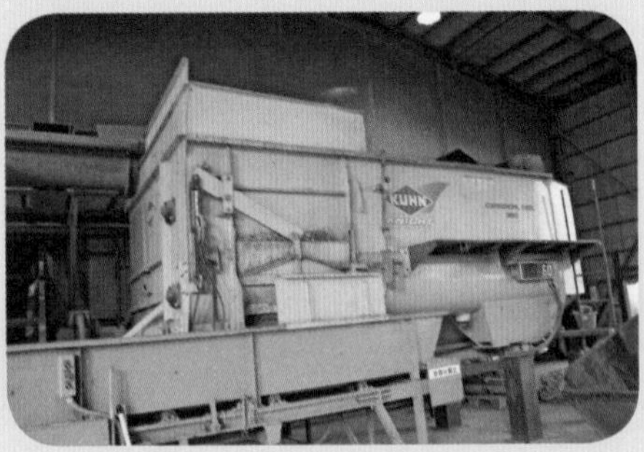

固定式TMR搅拌车

ᠪᠠᠶᠢᠨ᠎ᠠ ᠃ ᠡᠨᠡ ᠨᠢ TMR ᠤᠨ ᠰᠠᠢᠨ ᠴᠢᠨᠠᠷ ᠢ ᠪᠠᠲᠤᠯᠠᠬᠤ ᠳᠤ ᠴᠢᠬᠤᠯᠠ ᠴᠢᠬᠤᠯᠠ ᠬᠣᠯᠪᠣᠭᠳᠠᠯ ᠲᠠᠢ ᠪᠠᠶᠢᠨ᠎ᠠ ᠃
ᠲᠡᠵᠢᠯ ᠬᠣᠯᠢᠯᠳᠤᠭᠤᠯᠬᠤ ᠶᠢᠨ ᠮᠠᠰᠢᠨ ᠤ ᠬᠦᠴᠦᠨ ᠴᠢᠳᠠᠯ ᠂ ᠰᠡᠭᠦᠯ ᠦᠨ ᠰᠢᠯᠭᠠᠯᠲᠠ ᠶᠢᠨ ᠬᠡᠮᠵᠢᠶ᠎ᠡ ᠲᠣᠬᠢᠷᠠᠭᠤᠯᠬᠤ ᠪᠠᠷᠢᠮᠲᠠ ᠲᠡᠵᠢᠯ ᠲᠡᠵᠢᠭᠡᠬᠦ ᠶᠢᠨ ᠬᠣᠯᠢᠯᠳᠤᠭᠤᠯᠬᠤ ᠬᠡᠮᠵᠢᠶ᠎ᠡ ᠂ ᠬᠣᠯᠢᠯᠳᠤᠭᠤᠯᠬᠤ TMR ᠶᠢᠨ ᠲᠡᠵᠢᠯ ᠦᠨ ᠴᠢᠨᠠᠷ ᠢ ᠨᠥᠯᠦᠭᠡᠯᠡᠨ᠎ᠡ ᠃ ᠬᠣᠯᠢᠯᠳᠤᠭᠤᠯᠬᠤ ᠴᠠᠭ ᠨᠢ ᠪᠣᠭᠤᠨᠢ ᠄ ᠲᠡᠵᠢᠯ ᠦᠨ ᠬᠡᠮᠵᠢᠶ᠎ᠡ ᠶᠢ ᠲᠣᠬᠢᠷᠠᠭᠤᠯᠬᠤ ᠪᠠᠷᠢᠮᠲᠠ ᠶᠢᠨ ᠰᠢᠯᠭᠠᠯᠲᠠ ᠶᠢ ᠬᠢᠯᠡᠭᠡᠳ ᠂ ᠲᠡᠵᠢᠯ ᠦᠨ ᠬᠣᠯᠢᠯᠳᠤᠭᠤᠯᠤᠯᠲᠠ ᠶᠢ ᠬᠢᠨᠠᠨ ᠪᠠᠢᠴᠠᠭᠠᠨ᠎ᠠ ᠃ ᠲᠡᠵᠢᠯ ᠦᠨ ᠬᠣᠯᠢᠯᠳᠤᠭᠤᠯᠤᠯᠲᠠ ᠶᠢᠨ ᠬᠡᠮᠵᠢᠶ᠎ᠡ ᠶᠢ ᠲᠣᠬᠢᠷᠠᠭᠤᠯᠬᠤ ᠲᠠᠢ ᠪᠠᠷᠢᠮᠲᠠ ᠳᠤ ᠬᠦᠷᠭᠡᠬᠦ ᠶᠢᠨ ᠲᠥᠯᠥᠭᠡ ᠂ ᠬᠣᠯᠢᠯᠳᠤᠭᠤᠯᠬᠤ ᠴᠠᠭ ᠢ ᠵᠢᠭᠠᠬᠤ ᠳᠤ ᠪᠠᠷᠢᠮᠳᠠᠯ ᠪᠣᠯᠭᠠᠨ᠎ᠠ ᠃

② ᠬᠣᠯᠢᠮᠠᠭ ᠲᠡᠵᠢᠯ ᠦᠨ TMR ᠪᠡᠯᠡᠳᠬᠡᠬᠦ ᠬᠡᠷᠡᠭᠰᠡᠯ ᠄ ᠲᠡᠭᠦᠨ ᠬᠣᠯᠢᠯᠳᠤᠭᠤᠯᠬᠤ ᠪᠠᠶᠢᠭᠤᠯᠤᠮᠵᠢ ᠪᠡᠯᠡᠳᠬᠡᠬᠦ ᠬᠡᠷᠡᠭᠰᠡᠯ ᠢ ᠬᠡᠷᠡᠭᠯᠡᠬᠦ ᠂ ᠬᠡᠷᠡᠭᠯᠡᠬᠦ ᠪᠠᠷᠢᠮᠲᠠ ᠪᠠ ᠬᠣᠯᠢᠯᠲᠠ ᠲᠡᠵᠢᠯ ᠦᠨ ᠬᠡᠮᠵᠢᠶ᠎ᠡ ᠶᠢ ᠲᠣᠬᠢᠷᠠᠭᠤᠯᠬᠤ ᠶᠢᠨ ᠬᠣᠯᠢᠯᠳᠤᠭᠤᠯᠬᠤ ᠬᠡᠷᠡᠭᠰᠡᠯ ᠢ ᠲᠡᠨᠴᠡᠭᠦᠦ ᠪᠡᠷ ᠬᠡᠷᠡᠭᠯᠡᠨ ᠰᠠᠢᠵᠢᠷᠠᠭᠤᠯᠬᠤ ᠬᠡᠷᠡᠭᠲᠡᠢ ᠃
ᠪᠠᠷᠢᠮᠲᠠ ᠶᠢᠨ ᠪᠣᠳᠠᠰ ᠢ ᠲᠣᠬᠢᠷᠠᠭᠤᠯᠤᠯᠲᠠ ᠂ ᠬᠣᠯᠢᠯᠳᠤᠭᠤᠯᠤᠯᠲᠠ ᠶᠢᠨ ᠬᠡᠯᠪᠡᠷᠢ ᠶᠢ ᠰᠢᠯᠭᠠᠨ ᠲᠣᠭᠲᠠᠭᠠᠬᠤ ᠳᠤ ᠬᠣᠯᠢᠮᠠᠭ ᠲᠣᠬᠢᠷᠠᠭᠤᠯᠤᠯᠲᠠ ᠂ ᠰᠢᠯᠭᠠᠯᠲᠠ ᠶᠢᠨ ᠲᠤᠷᠰᠢᠯᠲᠠ ᠬᠢᠵᠦ ᠲᠣᠭᠲᠠᠭᠠᠬᠤ ᠬᠡᠷᠡᠭᠲᠡᠢ ᠃ ᠬᠡᠮᠵᠢᠶ᠎ᠡ ᠪᠡᠷ ᠨᠡᠮᠡᠭᠳᠡᠬᠦ ᠪᠣᠯᠤᠨ᠎ᠠ ᠃ ᠪᠡᠯᠡᠳᠬᠡᠬᠦ ᠬᠡᠷᠡᠭᠰᠡᠯ ᠦᠨ ᠲᠣᠬᠢᠷᠠᠭᠤᠯᠤᠯᠲᠠ ᠶᠢ ᠰᠠᠢᠵᠢᠷᠠᠭᠤᠯᠬᠤ ᠳᠤ ᠲᠡᠵᠢᠯ ᠦᠨ ᠬᠡᠮᠵᠢᠶ᠎ᠡ ᠶᠢᠨ ᠪᠡᠯᠡᠳᠬᠡᠯ ᠂ ᠬᠡᠷᠡᠭᠯᠡᠭᠡ ᠶᠢᠨ ᠬᠡᠮᠵᠢᠶ᠎ᠡ ᠪᠣᠯᠤᠨ᠎ᠠ ᠃ ᠲᠡᠵᠢᠯ ᠦᠨ ᠪᠠᠷᠢᠮᠲᠠ ᠶᠢᠨ ᠪᠣᠳᠠᠰ ᠬᠣᠯᠢᠮᠠᠭ ᠲᠡᠵᠢᠯ ᠦᠨ ᠪᠠᠷᠢᠮᠲᠠ ᠳᠤ ᠲᠣᠬᠢᠷᠠᠭᠤᠯᠬᠤ ᠂ ᠲᠡᠵᠢᠯ ᠦᠨ ᠶᠢᠨ ᠬᠡᠮᠵᠢᠶ᠎ᠡ ᠳᠤ ᠬᠣᠯᠪᠣᠭᠳᠠᠬᠤ ᠂ ᠬᠡᠮᠵᠢᠶ᠎ᠡ ᠨᠢ ᠪᠣᠭᠤᠨᠢ ᠂ ᠶᠡᠬᠡ ᠪᠣᠯᠤᠨ᠎ᠠ ᠲᠡᠵᠢᠯ ᠦᠨ ᠡᠬᠡ ᠪᠣᠢ ᠪᠠᠢᠳᠠᠯ ᠳᠤ ᠪᠠᠷᠢᠮᠳᠠᠯ ᠃ ᠲᠠᠷᠢᠶᠠᠨ ᠬᠣᠯᠢᠮᠠᠭ ᠶᠢᠨ ᠲᠡᠭᠦᠨ ᠦ ᠪᠣᠳᠠᠰ ᠂ ᠬᠣᠯᠢᠮᠠᠭ ᠳᠠᠭᠠᠭᠤᠯᠬᠤ ᠲᠣᠬᠢᠷᠠᠭᠤᠯᠤᠯᠲᠠ ᠶᠢᠨ ᠪᠣᠳᠠᠰ ᠂ ᠲᠠᠷᠢᠶᠠᠯᠠᠩ ᠲᠡᠵᠢᠯ ᠦᠨ ᠬᠣᠯᠢᠯᠳᠤᠭᠤᠯᠬᠤ TMR ᠪᠡᠯᠡᠳᠬᠡᠬᠦ ᠬᠡᠷᠡᠭᠰᠡᠯ ᠢ ᠡᠭᠦᠰᠬᠡᠬᠦ ᠶᠢ ᠲᠣᠬᠢᠷᠠᠭᠤᠯᠬᠤ ᠬᠣᠯᠢᠮᠠᠭ ᠲᠡᠵᠢᠯ ᠦᠨ ᠬᠡᠮᠵᠢᠶ᠎ᠡ ᠪᠠᠷ ᠲᠡᠵᠢᠯ ᠦᠨ ᠴᠢᠨᠠᠷ ᠂ ᠬᠡᠷᠡᠭᠯᠡᠭᠡ ᠶᠢᠨ ᠰᠢᠯᠭᠠᠯᠲᠠ ᠂

③ 自走式TMR搅拌车：移动的搅拌车，避免了牵引式的各种缺点。优点是精确、灵活、省力。缺点是价格高、机械耗油量大。通常，资金雄厚的企业利用。

综上所述，采用固定式TMR运营中心模式符合我国的综合情况，更适合广大的散户利用。

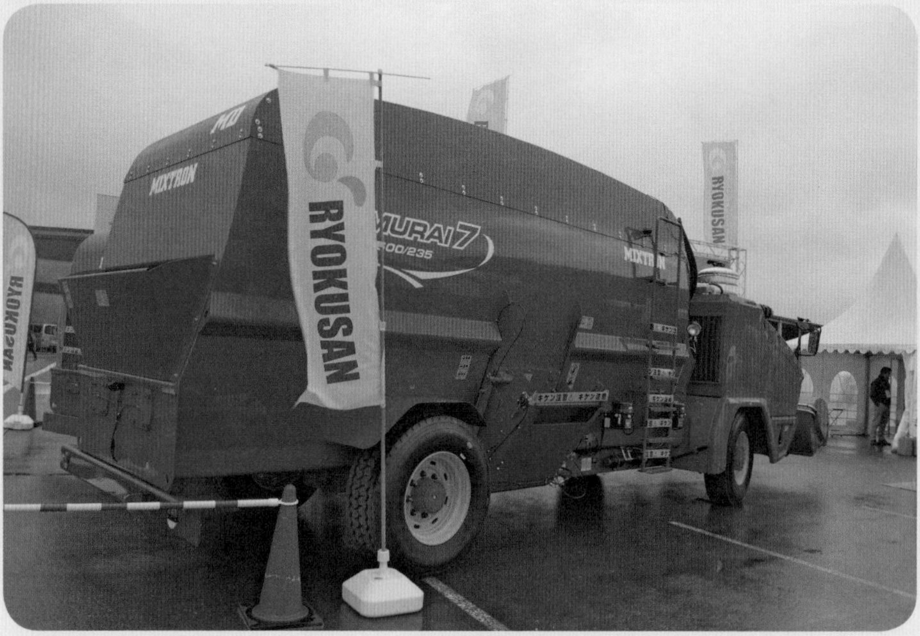

自走式TMR搅拌车

[illegible] ::

[illegible] TMR [illegible] ::

③ [illegible] TMR [illegible]

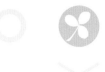

（2）TMR中心的建立形式：承担TMR制造、运营的机构，通常称为TMR中心。

① 在规模较大的奶牛场内建立，仅为本牧场内部各奶牛舍配制和发送TMR。这种场内部的配送中心，需要配置专用TMR发料车，中心配制的TMR成品卸入发料车直接到各牛舍饲喂道完成发料。

② 区域性配送中心。在一定区域范围内若干养牛单位，或合作社、奶牛小区内共同建立一个，由中心统一制作TMR后向周围养牛场（户）配送。

③ 以上两者功能兼有的，既为本场使用，同时也向周围的奶牛场（户）发送。需要把好防疫关。

（3）日本的农场型TMR中心：这里介绍日本近年新兴起的TMR中心，被称为农场型TMR中心。为粗饲料生产自给的TMR中心，即粗饲料的大部分由中心成员在自家农地上生产。其最大的特点在于利用中心成员的农家自给饲料，从而淡薄了农地所有意识，犹如制造了一个巨大农场。

农场型TMR中心的主要工作，为饲料生产、调制TMR和搬运TMR三项。但成员并不是承担所有的工作，主要工作的一部分或全部由雇佣或委托形式来完成。这种TMR中心带来的社会变革如下。

① 委托承包体系的改变：过去，每户农户和委托承包机构单独联系。建立农场型TMR中心以后，有TMR中心先将利用TMR的农户联系起来形成一个组合，对组合内农民的土地进行统一管理，进行玉米等饲料生产；由TMR中心利用委托机构进行收获工作；利用组合内农户的玉米等粗饲料为原料制造TMR。

[illegible] TMR [illegible] ::

[illegible] :: TMR [illegible]

[illegible]

[illegible] TMR [illegible] · TMR [illegible] TMR [illegible]

① [illegible]

[illegible] TMR [illegible] :

[illegible]

[illegible] TMR [illegible] · TMR [illegible] · TMR [illegible] 3

[illegible] ::

[illegible]

[illegible]

[illegible] TMR [illegible] :: [illegible] TMR [illegible] ·

(3) [illegible] TMR [illegible] : [illegible] TMR [illegible]

[illegible] ([illegible]) [illegible] ::

③ [illegible]

([illegible]) [illegible] ::

[illegible] TMR [illegible]

② [illegible]

[illegible] ::

[illegible] TMR [illegible] TMR [illegible]

① [illegible] TMR

(2) TMR [illegible] : TMR [illegible] TMR [illegible] ::

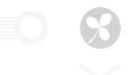

② 机械化程度高，减轻劳动力：TMR的调制工作，增加了粗饲料的细切和配合饲料混合等过程。与分离喂养比较，饲料调制的工作量增加了。为了合理化其调制与给料工作，通常应用饲料混合给饲机。从TMR调制到给料工作的自动化机械也正在普及。对牧民来说，强度仅次于挤奶的饲料调制和饲喂劳动完全实现了自动化，饲料调制、饲喂时间大幅度缩减。

③ 提高粗饲料的自给率：自家调制也好，TMR中心供应也好，都导致饲料调制和饲喂的机械化、外部化，减少劳力，同时有可能导致自给粗饲料生产中的风险。农场型TMR中心，粗饲料的大部分由中心成员的农地上生产，避免了不拥有农地而充当“购入饲料配合所”。避免了对外来饲料的过度依赖，从而降低了饲料价格波动的风险。

④ 农地拥有意识的淡薄化：在农场型TMR中心，各农家的农地没有区分，可用集体化来实现工作效率的提高，同时可以通过农业机械的有效利用而提高青贮饲料品质。

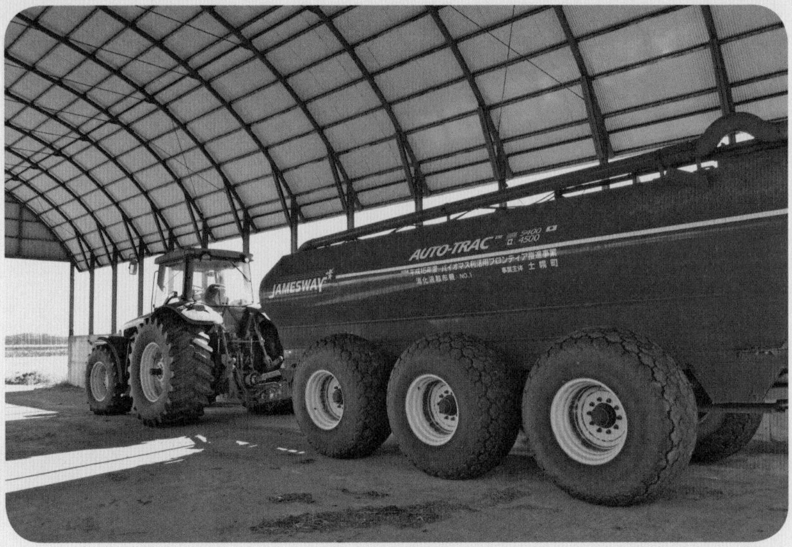

家畜粪尿归还农田用车

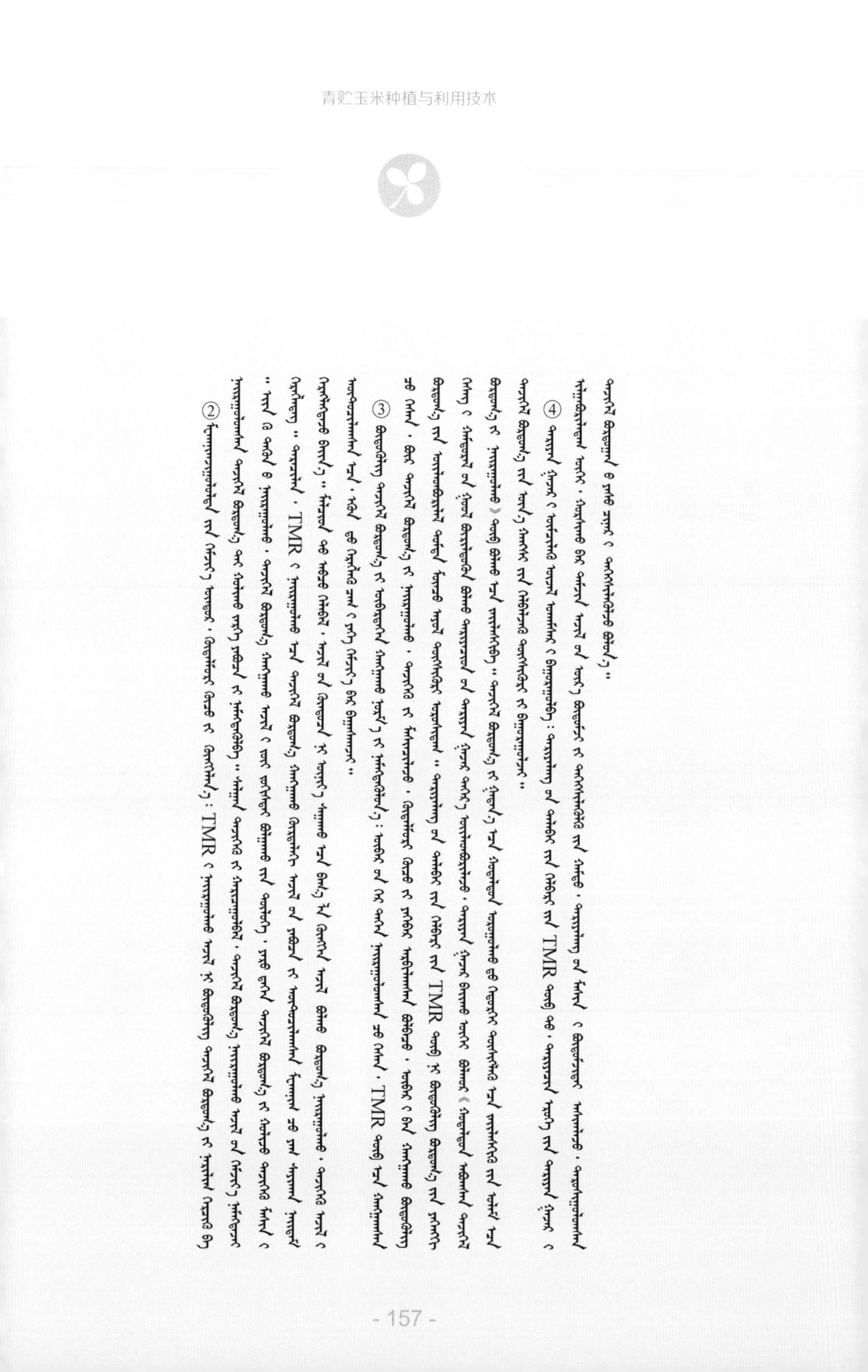

[illegible]

4. 现代TMR中心的必配设备

现代TMR中心全过程包括精料预加工、长草预切细、投料、搅拌、出料，以及发料、料槽管理等设备成套化，不同规模养殖场饲喂设备规格系列化、动力能源电气化、操作管理自动化和智能化，达到高效、快速、节能、配量准确、混合均匀而稳定，达到奶牛最大采食量的目标。

（1）精饲料粉碎混合小型机组，或大中型奶牛精饲料加工生产线。规格时产1～20 t。如由外供混合精料补充料的例外。

（2）高效快速饲料饲草输送机（带）。可分投料用、出料用两种，规格80、120和150三型，其中150型输送速率≥12 m^3/分。

（3）具有计量称重系统的固定式TMR搅拌车。规格3～40 m^3。

（4）TMR专用发料车。分小型拖拉机牵引式、全电瓶自走式两种类。规格3～25 m^3。

（5）简易快速的饲料饲草及TMR成品质量检测仪器设备。

要求高而先进的大中型TMR中心可根据需求选择其他设备。

通过建立TMR中心，将饲草的生产、加工环节与养殖业分开。对于大型养殖场来说只是工种分开了，但对广大农牧业散户来说意义重大。散户经济实力有限，机械设备落后，劳动强度很大。建立TMR中心可加快农村牧区的发展步伐。

4. ᠬᠣᠯᠢᠮᠠᠭ ᠲᠡᠵᠢᠭᠡᠯ ᠦᠨ TMR ᠬᠣᠯᠢᠮᠠᠭ ᠢ ᠪᠡᠯᠡᠳᠬᠡᠬᠦ ᠠᠷᠭ᠎ᠠ ᠬᠡᠮᠵᠢᠶ᠎ᠡ

ᠬᠣᠯᠢᠮᠠᠭ ᠲᠡᠵᠢᠭᠡᠯ ᠦᠨ TMR ᠬᠣᠯᠢᠮᠠᠭ ᠢ ᠪᠡᠯᠡᠳᠬᠡᠬᠦ ᠳᠦ ᠬᠣᠯᠢᠮᠠᠭ ᠪᠡᠯᠡᠳᠬᠡᠬᠦ ᠮᠠᠰᠢᠨ ᠢ ᠬᠡᠷᠡᠭᠯᠡᠨ᠎ᠡ ᠃ ᠮᠠᠰᠢᠨ ᠤ ᠲᠥᠷᠥᠯ ᠢ ᠰᠣᠩᠭᠣᠬᠤ ᠳᠤ ᠮᠠᠯ ᠤᠨ ᠲᠣᠭ᠎ᠠ ᠲᠣᠯᠣᠭᠠᠢ ᠃ ᠠᠵᠢᠯ ᠤᠨ ᠪᠦᠲᠦᠮᠵᠢ ᠃ ᠡᠳ᠋ᠯᠡᠯ ᠦᠨ ᠵᠠᠷᠴᠢᠮ ᠵᠡᠷᠭᠡ ᠶᠢ ᠪᠦᠬᠦ ᠳᠠᠭᠠᠨ ᠪᠣᠳᠣᠯᠴᠠᠵᠤ ᠰᠣᠩᠭᠣᠬᠤ ᠬᠡᠷᠡᠭᠲᠡᠢ ᠃ ᠮᠠᠰᠢᠨ ᠤ ᠪᠠᠭᠲᠠᠭᠠᠮᠵᠢ ᠪᠠ ᠲᠣᠭᠣᠨ ᠳᠠᠭᠠᠯᠳᠤᠭᠤᠯᠬᠤ ᠠᠷᠭ᠎ᠠ ᠵᠢᠨ ᠬᠡᠮᠵᠢᠶ᠎ᠡ ᠶᠢ ᠲᠣᠭᠲᠠᠭᠠᠨ᠎ᠠ ᠃ ᠮᠠᠰᠢᠨ ᠤ ᠲᠥᠷᠥᠯ ᠪᠣᠯ ᠪᠣᠰᠣᠭ᠎ᠠ ᠪᠠ ᠬᠡᠪᠲᠡᠭᠡ ᠂ ᠬᠥᠳᠡᠯᠦᠩᠭᠦᠢ ᠪᠠ ᠵᠥᠭᠡᠭᠡᠯ ᠲᠡᠢ ᠵᠡᠷᠭᠡ ᠪᠣᠯᠤᠨ᠎ᠠ ᠃

（1）ᠪᠣᠰᠣᠭ᠎ᠠ ᠮᠠᠰᠢᠨ ᠤ ᠳᠣᠲᠣᠷᠠᠬᠢ ᠰᠤᠯᠠ ᠵᠠᠢ ᠶᠢ ᠬᠡᠷᠡᠭᠯᠡᠨ ᠬᠣᠯᠢᠮᠠᠭ ᠢ ᠬᠣᠯᠢᠵᠤ ᠪᠡᠯᠡᠳᠬᠡᠨ᠎ᠡ ᠃ ᠲᠣᠭ᠎ᠠ ᠳᠣᠲᠣᠷᠠᠬᠢ ᠡᠵᠡᠯᠡᠬᠦᠨ ᠪᠣᠰᠣᠭ᠎ᠠ ᠮᠠᠰᠢᠨ ᠤ ᠪᠠᠭᠲᠠᠭᠠᠮᠵᠢ ᠨᠢ 1 ~ 20 ᠰᠤᠮᠤ ᠶᠠᠰᠤᠲᠠᠢ ᠃ ᠬᠡᠪᠲᠡᠭᠡ ᠮᠠᠰᠢᠨ ᠤ ᠬᠣᠯᠢᠬᠤ ᠬᠡᠮᠵᠢᠶ᠎ᠡ ᠶᠠᠰᠤᠲᠠᠢ ᠪᠠᠢᠨ᠎ᠠ ᠃

（2）ᠲᠣᠷᠭᠣᠨ ᠪᠡᠯᠡᠳᠬᠡᠯ ᠂ ᠲᠣᠷᠭᠣᠨ ᠬᠣᠯᠢᠯᠲᠠ ᠬᠣᠶᠠᠷ ᠪᠣᠰᠣᠭ᠎ᠠ ᠮᠠᠰᠢᠨ ᠤ ᠬᠡᠪ ᠲᠥᠷᠥᠯ（ᠪᠣᠷᠣᠭ）᠃ ᠮᠠᠰᠢᠨ ᠤ ᠪᠠᠭᠲᠠᠭᠠᠮᠵᠢ ᠪᠣᠯ 80 · 120 · 150 ᠰᠤᠮᠤ ᠶᠠᠰᠤᠲᠠᠢ ᠪᠠᠢᠳᠠᠭ ᠃ ᠲᠣᠭ᠎ᠠ ᠳᠤ 150 ᠰᠤᠮᠤ ᠶᠢᠨ ᠮᠠᠰᠢᠨ ᠤ ᠪᠠᠭᠲᠠᠭᠠᠮᠵᠢ ᠨᠢ 12m³/ᠴᠠᠭ ᠪᠠᠢᠬᠤ ᠶᠠᠰᠤᠲᠠᠢ ᠪᠠᠢᠨ᠎ᠠ ᠃

（3）ᠲᠣᠭᠣᠨ ᠤ ᠬᠡᠪᠲᠡᠭᠡ ᠮᠠᠰᠢᠨ ᠤ ᠪᠠᠭᠲᠠᠭᠠᠮᠵᠢ ᠪᠣᠯ TMR ᠬᠣᠯᠢᠮᠠᠭ ᠪᠡᠯᠡᠳᠬᠡᠬᠦ ᠮᠠᠰᠢᠨ ᠃ ᠲᠡᠭᠦᠨ ᠦ ᠪᠠᠭᠲᠠᠭᠠᠮᠵᠢ ᠨᠢ 3 ~ 40 m³ ᠃

（4）TMR ᠪᠡᠯᠡᠳᠬᠡᠬᠦ ᠲᠡᠷᠭᠡ ᠬᠥᠳᠡᠯᠦᠩᠭᠦᠢ ᠮᠠᠰᠢᠨ ᠃ ᠲᠡᠭᠦᠨ ᠦ ᠮᠠᠰᠢᠨ ᠤ ᠬᠡᠮᠵᠢᠶ᠎ᠡ ᠂ ᠳᠣᠲᠣᠷᠠᠬᠢ ᠵᠥᠭᠡᠭᠡᠯ ᠦᠨ ᠪᠦᠲᠦᠴᠡ ᠶᠢᠨ ᠬᠡᠮᠵᠢᠶ᠎ᠡ ᠶᠢ ᠰᠤᠮᠤ ᠶᠢᠨ ᠲᠣᠭ᠎ᠠ ᠪᠠᠷ ᠬᠡᠮᠵᠢᠶ᠎ᠡ ᠃ ᠲᠡᠭᠦᠨ ᠦ ᠪᠠᠭᠲᠠᠭᠠᠮᠵᠢ ᠨᠢ 3 ~ 25 m³ ᠃

（5）ᠬᠥᠳᠡᠯᠦᠩᠭᠦᠢ ᠪᠣᠯ ᠮᠠᠰᠢᠨ ᠤ ᠬᠣᠶᠠᠷ ᠲᠠᠯ᠎ᠠ TMR ᠪᠡᠯᠡᠳᠬᠡᠬᠦ ᠶᠢᠨ ᠬᠠᠮᠲᠤ ᠪᠠᠷ ᠬᠣᠯᠢᠮᠠᠭ ᠢ ᠬᠥᠳᠡᠯᠭᠡᠨ ᠬᠣᠯᠢᠬᠤ ᠠᠷᠭ᠎ᠠ ᠬᠡᠷᠡᠭᠯᠡᠨ᠎ᠡ ᠃ ᠲᠡᠭᠦᠨ ᠦ ᠰᠤᠮᠤ ᠶᠢᠨ ᠲᠣᠭ᠎ᠠ ᠨᠢ TMR ᠬᠣᠯᠢᠮᠠᠭ ᠢ ᠪᠡᠯᠡᠳᠬᠡᠬᠦ ᠳᠦ ᠬᠡᠷᠡᠭᠯᠡᠬᠦ ᠪᠣᠯᠤᠨ᠎ᠠ ᠃

TMR ᠬᠣᠯᠢᠮᠠᠭ ᠢ ᠪᠡᠯᠡᠳᠬᠡᠬᠦ ᠳᠦ ᠠᠩᠬᠠᠷᠬᠤ ᠵᠦᠢᠯ ᠂ ᠮᠠᠰᠢᠨ ᠤ ᠬᠡᠮᠵᠢᠶ᠎ᠡ ᠶᠢ ᠲᠣᠭᠲᠠᠭᠠᠬᠤ ᠳᠤ ᠮᠠᠯ ᠤᠨ ᠲᠣᠭ᠎ᠠ ᠳᠤ ᠲᠣᠬᠢᠷᠠᠭᠤᠯᠬᠤ ᠬᠡᠷᠡᠭᠲᠡᠢ ᠃ ᠮᠠᠯ ᠤᠨ ᠲᠣᠭ᠎ᠠ ᠤᠯᠠᠮ ᠣᠯᠠᠨ ᠪᠣᠯᠪᠠᠯ ᠮᠠᠰᠢᠨ ᠤ ᠪᠠᠭᠲᠠᠭᠠᠮᠵᠢ ᠶᠢ ᠶᠡᠬᠡᠰᠭᠡᠬᠦ ᠬᠡᠷᠡᠭᠲᠡᠢ ᠃ ᠬᠣᠯᠢᠮᠠᠭ ᠢ ᠪᠡᠯᠡᠳᠬᠡᠬᠦ ᠳᠦ ᠮᠠᠰᠢᠨ ᠤ ᠪᠠᠭᠲᠠᠭᠠᠮᠵᠢ ᠶᠢᠨ 60% ~ 80% ᠢ ᠳᠦᠭᠦᠷᠭᠡᠬᠦ ᠨᠢ ᠲᠣᠬᠢᠷᠠᠮᠵᠢᠲᠠᠢ ᠃ ᠡᠨᠡ ᠨᠢ TMR ᠬᠣᠯᠢᠮᠠᠭ ᠢ ᠵᠢᠭᠳᠡ ᠬᠣᠯᠢᠬᠤ ᠳᠤ ᠲᠤᠰᠠᠲᠠᠢ ᠪᠣᠯᠤᠨ᠎ᠠ ᠃ ᠮᠠᠰᠢᠨ ᠤ ᠬᠡᠮᠵᠢᠶ᠎ᠡ ᠶᠢ ᠲᠣᠭᠲᠠᠭᠠᠬᠤ ᠳᠤ ᠮᠠᠯ ᠤᠨ ᠲᠣᠭ᠎ᠠ ᠳᠤ ᠲᠣᠬᠢᠷᠠᠭᠤᠯᠬᠤ ᠬᠡᠷᠡᠭᠲᠡᠢ ᠃

七、青贮玉米品种名录

优良品种是丰收的基础，品种选择是青贮玉米生产的第一步。品种间的生育期、产量水平、抗病性、耐旱性、抗倒性以及区域适应性上均存在较大的差别。在一个地区表现优良的品种，在其他地区可能表现很差，生产上经常有品种选择不当或劣质种子导致青贮产量降低的事例。如何选择适合需要的优良品种和种子是青贮玉米生产者必须面对的重要问题。

（一）国外品种

众所周知，玉米原产墨西哥，我国最初引进的饲用玉米品种也是墨西哥品种。

1. 墨西哥玉米

别称大刍草，学名为*Purus frumentum*。可以看出，墨西哥玉米不属于玉蜀黍属。但是，形态和玉米很像，为墨西哥牧草品种。我国于1979年从日本引入。广东、广西、福建、浙江、江西、湖南、四川等地都适宜栽培，河南、河北、山西也有栽培。

植物学特征：植株高大，达250 ～ 310 cm。须根强大。茎秆直立、粗壮、光滑，地面茎节上轮生几层气生根，分蘖力强，每丛有30 ～ 50多个分枝。枝叶繁茂、质地松脆，叶片长60 ～ 130 cm、宽7 ～ 15 cm，柔软下披。颖果呈扁平或近圆形，颜色为黄、红、白、花斑。风干物中含干物质86%，粗蛋白13.8%，其营养价值高于普通食用玉米。

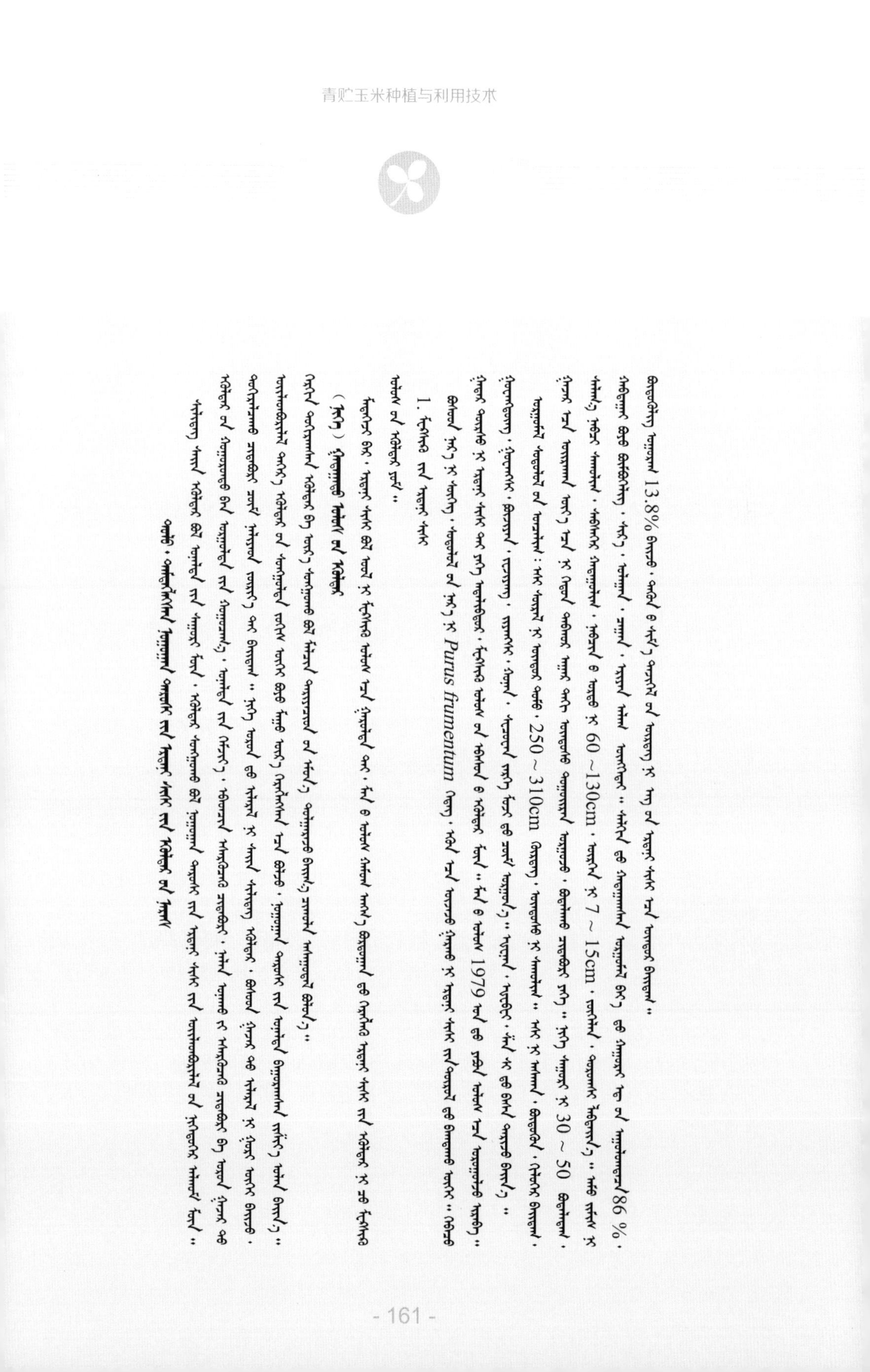

[illegible] 13.8% [illegible]

[illegible] 86 % [illegible] 60～130cm [illegible] 7～15cm [illegible] 30～50 [illegible]

[illegible] 250～310cm [illegible]

[illegible] 1979 [illegible] *Purus frumentum* [illegible]

1. [illegible]

[illegible]

栽培特性：生长期约210天。苗高40 cm可第一次刈割，留茬5 cm；以后每隔15天收割1次，每次留茬比原留茬高1～1.5 cm。注意不能割掉生长点，以利再生。每年刈割7～8次，667 m^2产青茎叶10 000～30 000 kg。播前耕翻整地，每667 m^2施农家肥3 000 kg，或施复合肥7.5～10 kg。播前用20℃水浸种24小时。春播时，在6～7 cm地温稳定超过5℃时为最佳播种期，播种量为5～6 kg/667 m^2；夏季条播，行距40～50 cm，播深4～6 cm，播种量为4～5 kg/667 m^2。全生育期需施氮肥10～20 kg/667 m^2。根据土壤肥力、气候条件不同，灌水3～4次。

墨西哥玉米是喜温、短日照作物，适宜温暖半干旱气候，整个生育期要求较高的湿度。需水、需肥量大，在年降水量800 mm地区生长好。不抗严寒和干热，在温度为15～27℃时，生长最快。不耐水淹，在排水良好的肥沃土地和有灌水条件下生长良好。对土壤要求不严。茎叶柔嫩，清香可口，营养全面，畜禽及鱼类喜食。可用于直接饲喂、青贮或储备干草。

2. 墨白1号

青贮青饲专用玉米品种。由中国农业科学院作物研究所于1977年从墨西哥引进，是一个适于亚热带种植的玉米综合品种，可以连年种植。适宜在广西、云南、贵州等地种植。在长江流域及黄淮海地区，由于日照变长，使该品种晚熟，植株变得高大，适于做青饲、青贮。

植物学特征：株高280 cm，茎秆粗壮、丛生，分蘖性、再生性强，每丛分蘖15～35个，枝叶繁茂。果穗长大，籽粒白色。种植密度为6 000～7 000株/667 m^2，乳熟期地上部鲜重可达6 000 kg/667 m^2左右。

栽培特性：喜温喜湿，耐热不耐寒，在18～35℃时生长迅速，生长期200～230天。1年可刈割4～6次，茎叶产量10 000～20 000 kg/667 m^2。在北方春玉米地区种植，则难以正常抽雄开花。质地松脆，适口性好，抗病虫害，高产优质。

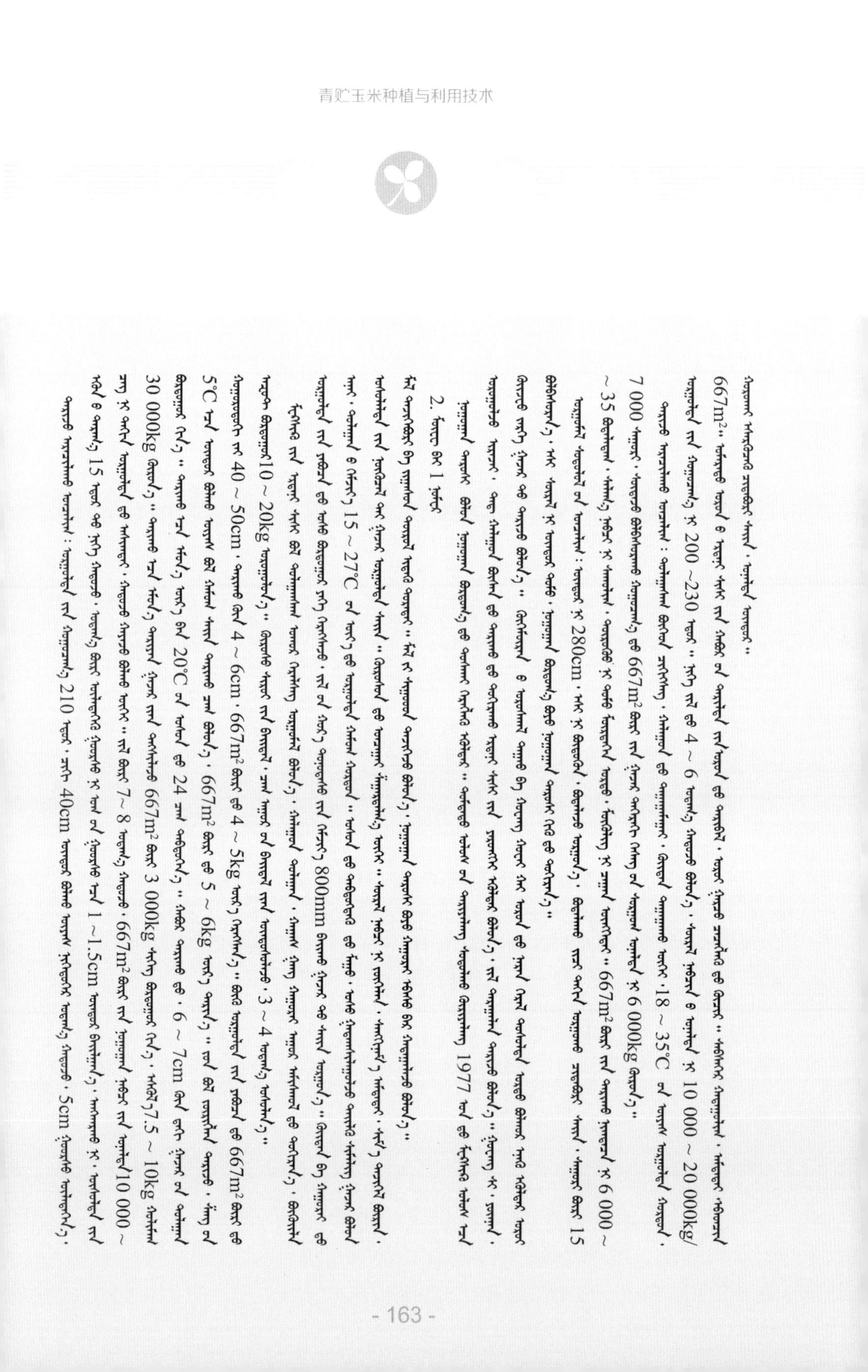

（二）国内品种

我国地域辽阔，自然环境条件多样性丰富，科学家们培育了很多适合我国不同地区的品种，玉米种植区域的北进，可以说代表了科技的发展，青贮玉米作为热带原产作物，到中国以后北方地区成为主产区，主要依靠的是栽培利用优良品种相关的科技。

受传统粮食观念和饲养方式等因素的影响，我国长期以来一直以籽实高产作为品种更换的主要目标，20世纪80年代之前还没有青饲型玉米品种，20世纪60年代开始饲料玉米育种研究工作，1985年审定第一个青饲玉米品种京多1号。2017年的统计，已经审定了168个青贮玉米品种，其中国家审定品种30个，省级审定品种138个。经过多年的实践，在市场上比较畅销、口碑比较好的品种有豫青贮23、大京九26、北农208、京科青贮516等。2016年，农业部把豫青贮列为青贮玉米主导品种；2017年通过国审的青贮玉米品种只有大京九26，并被国家列为东北和华北青贮玉米区域试验的对照品种。多数品种适合一定区域，少数品种适应区域广泛，例如中原单32号各地都能种植，科多8号适合种植于黄淮海地区和西北地区。

国内青贮玉米的品种类型主要有两类，一类是普通青贮玉米，主要以植株高大、生物产量和籽粒产量均较高的杂交种为主，如中北410、中原单32等；第二类是特用玉米，主要以高油青贮玉米为主。这是一种新型的优质青贮玉米类型，籽粒的含油量一般在6%以上（高于普通玉米近50%以上），蛋白质含量也较高，具有营养全面、能量高等特点。目前推广的高油青贮玉米品种有高油4515、青油1号、青油2号、油饲67等。

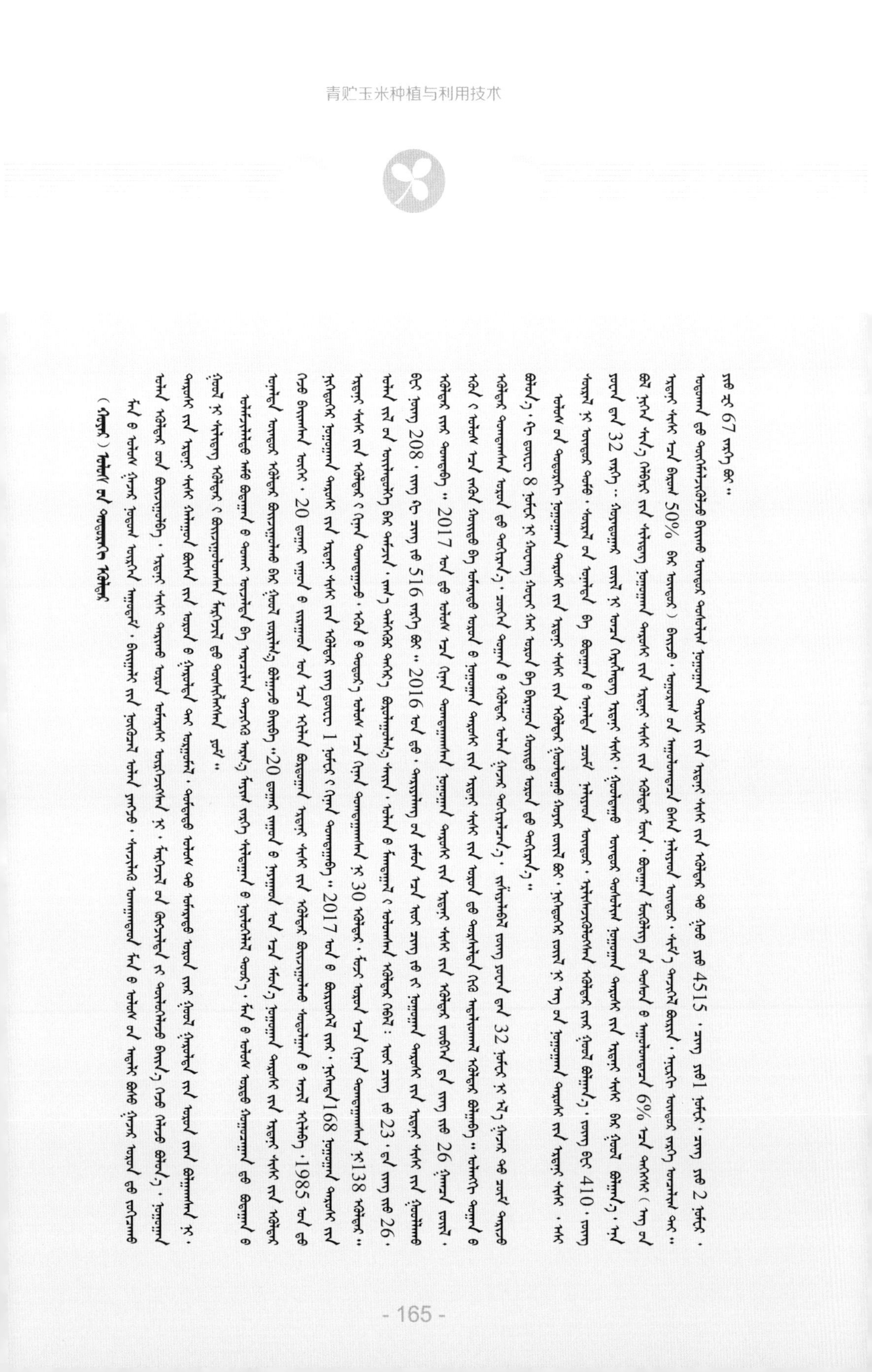

下面，我们对饲草生产中常用的青贮玉米品种进行介绍。

1. 京多1号

青贮、青饲专用玉米。青饲玉米，指用鲜嫩的玉米茎叶直接做饲料的玉米，严格讲不是青贮玉米，但是非籽粒粮食用，所以属于青贮玉米的范畴。

京多1号为国内审定的第一个青饲玉米专用品种。中国科学院遗传研究所培育的品种。1985年和1986年先后通过北京市和宁夏回族自治区审定。在北纬32°～46°、东经90°～120°范围内均可种植。适宜在北京、内蒙古，以及东北地区、黄土高原春播种植，在河北、山东、河南的夏播区也可种植。

植物学特征：多秆多穗类型。株高300 cm，穗位高150 cm，一般单株分2～3个，每个茎秆结果穗2～3个，穗小粒小，籽粒黄色。

栽培特性：全生育期约138天。北京地区春播生育期130天左右。用作青饲，种植到收割需100天左右，属晚熟品种。一般可收刈青鲜饲料4 000 kg/667 m^2，最高产量可达7 500 kg/667 m^2。根系发达，具有抗旱耐涝性。

由于抗倒伏能力差，目前各地种植的已经不多了。

2. 科多4号

青饲青贮玉米专用品种。由中国科学院遗传研究所育成。1989年通过天津市审定。适宜在北京、天津、内蒙古、山西等地种植。

植物学特征：多秆多穗类型。株高300 cm，穗小粒小，籽粒紫色。粗蛋白质7.46%，粗脂肪0.82%，无氮浸出物42.2%，灰分8.65%，粗纤维33.07%。

栽培特征：植株高大，一般株高350 cm，在宁夏银川株高超过400 cm。每个茎上有2～3个小果穗。北京地区春播生育期130天。植株生长健壮，根系发达，抗倒伏性强。属于晚熟品种，在中等肥力条件下青饲产量可达5 000 kg/667 m^2以上，高产地块能达到6 400 kg/667 m^2。

奶牛喂养试验表明：适口性好，转化率高。目前东北地区种植多。

667m² ᠭᠠᠵᠠᠷ ᠤᠨ ᠪᠦᠲᠦᠭᠡᠯ ᠢ ᠨᠣᠭᠤᠭᠠᠨ 5 000kg ᠡᠴᠡ ᠳᠡᠭᠡᠭᠰᠢ ᠂ ᠰᠠᠢᠨ ᠠᠷᠴᠢᠯᠠᠭ᠎ᠠ ᠳᠤ ᠨᠣᠭᠤᠭᠠᠨ 6 400kg ᠬᠦᠷᠳᠡᠭ ᠃ ᠪᠠᠢᠨ᠎ᠠ ᠂ ᠲᠠᠷᠢᠮᠠᠯ ᠰᠢᠯᠤᠭᠤᠨ ᠢ ᠬᠠᠳᠠᠭᠠᠯᠠᠬᠤ ᠂ ᠨᠣᠭᠤᠭᠠᠨ ᠰᠢᠯᠤᠭᠤᠨ ᠤ ᠬᠠᠳᠠᠭᠠᠯᠠᠬᠤ ᠴᠠᠭ ᠪᠣᠯ 2 ~ 3 ᠰᠠᠷ᠎ᠠ ᠂ ᠦᠷ᠎ᠡ ᠰᠠᠯᠠᠭᠠᠨ ᠤ ᠨᠠᠰᠤᠨ 130 ᠡᠳᠦᠷ ᠃ ᠮᠣᠳᠣ ᠶᠢᠨ ᠦᠨᠳᠦᠷ ᠨᠢ 350cm ᠂ ᠰᠤᠷᠪᠤᠯᠵᠢᠨ ᠤ ᠦᠨᠳᠦᠷ ᠨᠢ 400cm ᠭᠠᠷᠤᠨ᠎ᠠ ᠃ ᠬᠠᠭᠤᠷᠮᠠᠭ 7.46% ᠂ ᠲᠣᠰᠤ ᠲᠠᠷᠤᠭ 0.82% ᠂ ᠨᠢᠭᠦᠷᠤᠰᠤ ᠦᠭᠡᠢ ᠬᠠᠨᠤᠭᠠᠲᠤ ᠪᠣᠳᠠᠰ 42.2% ᠂ ᠰᠢᠯᠤᠭᠤᠨ ᠰᠢᠯᠢᠮ 8.65% ᠂ ᠲᠣᠰᠤᠲᠤ ᠮᠠᠲ᠋ᠧᠷᠢᠶᠠᠯ 33.07% ᠃ ᠲᠠᠷᠢᠮᠠᠯ ᠰᠢᠯᠤᠭᠤᠨ ᠤ ᠬᠠᠷᠢᠴᠠᠯ ᠤᠨ ᠮᠣᠳᠣ ᠶᠢᠨ ᠦᠨᠳᠦᠷ ᠨᠢ 300cm ᠂ ᠨᠠᠯᠤᠭᠤ ᠂ ᠴᠢᠷᠢᠬᠢ ᠂ ᠬᠠᠭᠤᠷᠮᠠᠭ ᠂ ᠦᠪᠡᠰᠦ ᠶᠢᠨ ᠡᠪᠡᠳᠴᠢᠨ ᠳᠤ ᠲᠡᠰᠪᠦᠷᠢ ᠰᠠᠢᠲᠠᠢ ᠃ ᠲᠡᠰᠪᠦᠷᠢᠯᠡᠭ ᠰᠢᠯᠤᠭᠤᠨ ᠤ ᠪᠣᠯᠤᠪᠰᠤᠷᠠᠬᠤ 1989 ᠣᠨ ᠳᠤ ᠪᠠᠲᠤᠯᠠᠭᠳᠠᠭᠰᠠᠨ ᠃ ᠨᠠᠯᠤᠭᠤ ᠂ ᠴᠢᠷᠢᠬᠢ ᠂ ᠬᠠᠭᠤᠷᠮᠠᠭ ᠂ ᠦᠪᠡᠰᠦ ᠶᠢᠨ ᠡᠪᠡᠳᠴᠢᠨ ᠳᠤ ᠲᠡᠰᠪᠦᠷᠢ ᠰᠠᠢᠲᠠᠢ ᠃ ᠬᠣᠯᠢᠮᠠᠭ ᠲᠠᠷᠢᠮᠠᠯ ᠤᠨ ᠪᠦᠲᠦᠭᠡᠯ ᠢ ᠳᠡᠭᠡᠭᠰᠢᠯᠡᠭᠦᠯᠬᠦ ᠬᠡᠮᠵᠢᠶ᠎ᠡ ᠶᠢᠨ ᠨᠦᠬᠦᠴᠡᠯ ᠳᠦ ᠲᠣᠬᠢᠷᠠᠮᠵᠢᠲᠠᠢ ᠃

2. ᠯᠢᠶᠣ ᠶᠤᠸᠠᠨ 4 ᠳ᠋ᠤᠭᠠᠷ

ᠡᠨᠡ ᠰᠣᠷᠳ ᠢ ᠯᠢᠶᠣᠨᠢᠩ ᠮᠤᠵᠢ ᠶᠢᠨ ᠲᠠᠷᠢᠮᠠᠯ ᠤᠨ ᠬᠦᠷᠢᠶᠡᠯᠡᠩ ᠳᠦ ᠰᠣᠯᠪᠢᠨ ᠦᠷᠲᠡᠭᠡᠵᠡᠢ ᠃ ᠨᠣᠭᠤᠭᠠᠨ 4 000kg ᠂ ᠬᠠᠮᠤᠭ ᠢᠨ ᠥᠨᠳᠥᠷ 667m² ᠭᠠᠵᠠᠷ 7 500kg ᠬᠦᠷᠳᠡᠭ ᠃ ᠲᠠᠷᠢᠮᠠᠯ ᠰᠢᠯᠤᠭᠤᠨ ᠢ ᠬᠠᠳᠠᠭᠠᠯᠠᠬᠤ ᠪᠠᠢᠳᠠᠯ ᠂ ᠡᠬᠡ ᠶᠢᠨ ᠲᠠᠷᠢᠮᠠᠯ ᠤᠨ ᠢᠷᠡᠭᠡᠳᠦᠢ ᠶᠢᠨ ᠪᠦᠲᠦᠭᠡᠯ 667m² ᠭᠠᠵᠠᠷ ᠤᠨ ᠲᠠᠷᠢᠮᠠᠯ ᠪᠦᠲᠦᠭᠡᠯ ᠦᠨ ᠃ ᠲᠣᠷᠢᠮᠠᠯ ᠲᠠᠷᠢᠮᠠᠯ ᠤᠨ ᠨᠠᠰᠤ ᠪᠠᠨ ᠪᠠᠢᠭᠤᠯᠤᠭᠰᠠᠨ ᠡᠳᠦᠷ 100 ᠡᠳᠦᠷ ᠂ ᠦᠷ᠎ᠡ ᠰᠠᠯᠠᠭᠠᠨ ᠤ ᠨᠠᠰᠤ ᠪᠠᠨ ᠪᠠᠢᠭᠤᠯᠤᠭᠰᠠᠨ ᠨᠠᠰᠤ 138 ᠡᠳᠦᠷ ᠃ ᠨᠠᠯᠤᠭᠤ ᠳᠤ ᠲᠡᠰᠪᠦᠷᠢ ᠪᠠᠢᠨ᠎ᠠ 130 ᠡᠳᠦᠷ ᠡᠳᠦᠷ ᠂ ᠲᠠᠷᠢᠮᠠᠯ ᠰᠢᠯᠤᠭᠤᠨ ᠤ ᠬᠠᠳᠠᠭᠠᠯᠠᠬᠤ ᠴᠠᠭ ᠪᠣᠯ 2 ~ 3 ᠰᠠᠷ᠎ᠠ ᠂ ᠬᠠᠭᠤᠷᠮᠠᠭ ᠨᠢ ᠰᠠᠢᠨ ᠂ ᠨᠠᠭᠤᠷᠮᠠᠭ ᠨᠢ ᠰᠠᠢᠨ ᠂ ᠰᠣᠷᠳ ᠲᠡᠰᠪᠦᠷᠢᠲᠡᠢ ᠃ ᠲᠠᠷᠢᠮᠠᠯ ᠰᠢᠯᠤᠭᠤᠨ ᠤ ᠬᠠᠷᠢᠴᠠᠯ ᠤᠨ ᠮᠣᠳᠣ ᠶᠢᠨ ᠦᠨᠳᠦᠷ ᠨᠢ 300cm ᠂ ᠰᠤᠷᠪᠤᠯᠵᠢᠨ ᠤ ᠦᠨᠳᠦᠷ ᠨᠢ 150cm ᠂ ᠦᠷ᠎ᠡ ᠶᠢᠨ ᠬᠡᠯᠪᠡᠷᠢ ᠡᠭᠡᠨ ᠤ ᠡᠷᠬᠢᠯᠡᠭ ᠤᠨ ᠪᠦᠲᠦᠭᠡᠯ ᠳᠦ ᠲᠣᠬᠢᠷᠠᠮᠵᠢᠲᠠᠢ ᠪᠠᠢᠨ᠎ᠠ ᠃ ᠨᠠᠯᠤᠭᠤ ᠂ ᠬᠠᠭᠤᠷᠮᠠᠭ ᠂ ᠰᠠᠢᠨ ᠰᠢᠯᠤᠭᠤᠨ ᠤ ᠡᠳᠦᠷ ᠂ ᠡᠳᠦᠷ ᠰᠢᠯᠤᠭᠤᠨ ᠤ ᠲᠡᠰᠪᠦᠷᠢᠲᠡᠢ ᠪᠠᠢᠨ᠎ᠠ ᠃ ᠲᠠᠷᠢᠮᠠᠯ ᠰᠢᠯᠤᠭᠤᠨ ᠤ ᠲᠡᠰᠪᠦᠷᠢ ᠵᠢᠴᠢ ᠡᠨᠡ ᠬᠡᠯᠪᠡᠷᠢ ᠶᠢᠨ ᠡᠰᠡᠷᠭᠦ ᠲᠠᠯ᠎ᠠ ᠶᠢᠨ ᠲᠡᠮᠳᠡᠭᠯᠡᠯ ᠨᠢ 32° ~ 46° ᠂ ᠨᠠᠯᠤᠭᠤ ᠲᠠᠯ᠎ᠠ ᠶᠢᠨ ᠲᠡᠮᠳᠡᠭᠯᠡᠯ ᠨᠢ 90° ~ 120° ᠶᠢᠨ ᠬᠣᠭᠣᠷᠣᠨᠳᠣ ᠪᠠᠢᠨ᠎ᠠ ᠃ ᠲᠠᠷᠢᠮᠠᠯ ᠤᠨ ᠲᠠᠷᠢᠮᠠᠯ ᠤᠨ ᠨᠠᠰᠤ ᠶᠢᠨ ᠲᠠᠷᠢᠮᠠᠯ ᠤᠨ ᠬᠦᠷᠢᠶᠡᠯᠡᠩ ᠳᠦ 1985 ᠣᠨ ᠡᠴᠡ 1986 ᠣᠨ ᠳᠤ ᠪᠦᠲᠦᠭᠡᠯ ᠦᠨ ᠲᠣᠷᠰᠢᠯᠲᠠ ᠬᠢᠭᠰᠡᠨ ᠪᠡᠷ ᠪᠣᠯ ᠭᠠᠵᠠᠷ ᠤᠨ ᠪᠠᠢᠳᠠᠯ ᠳᠤ ᠲᠣᠬᠢᠷᠠᠮᠵᠢᠲᠠᠢ ᠂ ᠲᠠᠷᠢᠮᠠᠯ ᠤᠨ ᠲᠠᠷᠢᠬᠤ ᠪᠠᠢᠳᠠᠯ ᠤᠨ ᠲᠠᠷᠢᠮᠠᠯ ᠤᠨ ᠬᠡᠮᠵᠢᠶ᠎ᠡ ᠃ ᠬᠣᠯᠢᠮᠠᠭ ᠲᠠᠷᠢᠮᠠᠯ ᠤᠨ ᠪᠦᠲᠦᠭᠡᠯ ᠢ ᠳᠡᠭᠡᠭᠰᠢᠯᠡᠭᠦᠯᠬᠦ ᠬᠡᠮᠵᠢᠶ᠎ᠡ ᠶᠢᠨ ᠨᠦᠬᠦᠴᠡᠯ ᠳᠦ ᠲᠣᠬᠢᠷᠠᠮᠵᠢᠲᠠᠢ ᠃ ᠲᠠᠷᠢᠮᠠᠯ ᠤᠨ ᠪᠦᠲᠦᠭᠡᠯ ᠢ ᠳᠡᠭᠡᠭᠰᠢᠯᠡᠭᠦᠯᠬᠦ ᠡᠳᠦᠷ ᠲᠠᠷᠢᠬᠤ ᠳᠤ ᠲᠣᠬᠢᠷᠠᠮᠵᠢᠲᠠᠢ ᠭᠠᠵᠠᠷ ᠤᠨ ᠨᠤᠲᠤᠭ ᠢ ᠲᠠᠷᠢᠬᠤ ᠳᠤ ᠲᠣᠬᠢᠷᠠᠮᠵᠢᠲᠠᠢ ᠪᠠᠢᠨ᠎ᠠ ᠃

1. ᠵᠢᠩ ᠳᠠᠨ 1 ᠳ᠋ᠤᠭᠠᠷ

ᠡᠬᠢ ᠤᠭ ᠂ ᠬᠣᠪᠢᠷᠠᠭᠤᠯᠤᠨ ᠲᠠᠷᠢᠮᠠᠯ ᠤᠨ ᠪᠦᠲᠦᠭᠡᠯ ᠦᠨ ᠲᠠᠷᠢᠬᠤ ᠲᠠᠷᠢᠮᠠᠯ ᠤᠨ ᠡᠳᠦᠷ ᠡᠴᠡ ᠲᠠᠷᠢᠵᠤ ᠪᠣᠯᠤᠨ᠎ᠠ ᠃

3. 科多8号

青贮玉米专用品种。由中国科学院遗传研究所育成，是通过细胞工程技术选育出的新杂交组合。1998年由天津市农作物品种审定委员会认定通过。

植物学特征：株高350 cm，平均分蘖2～3个。比科多4号早熟10天，属中晚熟品种。具有多穗分枝性，茎叶繁茂，平均每株有2～3个有效茎，每个茎秆上结有3～4个果穗，果穗长12 cm，穗粗约4 cm。

栽培特性：在宁夏银川和新疆克拉玛依的产量超过7 000 kg/667 m^2，在上海、天津和山东等地产量超过7 500 kg/667 m^2。具有很好的丰产性和抗倒伏性。在上海，从播种到刈割100天。根系发达，抗倒性好，持绿性好。一般产量6 000 kg/667 m^2。在多年改良的肥沃土壤上，青饲产量最高达9 650 kg/667 m^2，平均为9 000 kg/667 m^2左右。对土壤条件要求不高，各种耕地都能种植。

4. 中原单32号

高效优质粮饲兼用玉米新品种。由中国农业科学院原子能利用研究所通过核辐射技术选育而成，1998年通过国家审定。适宜于黄淮海地区夏播，华中、华南、中南、西南以及新疆春、夏、秋播，亦适宜于中南、西南等地冬播种植。

植物学特征：株型半紧凑，株高220～320 cm，秸秆鲜产达22 500～45 000 kg/hm^2，籽粒产量7 500～10 500 kg/ hm^2。蛋白质含量高，籽粒含蛋白质12.77%；收获后秸秆含粗蛋白平均9.20%，NDF为49.36%，ADF为23.86%。

栽培特性：抗倒伏，耐旱、耐涝，耐阴雨、高温和冷害，抗病。光合效率高，绿叶活秆成熟，可直接青饲、青贮，也可在收籽粒后用秸秆青饲、青贮。属于中早熟品种。生育期：春播110天，夏播80～90天。

由于适应区域广，很多地方依然在种植。

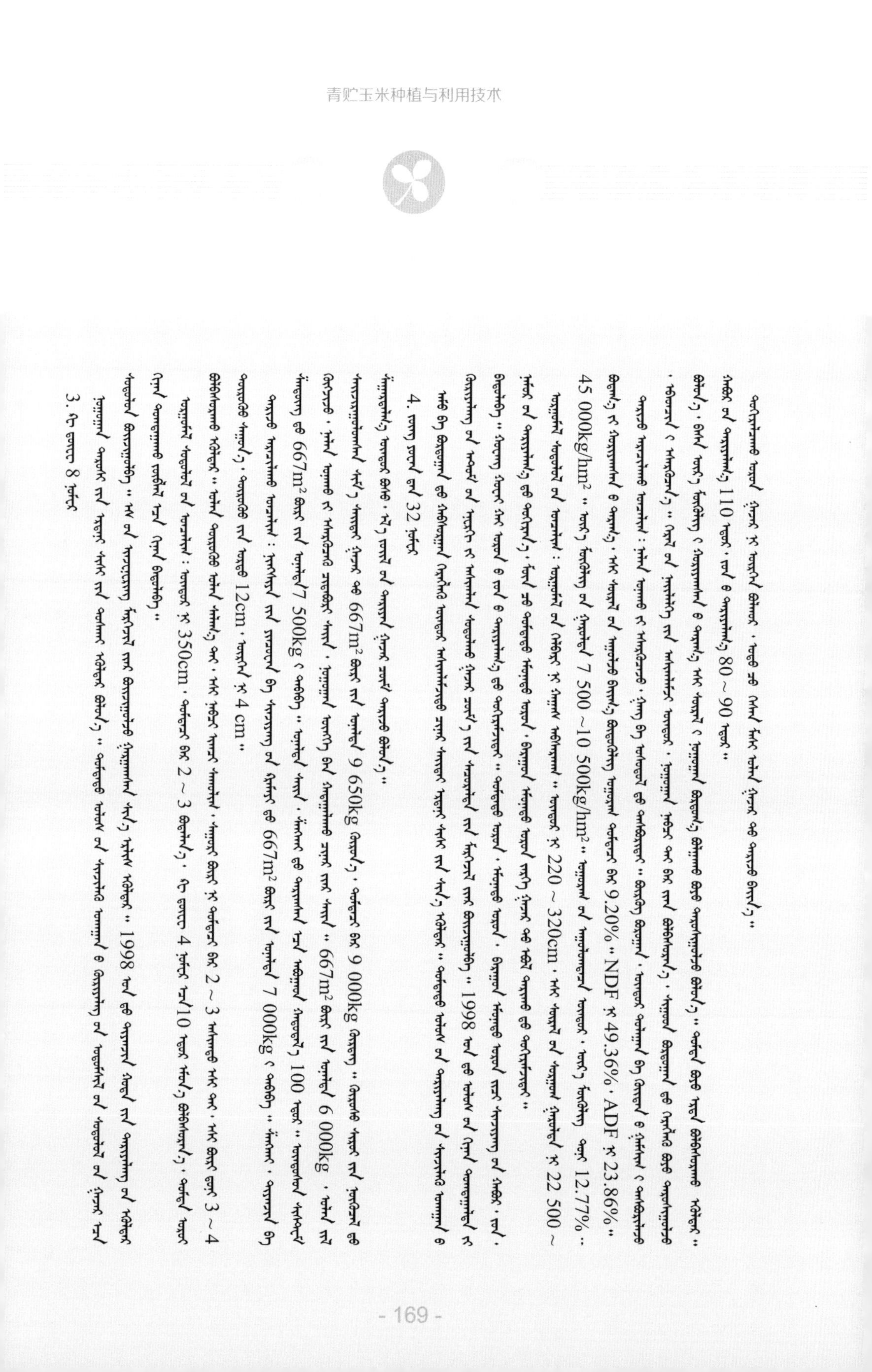

[illegible] 110 [illegible] 80～90 [illegible]

[illegible] 9.20%, NDF [illegible] 49.36%, ADF [illegible] 23.86% [illegible] 12.77% [illegible] 22 500～45 000kg/hm² [illegible] 7 500～10 500kg/hm² [illegible] 220～320cm [illegible]

[illegible] 1998 [illegible]

4. [illegible] 32 [illegible]

[illegible] 667m² [illegible] 9 650kg [illegible] 9 000kg [illegible] 667m² [illegible] 6 000kg [illegible] 100 [illegible] 667m² [illegible] 7 500kg [illegible] 667m² [illegible] 7 000kg [illegible] 12cm [illegible] 4 cm [illegible] 2～3 [illegible] 3～4 [illegible] 350cm [illegible] 2～3 [illegible] 4 [illegible] 10 [illegible] 1998 [illegible]

3. [illegible] 8 [illegible]

5. 铁研458

专用青贮玉米品种。2008年国家审定品种。由铁岭市农业科学院选育，适宜在新疆北部、内蒙古呼和浩特春播。

植物学特征：株型半紧凑，株高300 cm左右，成株叶片数20 ～ 21片。幼苗叶鞘紫色，叶片绿色，叶缘紫色，花药黄绿色，颖壳绿色。中性洗涤纤维含量43.82% ～ 48.03%，酸性洗涤纤维含量18.72% ～ 18.78%，粗蛋白含量8.40% ～ 9.34%。

栽培特性：在西北地区出苗至青贮收获期122天。干产超过26 000 kg/hm^2。中等肥力以上地块栽培，适宜密度4 000株/667 m^2左右。抗病能力强。

6. 铁研53

粮饲兼用型玉米品种。由北京禾佳源农业科技股份有限公司选育。省级审定品种。2010年通过辽宁省审定，2013年被西藏自治区审（认）定。适宜于辽宁、吉林、山西、内蒙古赤峰和通辽、黑龙江第一积温带春播地区；黄淮海夏播地区及西南地区种植；西藏自治区在海拔3 900 m以下地区种植。

植物学特征：植株紧凑，根系发达，保绿性好。株高322 cm，穗位154 cm，成株叶片数21 ～ 24片。植株生命力强，枝大叶茂。具有生物产量高、营养丰富、适应性广等特征。幼苗叶鞘紫色，叶片绿色，叶缘白色。花丝绿色，花药绿色，颖壳绿色。穗轴白色，籽粒黄色，粗脂肪含量4.40%，粗淀粉含量73.90%。

ᠰᠣᠷᠲᠤ ᠴᠢᠨᠠᠷ ᠤᠨ ᠣᠨᠴᠠᠯᠢᠭ : ᠰᠣᠷᠣᠯᠲᠠ ᠶᠢᠨ ᠬᠤᠭᠤᠴᠠᠭ᠎ᠠ ᠨᠢ 115 ~ 125 ᠡᠳᠦᠷ ᠂ ᠤᠷᠭᠤᠮᠠᠯ ᠤᠨ ᠦᠨᠳᠦᠷ ᠨᠢ 300cm ᠭᠠᠷᠤᠮ ᠂ ᠨᠠᠯᠢᠬᠤ ᠪᠣᠯᠵᠣᠭᠠᠨ ᠤ ᠨᠠᠪᠴᠢ ᠶᠢᠨ ᠲᠣᠭ᠎ᠠ ᠨᠢ 20 ~ 21 ᠬᠦᠷᠦᠨ᠎ᠡ :: ᠨᠠᠯᠢᠬᠤ ᠪᠠᠢᠳᠠᠯ ᠨᠢ ᠰᠠᠢᠨ ᠂ ᠦᠨᠳᠦᠷ ᠲᠡᠰᠪᠦᠷᠢ ᠲᠠᠢ ᠂ ᠡᠪᠡᠳᠴᠢᠨ ᠳᠦ ᠲᠡᠰᠪᠦᠷᠢ ᠰᠠᠢᠨ ᠂ ᠬᠣᠷᠣᠭᠳᠠᠯ ᠳᠤ ᠲᠡᠰᠪᠦᠷᠢ ᠲᠠᠢ ᠂ ᠬᠤᠸᠠᠷᠢ ᠶᠢᠨ ᠴᠢᠨᠠᠷ ᠰᠠᠢᠨ :: ᠨᠤᠭᠤᠭᠠᠨ ᠲᠡᠵᠢᠭᠡᠯ ᠦᠨ ᠬᠤᠪᠢ 43.82% ~ 48.03% ᠂ ᠡᠮᠦᠨ ᠡᠷᠭᠢᠯᠲᠡ ᠶᠢᠨ ᠬᠤᠪᠢ 18.72% ~ 18.78% ᠂ ᠬᠠᠭᠤᠷᠠᠢ ᠪᠣᠳᠠᠰ ᠤᠨ ᠬᠤᠪᠢ 8.40% ~ 9.34% ᠪᠣᠯᠤᠨ᠎ᠠ ::

ᠤᠷᠭᠤᠴᠠ ᠶᠢᠨ ᠲᠣᠭ᠎ᠠ : ᠨᠤᠭᠤᠭᠠᠨ ᠲᠡᠵᠢᠭᠡᠯ ᠦᠨ ᠬᠤᠸᠠᠷᠢ ᠂ ᠬᠤᠸᠠᠷᠢ ᠶᠢᠨ ᠬᠡᠮᠵᠢᠶ᠎ᠡ ᠪᠡᠨ 122 ᠰᠢᠨ :: ᠬᠤᠸᠠᠷᠢ ᠨᠢ 26 000kg/hm² ᠪᠣᠯᠤᠨ᠎ᠠ :: ᠬᠤᠪᠢᠶᠠᠷᠢ ᠶᠢᠨ ᠲᠠᠷᠢᠯᠭ᠎ᠠ ᠶᠢᠨ ᠪᠦᠰᠡ ᠳᠦ ᠲᠠᠷᠢᠵᠤ ᠪᠣᠯᠬᠤ ᠂ 667m² ᠳᠤ ᠲᠠᠷᠢᠬᠤ ᠲᠣᠭ᠎ᠠ 4 000 ᠰᠢᠷᠬᠡᠭ ᠪᠠᠢᠬᠤ ᠪᠣᠯᠤᠨ᠎ᠠ :: ᠲᠠᠷᠢᠯᠭ᠎ᠠ ᠶᠢᠨ ᠭᠠᠵᠠᠷ ᠨᠢ ᠬᠦᠢᠲᠡᠨ ᠪᠦᠰᠡ ᠶᠢᠨ ᠲᠠᠷᠢᠮᠠᠯ ᠤᠨ ᠭᠠᠵᠠᠷ ::

ᠲᠤᠰ ᠲᠦᠷᠦᠯ ᠢ ᠪᠠᠲᠤᠯᠠᠭᠰᠠᠨ ᠳᠤ ᠬᠢᠵᠠᠭᠠᠷ ᠤᠨ ᠲᠣᠭᠲᠠᠭᠰᠠᠨ ᠲᠦᠷᠦᠯ ᠦᠨ ᠨᠡᠷ᠎ᠡ :: 2010 ᠣᠨ ᠳᠤ ᠦᠯᠡᠰ ᠦᠨ ᠬᠡᠮᠵᠢᠶ᠎ᠡ ᠪᠡᠷ ᠪᠠᠲᠤᠯᠠᠭᠳᠠᠭᠰᠠᠨ ᠲᠦᠷᠦᠯ ᠂ 2013 ᠣᠨ ᠳᠤ ᠬᠣᠰᠢᠭᠤ ᠶᠢᠨ ᠲᠦᠪᠰᠢᠨ ᠳᠦ ᠪᠠᠲᠤᠯᠠᠭᠳᠠᠭᠰᠠᠨ :: ᠲᠤᠰ ᠲᠦᠷᠦᠯ ᠢ ᠬᠣᠶᠠᠷ ᠰᠠᠯᠪᠤᠷᠢ ᠶᠢᠨ ᠬᠡᠷᠡᠭᠯᠡᠯᠲᠡ ᠳᠦ ᠲᠠᠷᠢᠵᠤ ᠪᠣᠯᠬᠤ ᠂ ᠨᠠᠯᠢᠬᠤ ᠪᠠᠢᠳᠠᠯ ᠨᠢ ᠰᠠᠢᠨ ᠪᠣᠯᠤᠨ᠎ᠠ :: ᠳᠠᠯᠠᠢ ᠶᠢᠨ ᠲᠦᠪᠰᠢᠨ ᠡᠴᠡ ᠳᠡᠭᠡᠭᠰᠢ 3 900m ᠦᠨᠳᠦᠷ ᠲᠠᠷᠢᠮᠠᠯ ᠤᠨ ᠭᠠᠵᠠᠷ ᠲᠤ ᠲᠣᠬᠢᠷᠠᠮᠵᠢᠲᠠᠢ ::

ᠤᠷᠭᠤᠮᠠᠯ ᠤᠨ ᠦᠨᠳᠦᠷ ᠨᠢ 322cm ᠂ ᠡᠷᠢᠶᠡᠨ ᠰᠣᠶᠤᠭᠠ ᠶᠢᠨ ᠦᠨᠳᠦᠷ ᠨᠢ 154 cm ᠂ ᠨᠠᠯᠢᠬᠤ ᠪᠣᠯᠵᠣᠭᠠᠨ ᠤ ᠨᠠᠪᠴᠢ ᠶᠢᠨ ᠲᠣᠭ᠎ᠠ ᠨᠢ 21 ~ 24 ᠬᠦᠷᠦᠨ᠎ᠡ :: ᠡᠪᠡᠳᠴᠢᠨ ᠳᠦ ᠲᠡᠰᠪᠦᠷᠢ ᠲᠠᠢ ᠂ ᠬᠤᠸᠠᠷᠢ ᠶᠢᠨ ᠴᠢᠨᠠᠷ ᠨᠢ ᠰᠠᠢᠨ :: ᠨᠤᠭᠤᠭᠠᠨ ᠲᠡᠵᠢᠭᠡᠯ ᠦᠨ ᠬᠤᠸᠠᠷᠢ ᠂ ᠬᠤᠷᠠᠭᠠᠬᠤ ᠳᠤ ᠲᠣᠬᠢᠷᠠᠮᠵᠢᠲᠠᠢ ᠂ ᠬᠠᠭᠤᠷᠠᠢ ᠪᠣᠳᠠᠰ ᠤᠨ ᠬᠤᠪᠢ ᠨᠢ 4.40% ᠂ ᠡᠮᠦᠨ ᠡᠷᠭᠢᠯᠲᠡ ᠶᠢᠨ

栽培特性：植株生长繁茂，稳产性突出，抗倒伏。抗多种玉米病害。粮食产量一般为750 ～ 800 kg/667 m^2。在中等以上肥力地块种植，种植密度为5 000株/667 m^2，适宜播期为5月10日至5月30日；粮食型种植密度为3 500株/667 m^2，适宜播期为4月20日至5月1日。最佳收获期为玉米籽粒蜡熟前期。

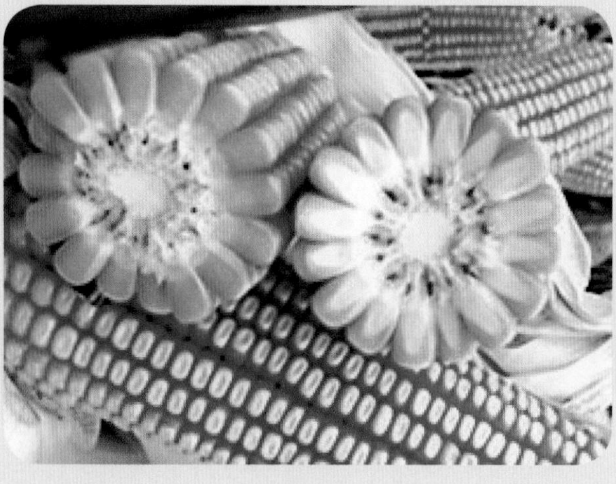

铁研53

7. 渝青玉3号

青贮专用玉米品种。2010年重庆市审定。由重庆市农业科学院玉米研究所培育。适宜重庆市浅丘和中高山地区种植。3月中下旬播种为宜。

植物学特征：株型半紧凑，株高285 cm，叶色绿色，成株叶片数20片，花药紫色，颖壳绿色，花丝浅紫色。粗蛋白含量9.92%，中性洗涤纤维含量48.84%，酸性洗涤纤维含量22.92%。

栽培特性：种植密度3 000 ～ 3 500株/667 m^2，出苗至青贮收获期平均120天，中晚熟品种。籽粒平均509.2 kg/667 m^2，生物产量（干重）1 265.8 kg/667 m^2。抗病性良好，注意防治小斑病，茎腐病高发区慎用。

ᠪᠣᠯᠤᠨ ᠤ ᠨᠢᠭᠤᠷ (ᠰᠢᠨ᠎ᠡ ᠵᠢᠨ) 1 265.8 kg/667m² :: ᠬᠠᠷᠢᠴᠠᠭᠤᠯᠤᠯ ᠤᠨ ᠲᠤᠷᠰᠢᠯᠲᠠ ᠳᠤ ᠬᠡᠮᠵᠢᠶ᠎ᠡ ᠂ ᠨᠡᠶᠢᠲᠡ ᠪᠦᠲᠦᠭᠡᠯ ᠬᠠᠷᠢᠴᠠᠭᠤᠯᠤᠯ ᠤᠨ ᠰᠤᠷᠲᠠᠯ ᠲᠤᠯᠠᠭᠠᠷᠠᠬᠤ ᠳᠤ
ᠪᠦᠲᠦᠭᠡᠯ ᠰᠤᠷᠲᠠᠯ ᠢ ᠪᠠᠷᠢᠭᠠᠳ ᠪᠠᠨ 120 ᠬᠣᠨᠣᠭ ᠂ ᠪᠠᠷᠢᠭᠠᠳ ᠬᠣᠨᠣᠭ ᠪᠣᠯᠪᠠᠰᠤᠷᠠᠭᠰᠠᠨ ᠬᠡᠮᠵᠢᠶ᠎ᠡ :: ᠨᠢᠭᠡ ᠲᠣᠭᠠᠴᠠᠭᠠ ᠶᠢᠨ ᠪᠠᠷᠢᠭᠠᠳ ᠨᠡᠮᠡᠭᠳᠡᠯ 509.2kg/667m² ᠂ ᠨᠡᠮᠡᠭᠳᠡᠯ
ᠪᠠᠶᠢᠳᠠᠭ ᠲᠠᠷᠢᠯᠤᠭ᠎ᠠ ᠶᠢᠨ ᠨᠢᠭᠲᠠᠷᠠᠭ : 667m² ᠲᠤᠭᠠᠷ ᠤᠨ ᠪᠠᠶᠢᠳᠠᠭ ᠨᠢᠭᠲᠠᠷᠠᠭ ᠢ 3 000 ~ 3 500 ᠮᠥᠴᠢ ᠲᠠᠷᠢᠬᠤ ᠪᠣᠯᠤᠨ᠎ᠠ :: ᠰᠤᠷᠲᠠᠯ ᠤᠨ ᠨᠡᠮᠡᠭᠳᠡᠯ ᠪᠠᠶᠢᠳᠠᠭ ᠪᠠᠭᠤᠷᠠᠭᠤᠯᠤᠭᠰᠠᠨ
ᠰᠣᠶᠤᠭ᠎ᠠ ᠶᠢᠨ ᠰᠢᠨᠵᠢ ᠶᠢᠨ ᠪᠣᠯᠤᠯᠲᠠ : ᠰᠣᠶᠤᠭ᠎ᠠ ᠶᠢᠨ ᠦᠨᠳᠦᠷ ᠰᠢᠨᠵᠢ ᠂ ᠪᠣᠯᠤᠮ ᠢ 285cm ᠂ ᠭᠣᠣᠯ ᠢ ᠤᠷᠲᠤ ᠪᠣᠯᠬᠤ ᠦᠭᠡᠢ ᠂ ᠰᠢᠯᠢ ᠮᠥᠴᠢ ᠰᠣᠶᠤᠭ᠎ᠠ ᠶᠢᠨ 20

ᠨᠢᠭᠡ ᠪᠣᠯᠪᠠᠯ ᠤᠨ ᠰᠢᠯᠢᠭ ᠤᠨ ᠲᠠᠷᠢᠯᠠᠩ ᠨᠢᠭᠲᠠᠷᠠᠭ ᠢ 3 500 ᠮᠥᠴᠢ/667m² ᠂ ᠲᠠᠷᠢᠯᠠᠩ ᠤᠨ ᠬᠡᠮᠵᠢᠶᠡᠨ ᠢ 4 ᠰᠠᠷ᠎ᠠ ᠶᠢᠨ 20 ᠡᠴᠡ ᠬᠣᠨᠣᠭ ᠡᠴᠡ 5 ᠰᠠᠷ᠎ᠠ ᠶᠢᠨ 1 ᠡᠴᠡ ᠬᠣᠨᠣᠭ ᠪᠣᠯᠤᠨ᠎ᠠ ::
ᠲᠠᠷᠢᠯᠠᠩ ᠂ 667m² ᠲᠤᠭᠠᠷ ᠤᠨ ᠨᠢᠭᠲᠠᠷᠠᠭ ᠢ 5 000 ᠮᠥᠴᠢ ᠂ ᠪᠣᠯᠪᠠᠰᠤᠷᠠᠭᠰᠠᠨ ᠲᠠᠷᠢᠯᠠᠩ ᠤᠨ ᠬᠡᠮᠵᠢᠶᠡᠨ ᠢ 5 ᠰᠠᠷ᠎ᠠ ᠶᠢᠨ 10 ᠡᠴᠡ ᠬᠣᠨᠣᠭ ᠡᠴᠡ 5 ᠰᠠᠷ᠎ᠠ ᠶᠢᠨ 30 ᠡᠴᠡ ᠬᠣᠨᠣᠭ ᠪᠣᠯᠤᠨ᠎ᠠ ::
ᠬᠠᠷᠢᠴᠠᠯ ᠤᠨ ᠰᠤᠷᠲᠠᠯ ᠢ ᠬᠠᠮᠢᠭᠠᠯᠠᠨ᠎ᠠ :: ᠨᠢᠭᠡ ᠪᠣᠯᠪᠠᠯ ᠤᠨ ᠪᠣᠷᠤᠭ᠎ᠠ ᠲᠠᠪᠤᠭ ᠲᠠᠢ 667m² ᠲᠤᠭᠠᠷ ᠲᠠᠢ 750 ~ 800kg :: ᠪᠠᠷᠢᠭᠠᠳ ᠴᠠᠭ ᠤᠨ ᠪᠣᠯᠪᠠᠰᠤᠷᠠᠭᠰᠠᠨ ᠰᠢᠮ᠎ᠡ ᠲᠡᠵᠢᠭᠡᠯ ᠦᠨ

8. 京科青贮301

青贮玉米专用品种。由北京农林科学院玉米研究中心选育。2006年国家审定品种。适于北京、天津、河北北部、山西中部、吉林中南部、辽宁东部、内蒙古呼和浩特等春玉米区和安徽北部夏玉米区。

植物学特征：株型半紧凑，株高290 cm。幼苗深绿色，叶鞘紫色，叶缘紫色，花药浅紫色，颖壳浅紫色。成株叶片数19 ～ 21片，穗轴白色，籽粒黄色、半硬粒型。中性洗涤纤维含量41.28%，酸性洗涤纤维含量20.31%，粗蛋白含量7.94%。平均生物产量（干重）19 597.5 kg/hm^2。

栽培特性：出苗至青贮收获110天左右，保苗60 000株/hm^{2}左右。抗病性较强，大斑病重发区慎用。

9. 京科青贮516

专用青贮玉米品种。由北京市农林科学院玉米研究中心选育。2007年国家农作物品种审定通过。适宜在北京、天津、河北北部、辽宁东部、吉林中南部、黑龙江第一积温带、内蒙古呼和浩特、山西北部等春播区。

植物学特征：株型半紧凑，株高310 cm，成株叶片数19片。幼苗叶鞘紫色，叶片深绿色，叶缘紫色，花药黄色，颖壳紫色。

栽培特性：在东华北地区出苗至青贮收获期115天。生物产量（干重）1 247.5 kg/667 m^2。在中等肥力以上地块栽培，适宜密度5 000株/667 m^{2}左右。抗病性强。

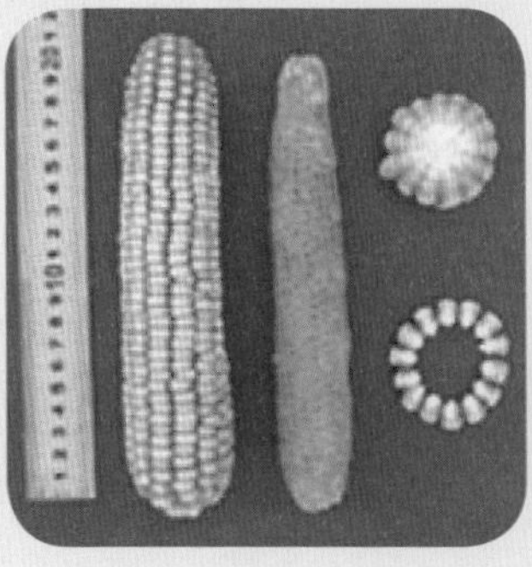
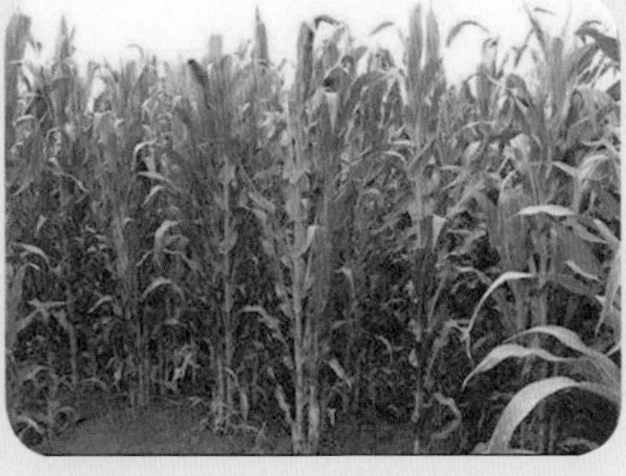

京科青贮516

ᠨᠢ 1 247.5kg/667m² ᠪᠣᠯᠤᠨ᠎ᠠ ᠃ ᠲᠠᠷᠢᠬᠤ ᠨᠣᠭᠤᠭᠠᠨ ᠤ ᠰᠢᠭᠤᠳᠬᠠᠯ ᠳᠤ ᠵᠣᠬᠢᠯᠳᠤᠭᠤᠯᠪᠠᠯ ᠂ 667m² ᠭᠠᠵᠠᠷ ᠲᠤ ᠬᠠᠮᠤᠭ ᠨᠢ 5 000 ᠰᠢᠷᠬᠡᠭ ᠲᠠᠷᠢᠨ᠎ᠠ ᠃

ᠮᠦᠴᠢᠷ ᠦᠨ ᠰᠢᠨᠵᠢ ᠄ ᠨᠣᠭᠤᠭᠠᠨ ᠨᠠᠯᠢᠶᠠᠰᠤ ᠨᠢ ᠮᠦᠷ ᠬᠡᠯᠪᠡᠷᠢ ᠲᠠᠢ ᠂ ᠤᠨᠳᠤᠷ ᠨᠢ 310cm ᠂ ᠨᠠᠯᠢᠶᠠᠰᠤ ᠨᠢ 19 ᠰᠢᠷᠬᠡᠭ ᠃ ᠰᠢᠰᠢ ᠶᠢᠨ ᠤᠭᠤᠴᠠ ᠨᠢ ᠤᠷᠲᠤ ᠬᠡᠯᠪᠡᠷᠢ ᠲᠠᠢ ᠂ ᠤᠭᠤᠴᠠ ᠨᠢ ᠬᠠᠷ᠎ᠠ ᠨᠣᠭᠤᠭᠠᠨ ᠵᠢᠷᠤᠭ ᠲᠠᠢ ᠂ ᠡᠷᠳᠡᠨᠡ ᠶᠢᠨ ᠦᠷ᠎ᠡ ᠨᠢ ᠰᠢᠷ᠎ᠠ ᠦᠩᠭᠡ ᠲᠠᠢ ᠂ ᠵᠢᠷᠤᠭ ᠢᠢᠨ ᠪᠠᠢᠳᠠᠯ ᠨᠢ ᠰᠠᠢᠨ ᠪᠠᠢᠨ᠎ᠠ ᠃

ᠦᠷ᠎ᠡ ᠲᠠᠷᠢᠮᠠᠯ ᠤᠨ ᠬᠤᠭᠤᠴᠠᠭ᠎ᠠ ᠄ ᠲᠣᠰ ᠤᠷᠤᠨ ᠳᠤ ᠨᠤᠭᠤᠭᠠᠨ ᠪᠤᠯᠵᠤᠮᠠᠯ ᠤᠨ ᠦᠷᠭᠦᠵᠢᠯ ᠦᠨ ᠡᠳᠦᠷ 110 ᠣᠷᠴᠢᠮ ᠡᠳᠦᠷ ᠂ hm² ᠲᠤ 60 000 ᠰᠢᠷᠬᠡᠭ ᠲᠠᠷᠢᠬᠤ ᠶᠢ ᠵᠣᠬᠢᠯᠳᠤᠭᠤᠯᠤᠨ᠎ᠠ ᠃

ᠨᠤᠭᠤᠭᠠᠨ ᠲᠠᠷᠢᠮᠠᠯ ᠤᠨ ᠬᠤᠭᠤᠴᠠ (ᠰᠢᠨᠵᠢᠯᠡᠬᠦ ᠪᠠᠢᠳᠠᠯ) ᠨᠢ 19 597.5 kg/hm² ᠃

ᠦᠷᠭᠦᠵᠢᠯ ᠦᠨ ᠰᠢᠨᠵᠢ ᠄ ᠨᠠᠯᠢᠶᠠᠰᠤ ᠨᠢ ᠪᠠᠰᠤ ᠨᠣᠭᠤᠭᠠᠨ ᠂ ᠤᠨᠳᠤᠷ ᠨᠢ 290cm ᠃ ᠰᠢᠰᠢ ᠶᠢᠨ ᠤᠭᠤᠴᠠ ᠨᠢ ᠤᠷᠲᠤ ᠂ ᠰᠢᠷᠬᠡᠭ ᠦᠨ ᠪᠠᠢᠳᠠᠯ ᠨᠢ ᠰᠠᠢᠨ ᠪᠠᠢᠨ᠎ᠠ ᠃

10. 科青1号

青贮玉米专用品种。由中国科学院遗传研究所通过生物技术选育。1998年由天津市农作物品种审定委员会认定通过，2003年通过国家农作物品种审定委员会审定。适宜北京地区种植。

植物学特征：株高300 ～ 350 cm，主茎有24片叶，平均叶片数22枚，叶片宽厚，保绿性好。单秆茎秆粗壮，秆粗3.7 cm。大果穗黄白粒，果穗鲜重占全株鲜重的34%。粗蛋白含量达12.62%，适口性好，青贮质量高。

栽培特性：中熟型青贮玉米。北京地区从播种到收割105天左右。叶子鲜重占全株鲜重的19%。生物产量平均4 495 kg/667 m^2。抗倒伏，抗病。

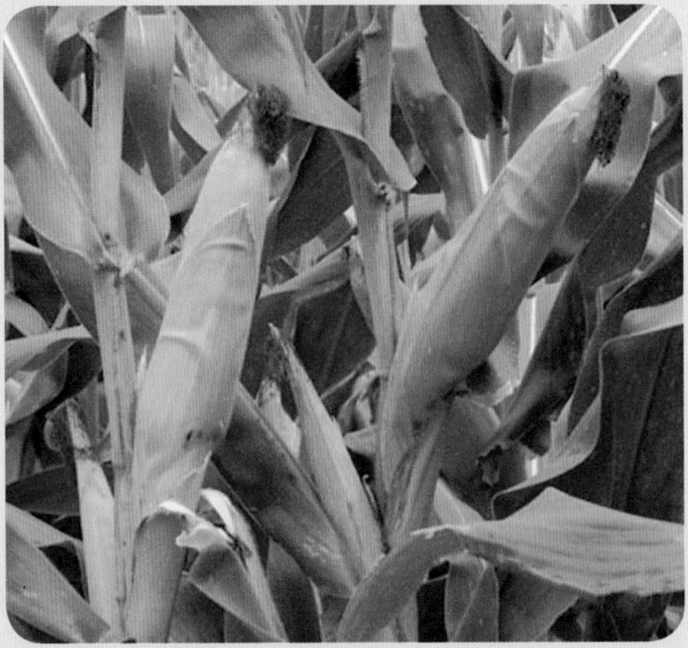

科青1号

ᠳᠤᠮᠳᠠᠵᠢ ᠪᠠᠷ 4 495kg ᠪᠣᠯᠵᠠᠢ᠃ ᠰᠢᠨ᠎ᠡ ᠲᠠᠷᠢᠮᠠᠯ ᠢ ᠬᠠᠷᠢᠴᠠᠭᠤᠯᠪᠠᠯ᠂ ᠨᠡᠮᠡᠭᠳᠡᠯ ᠬᠠᠷᠢᠴᠠᠭᠤᠯᠤᠯ ᠲᠠᠢ ᠪᠠᠢᠨ᠎ᠠ᠃
105 ᠬᠣᠨᠤᠭ ᠬᠡᠷᠡᠭᠲᠡᠢ᠃ ᠦᠷ᠎ᠡ ᠲᠠᠷᠢᠮᠠᠯ ᠬᠤᠪᠢ ᠶᠢᠨ ᠬᠡᠮᠵᠢᠶ᠎ᠡ ᠳᠦ ᠡᠵᠡᠯᠡᠬᠦ ᠲᠠᠷᠢᠮᠠᠯ ᠤᠨ ᠲᠠᠷᠢᠮᠠᠯ ᠬᠡᠮᠵᠢᠶ᠎ᠡ ᠶᠢᠨ 19% ᠢ ᠡᠵᠡᠯᠡᠨ᠎ᠡ᠃ 667m² ᠭᠠᠵᠠᠷ ᠤᠨ ᠨᠣᠭᠤᠭᠠᠨ ᠪᠣᠳᠣ ᠶᠢᠨ ᠦᠢᠯᠡᠳᠪᠦᠷᠢ
ᠲᠠᠷᠢᠮᠠᠯ᠂ ᠲᠠᠷᠢᠮᠠᠯ ᠲᠠᠷᠢᠯᠭ᠎ᠠ ᠪᠠᠨ ᠰᠢᠯᠢᠨ ᠲᠡᠵᠢᠭᠡᠯ ᠴᠢᠨᠠᠷ ᠢ ᠭᠠᠷᠭᠠᠨ ᠪᠠᠢᠭ᠎ᠠ᠃ ᠰᠢᠯᠪᠢ ᠤᠷᠲᠤ ᠳᠠᠭᠠᠨ᠂ ᠤᠷᠲᠤ ᠭᠣᠣᠯ ᠢ ᠪᠣᠳᠣᠯᠭ᠎ᠠ᠂ ᠤᠷᠢᠳᠠ ᠶᠢᠨ ᠰᠢᠯᠪᠢ ᠢ 3.7cm ᠪᠠᠢᠭ᠎ᠠ᠃ ᠰᠣᠷᠣ
ᠲᠠᠷᠢᠮᠠᠯ ᠤᠨ ᠦᠨᠳᠦᠷ ᠤᠨ ᠬᠡᠮᠵᠢᠶ᠎ᠡ᠄ ᠲᠠᠷᠢᠮᠠᠯ ᠢ 300 ~ 350cm᠃ ᠰᠤᠶᠤᠯ ᠤᠷᠲᠤ ᠢ 24 ᠨᠠᠪᠴᠢ ᠳᠠᠭᠠᠨ᠂ ᠰᠣᠷᠢᠯᠲᠠ ᠨᠠᠪᠴᠢ ᠶᠢᠨ ᠳᠡᠭᠡᠷ᠎ᠡ ᠢ 22 ᠮᠥᠷ ᠪᠣᠯᠣᠨ᠂ ᠨᠠᠪᠴᠢ ᠢ

11. 豫青贮23

青贮玉米专用品种。由河南省大京九种业有限公司选育。2007年内蒙古自治区农作物品种审定，2008年国家农作物品种审定通过。适宜在北京、天津、河北北部（张家口除外）、辽宁东部、吉林中南部和黑龙江积温带春播区种植。

植物学特征：株型半紧凑，株高330 cm，成株叶片数18 ～ 19片。幼苗叶鞘紫色，叶片浓绿包，叶缘紫色，花药黄色，颖壳紫色。

栽培特性：东北、华北地区出苗至青贮收获期117天。抗逆性强，适应性强。在东华北区平均生物产量（干重）21 015 kg/hm^2。

中等肥力以上地块栽培，适宜密度4 500株/667 m^{2}左右。抗病性好。全株中性洗涤纤维含量46.72% ～ 48.08%，酸性洗涤纤维含量19.63% ～ 22.37%，粗蛋白含量9.30%。注意防治丝黑穗病和防止倒伏。

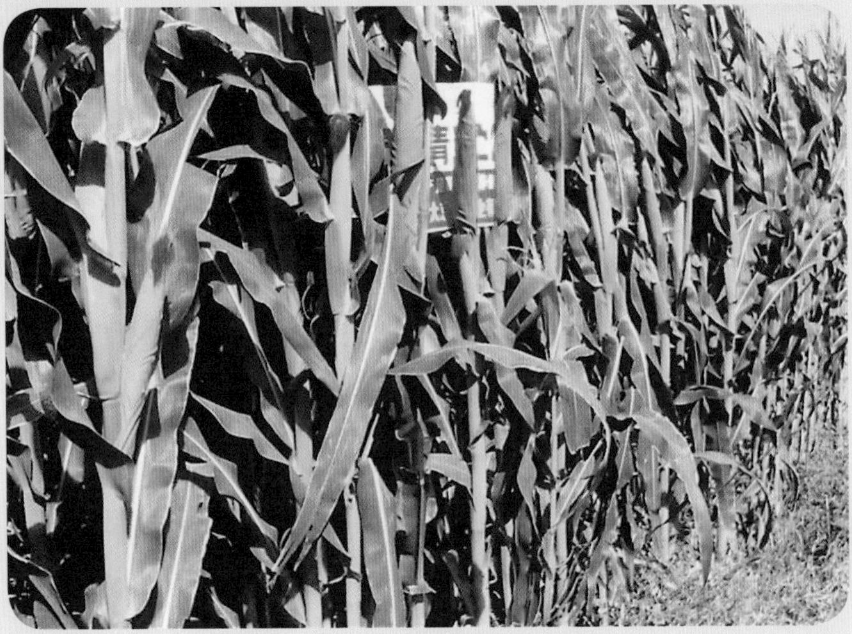

豫青贮23

19.63% ~ 22.37% ᠂ ᠪᠦᠳᠦᠭᠦᠯᠢᠭ ᠤᠭᠠᠷᠠᠭ ᠤᠨ ᠬᠡᠮᠵᠢᠶ᠎ᠡ 9.30% ᠃ ᠰᠢᠩᠭᠡᠨ ᠤᠭᠠᠭᠠᠯᠭ᠎ᠠ ᠶᠢᠨ ᠰᠢᠯᠢᠰᠦ ᠶᠢᠨ ᠬᠡᠮᠵᠢᠶ᠎ᠡ ᠨᠢ ᠪᠠᠢᠨ᠎ᠠ᠃ ᠪᠣᠳᠣᠭ ᠤᠭᠠᠭᠠᠯᠭ᠎ᠠ ᠶᠢᠨ ᠰᠢᠯᠢᠰᠦ ᠳᠤ ᠤᠨ ᠬᠡᠮᠵᠢᠶ᠎ᠡ 46.72% ~ 48.08% ᠂ ᠬᠦᠴᠢᠯ ᠤᠭᠠᠭᠠᠯᠭ᠎ᠠ ᠶᠢᠨ ᠰᠢᠯᠢᠰᠦ ᠳᠤ ᠤᠨ ᠬᠡᠮᠵᠢᠶ᠎ᠡ ᠪᠣᠯᠤᠨ᠎ᠠ ᠨᠢᠭᠡ ᠮᠦ ᠭᠠᠵᠠᠷ ᠲᠤ ᠲᠠᠷᠢᠬᠤ ᠲᠣᠭ᠎ᠠ ᠂ 667m² ᠳᠤᠭᠠᠷ ᠲᠠᠷᠢᠬᠤ ᠨᠢᠭᠲᠠᠷᠠᠴᠠ ᠨᠢ 4 500 ᠮᠣᠳᠣ ᠪᠠᠢᠭᠤᠯᠪᠠᠯ᠃ ᠨᠣᠶᠤᠭᠠᠨ ᠤ ᠦᠢᠯᠡᠳᠪᠦᠷᠢ (ᠪᠢᠣᠯᠣᠭᠢ ᠦᠢᠯᠡᠳᠪᠦᠷᠢ) ᠨᠢ 21 015kg/hm²᠃

ᠦᠷᠭᠦᠵᠢᠯᠲᠡ ᠶᠢᠨ ᠬᠤᠭᠤᠴᠠᠭ᠎ᠠ: ᠬᠠᠪᠤᠷ ᠲᠠᠷᠢᠬᠤ ᠡᠴᠡ ᠪᠣᠯᠪᠠᠰᠤᠷᠠᠬᠤ ᠬᠦᠷᠲᠡᠯ᠎ᠡ ᠂ ᠪᠣᠯᠪᠠᠰᠤᠷᠠᠯ ᠤᠨ ᠡᠳᠦᠷ 117 ᠡᠳᠦᠷ ᠪᠣᠯᠤᠨ᠎ᠠ᠃ ᠰᠢᠩᠭᠡᠨ ᠳᠤ ᠲᠡᠰᠪᠦᠷᠢᠯᠡᠬᠦ ᠴᠢᠳᠠᠯ ᠰᠠᠢᠲᠠᠢ ᠂ ᠭᠠᠩ ᠳᠤ ᠲᠡᠰᠪᠦᠷᠢ ᠰᠠᠢᠲᠠᠢ ᠂ ᠬᠦᠢᠲᠡᠨ ᠳᠦ ᠲᠡᠰᠪᠦᠷᠢ ᠰᠠᠢᠲᠠᠢ ᠂ ᠬᠠᠷᠢᠭᠤᠴᠠᠬᠤ ᠴᠢᠳᠠᠯ ᠲᠠᠢ ᠲᠡᠰᠪᠦᠷᠢ ᠰᠠᠢᠲᠠᠢ ᠪᠣᠯᠤᠨ᠎ᠠ᠃ ᠲᠡᠭᠦᠨ ᠦ ᠬᠡᠯᠪᠡᠷᠢ ᠰᠢᠨᠵᠢ ᠨᠢ ᠰᠠᠢᠨ᠃ ᠪᠦᠬᠦ ᠲᠡᠭᠦᠰ ᠲᠡᠰᠪᠦᠷᠢ ᠲᠠᠢ ᠪᠠᠢᠨ᠎ᠠ᠃ ᠦᠨᠳᠦᠷ ᠲᠦ ᠴᠠᠭ ᠲᠤ ᠬᠤᠷᠠᠯᠠᠭᠰᠠᠨ ᠃ ᠦᠷᠭᠦᠵᠢᠯᠲᠡ ᠶᠢᠨ ᠬᠤᠭᠤᠴᠠᠭ᠎ᠠ: ᠦᠨᠳᠦᠷ ᠨᠢ 330cm ᠂ ᠪᠠᠭᠠᠴᠢᠯᠠᠭᠰᠠᠨ ᠨᠢ ᠦᠨᠳᠦᠷ ᠲᠦ ᠨᠢ 18 ~19

12. 大京九26

青贮玉米专用品种。由河南省大京九种业有限公司选育，2017、2018年国家审定品种。适宜在黄淮海夏玉米区的河南省、山东省、河北省保定市和沧州市的南部及以南地区、陕西省关中灌区、山西省运城市和临汾市、晋城市部分平川地区、江苏和安徽两省淮河以北地区、湖北省襄阳地区。

植物特征：株型半紧凑，株高300 cm，幼苗叶鞘浅紫色，叶片深绿色，叶缘紫色，花药浅紫色，颖壳浅紫色。穗位高133 cm，成株叶片数20片。果穗长，达20.4 cm，穗行数16～18行，穗粗5.1 cm，穗轴白，籽粒黄色、百粒重31.9 g。

栽培特性:黄淮海夏播区出苗至收获期98.5天。抗病性强，全株粗蛋白含量7.43%～8.14%，淀粉含量27.43%～31.32%，中性洗涤纤维含量40.81%～42.77%，酸性洗涤纤维含量17.09%～18.73%。平均生物产量（干重）1 611.0 kg/667 m^2。黄淮海夏播区通常在6月上旬播种，种植密度为4 000～4 500株/667 m^2，丰产潜力大，喜水肥品种。

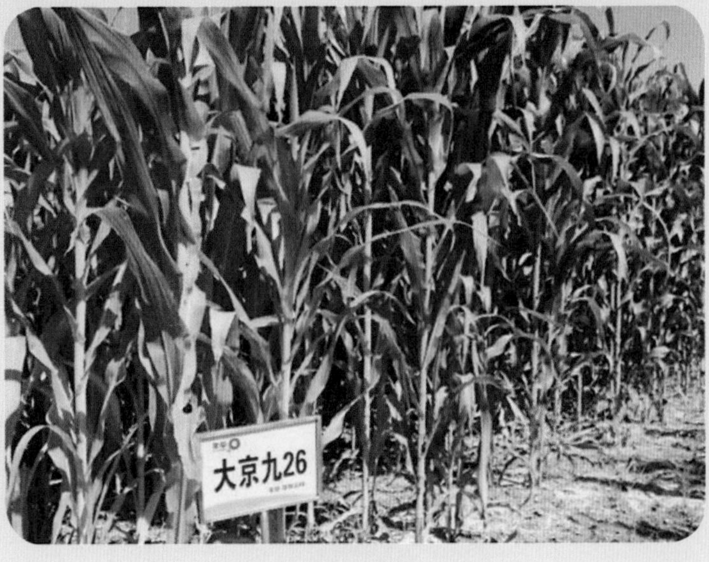

大京九26

ᠦᠷᠠᠵᠢᠯ ᠤᠨ ᠲᠦᠪᠰᠢᠨ ᠡᠴᠡ ᠬᠣᠶᠠᠷ ᠪᠠᠢᠳᠠᠯ 6 ᠵᠢᠯ ᠤᠨ ᠳᠤᠮᠳᠠ ᠪᠡᠷ ᠦᠷᠠᠵᠢᠯᠠ :: 667m² ᠲᠠᠯᠠᠪᠠᠢ ᠶᠢᠨ ᠦᠷᠠᠵᠢᠯ ᠬᠤᠷᠢᠶᠠᠯᠲᠠ ᠶᠢ 4 000 ~ 4 500 ᠻᠢᠯᠣᠭ᠍ᠷᠠᠮ ᠬᠦᠷᠭᠡᠨ᠎ᠡ᠂ ᠬᠤᠸᠢ 17.09% ~18.73% :: ᠳᠤᠮᠳᠠᠵᠢ ᠪᠡᠷ 667m² ᠲᠠᠯᠠᠪᠠᠢ ᠶᠢᠨ ᠦᠷᠠᠵᠢᠯ (ᠬᠤᠮᠤᠰᠤᠨ ᠪᠦᠬᠦ) 1 611.0kg :: ᠬᠣᠭᠣᠷᠠᠢ ᠬᠣᠭᠣᠯ ᠤᠨ ᠦᠷᠠᠵᠢᠯ ᠤᠨ ᠲᠦᠷᠦᠯ ᠦᠨ ᠤᠨ ᠪᠠ ᠠᠭᠤᠯᠭ᠎ᠠ 27.43%~31.32%᠂ ᠰᠠᠪᠢᠯᠠᠭ᠎ᠠ ᠤᠭᠤᠰᠬᠠᠭᠰᠠᠨ ᠰᠢᠯᠢᠬᠡᠯᠵᠢ ᠶᠢᠨ ᠠᠭᠤᠯᠭ᠎ᠠ 40.81%~42.77%᠂ ᠬᠦᠴᠢᠯᠯᠡᠭ ᠤᠭᠤᠰᠬᠠᠭᠰᠠᠨ ᠰᠢᠯᠢᠬᠡᠯᠵᠢ ᠶᠢᠨ ᠠᠭᠤᠯᠭ᠎ᠠ ᠲᠡᠭᠦᠨ ᠡᠴᠡ :: ᠬᠡᠪᠴᠢᠶᠡᠨ ᠢ ᠰᠢᠨᠵᠢᠯᠡᠬᠦ ᠤᠭᠤᠷ ᠤᠨ ᠤᠭᠤᠷ᠂ ᠪᠦᠳᠦᠦᠯᠢᠭ ᠰᠢᠷᠬᠡᠭ ᠤᠨ ᠪᠠᠭᠤᠷᠠᠭᠤᠯᠬᠤ ᠤᠭᠤᠰᠠᠨ ᠤ ᠠᠭᠤᠯᠭ᠎ᠠ 7.43% ~ 8.14%᠂ ᠤᠭᠤᠰᠠᠨ ᠤ

ᠦᠷᠠᠵᠢᠯ ᠲᠡᠳᠬᠦᠨ ᠲᠦᠪᠰᠢᠨ : ᠬᠣᠭᠣᠷᠠᠢ ᠬᠣᠭᠣᠯ ᠤᠨ ᠦᠷᠠᠵᠢᠯ ᠤᠨ ᠲᠦᠷᠦᠯ ᠦᠨ ᠤᠨ ᠪᠠ ᠦᠷᠠᠵᠢᠯ ᠤᠨ ᠲᠦᠪᠰᠢᠨ ᠡᠴᠡ ᠳᠤᠮᠳᠠᠵᠢ ᠪᠠᠷ ᠦᠷᠠᠵᠢᠯᠲᠠᠢ ᠪᠣᠯᠬᠤ ᠬᠤᠪᠢ 98.5 31.9g ::

ᠮᠥᠷ 16 ~18᠂ ᠦᠷᠡ ᠶᠢᠨ ᠲᠦᠪᠰᠢᠨ ᠢ 5.1cm ᠪᠣᠯᠤᠨ᠎ᠠ :: ᠦᠷᠡ ᠶᠢᠨ ᠦᠨᠳᠦᠷ ᠢ ᠤᠯᠠᠭᠠᠨ᠂ ᠮᠥᠬᠦᠯᠢᠭ ᠢ ᠬᠠᠭᠤᠯ ᠪᠣᠯᠭᠠᠨ᠎ᠠ᠂ ᠤᠯᠠᠭᠠᠨ ᠮᠥᠬᠦᠯᠢᠭ ᠤᠨ ᠪᠠᠭᠤᠷᠠ ᠢ ᠦᠷᠡ ᠶᠢᠨ ᠬᠠᠮᠤᠭ ᠤᠨ ᠦᠨᠳᠦᠷ 133cm᠂ ᠪᠠᠭᠤᠷᠠᠭᠤᠯᠬᠤ ᠬᠡᠰᠡᠭ ᠤᠨ ᠨᠠᠭᠤᠴᠢ ᠶᠢᠨ ᠮᠥᠷ ᠢ 20 ᠬᠦᠷᠭᠡᠨ᠎ᠡ :: ᠦᠷᠡ ᠶᠢᠨ ᠢ ᠤᠷᠲᠤ᠂ 20.4 cm ᠪᠣᠯᠤᠨ᠎ᠠ᠂ ᠦᠷᠡ ᠶᠢᠨ ᠬᠡᠯᠪᠡᠷᠢ ᠶᠢᠨ ᠨᠠᠭᠤᠴᠢ ᠶᠢ ᠬᠤᠷᠢᠶᠠᠬᠤ ᠪᠠᠷ ᠲᠣᠭᠠᠯᠠᠨ᠎ᠠ᠂ ᠨᠠᠭᠤᠴᠢ ᠶᠢ ᠪᠦᠬᠦᠢ ᠢ ᠬᠡᠯᠪᠡᠢ ᠲᠠᠷᠢᠬᠤ ᠬᠡᠷᠡᠭᠲᠡᠢ᠂ ᠲᠡᠭᠦᠨ ᠦ ᠬᠦᠷᠢᠶ᠎ᠡ ᠢ ᠬᠡᠯᠪᠡᠢ ᠲᠠᠷᠢᠬᠤ ᠬᠡᠷᠡᠭᠲᠡᠢ᠂ ᠪᠦᠬᠦ ᠨᠠᠭᠤᠴᠢ ᠢ ᠬᠡᠯᠪᠡᠢ ᠲᠠᠷᠢᠬᠤ ᠬᠡᠷᠡᠭᠲᠡᠢ ::

ᠲᠠᠷᠢᠯᠠᠩ ᠬᠠᠮᠠᠭᠠᠯᠠᠯ ᠤᠨ ᠲᠦᠪᠰᠢᠨ : ᠲᠠᠷᠢᠯᠠᠩ ᠤᠨ ᠨᠢᠭᠲᠠ ᠰᠢᠭᠤᠳ ᠲᠠᠷᠢᠭᠠᠯᠠᠨ᠎ᠠ᠂ ᠮᠥᠷ ᠢ 300cm᠂ ᠮᠥᠷ ᠤᠨ ᠳᠤᠮᠳᠠ ᠶᠢᠨ ᠨᠠᠭᠤᠴᠢ ᠶᠢ ᠬᠤᠷᠢᠶᠠᠬᠤ ᠢ ᠬᠡᠯᠪᠡᠢ ᠲᠠᠷᠢᠬᠤ ᠬᠡᠷᠡᠭᠲᠡᠢ :: ᠬᠡᠷᠡᠭᠯᠡᠬᠦ ᠪᠡᠷ ᠲᠣᠬᠢᠷᠠᠮᠵᠢᠲᠠᠢ ᠬᠡᠮᠵᠢᠶ᠎ᠡ᠂ ᠬᠣᠷᠤᠭᠤ ᠲᠠᠷᠢᠶᠠᠨ ᠤ ᠬᠤᠪᠢᠶᠠᠷᠢᠯ ᠲᠦᠪᠰᠢᠨ ᠡᠴᠡ ᠬᠠᠮᠠᠭᠠᠯᠠᠭᠠᠷᠠᠢ ::

13. 北农青贮208

青贮玉米专用品种。由北京农学院植物科技系培育，为2007年北京市审定品种。适宜于北京地区种植。

植物学特征：株型半紧凑，株高324 cm，穗位高163 cm，茎秆柔韧，叶片较宽，叶色浓绿，持绿性好。穗长19 ～ 22 cm。籽粒黄色，生物产量平均1 339.5 kg/667 m^2。

栽培特性：北京地区春播播种至最佳收获期118天左右。抗病性良好。地上部中性洗涤纤维含量44.43%，酸性洗涤纤维含量17.18%，粗蛋白含量9.63%。最适播期4月下旬到5月上旬，最适种植密度为4 000 ～ 4 500株/667 m^2，高肥力地块可适当增加密度，最高不超过5 500株/667 m^2。前期蹲苗，可有效防止倒伏。

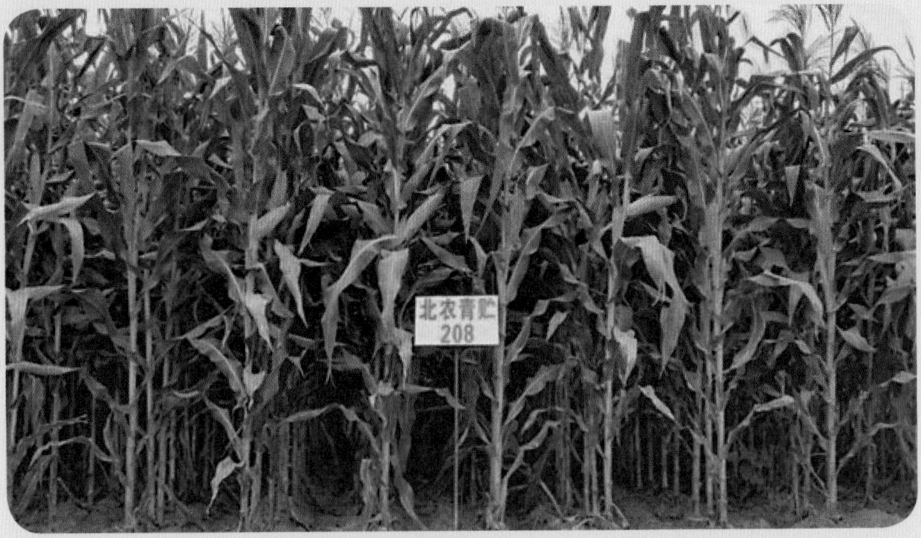

北农青贮208

ᠪᠣᠳᠣᠭ 5 500 ᠺᠢᠯᠣᠭ᠍ᠷᠠᠮ/667m² ᠬᠦᠷᠴᠦ ᠭᠠᠷᠴᠤ ᠪᠣᠯᠬᠤ ᠶᠤᠮ ᠃ ᠲᠠᠷᠢᠯᠲᠠ ᠶᠢᠨ ᠳᠤ ᠨᠢᠭᠡ ᠳᠤ ᠪᠣᠰᠬᠤ᠂ ᠬᠠᠭᠤᠷᠠᠬᠤ ᠳᠤ ᠲᠡᠰᠪᠦᠷᠢᠲᠡᠢ ᠬᠣᠷᠣᠭᠯᠠᠯ ᠳᠤ ᠲᠣᠬᠢᠷᠠᠮᠵᠢᠲᠠᠢ ᠃
ᠬᠠᠮᠢᠶᠠᠷᠠᠨ ᠳᠤ 4 000 ~ 4 500 ᠺᠢᠯᠣᠭ᠍ᠷᠠᠮ/667m² ᠪᠣᠯᠤᠨ᠎ᠠ᠂ ᠡᠨᠭᠢ ᠰᠣᠷᠢᠯᠲᠠ ᠶᠢᠨ ᠭᠠᠷᠤᠯᠲᠠ ᠠᠴᠠ ᠬᠠᠮᠢᠶᠠᠷᠠᠨ ᠳᠤ ᠬᠠᠷᠢᠴᠠᠭᠤᠯᠪᠠᠯ ᠨᠡᠮᠡᠭᠳᠡᠭᠰᠡᠨ ᠪᠠᠢᠨ᠎ᠠ᠂ ᠲᠡᠭᠦᠨ ᠤ
ᠬᠠᠮᠢᠶᠠᠷᠠᠨ ᠤ ᠨᠡᠮᠡᠭᠳᠡᠯ 9.63% ᠃ ᠲᠡᠭᠦᠨ ᠤ ᠣᠯᠠᠨ ᠵᠢᠯ ᠦᠨ ᠲᠤᠷᠰᠢᠯᠲᠠ ᠳᠤ 4 ᠵᠢᠯ ᠦᠨ ᠲᠤᠷᠰᠢᠯᠲᠠ ᠳᠤ 5 ᠵᠢᠯ ᠦᠨ ᠳᠤᠮᠳᠠ ᠪᠣᠯᠤᠨ᠎ᠠ᠂ ᠲᠡᠭᠦᠨ ᠤ ᠨᠡᠮᠡᠭᠳᠡᠭᠰᠡᠨ ᠨᠢ
ᠬᠡᠮᠵᠢᠶ᠎ᠡ ᠨᠢ 44.43%᠂ ᠬᠠᠮᠢᠶᠠᠷᠠᠨ ᠤ ᠨᠡᠮᠡᠭᠳᠡᠯ 17.18%᠂ ᠪᠣᠯᠤᠨ᠎ᠠ᠃
ᠰᠤᠷᠠᠭ ᠦᠨ ᠰᠢᠨᠵᠢ ᠄ ᠪᠣᠳᠣᠭ ᠤᠨ ᠭᠣᠪᠢ ᠪᠤᠶᠤ ᠦᠨᠳᠦᠷ᠂ ᠦᠷ᠎ᠡ ᠶᠢᠨ ᠬᠤᠭᠤᠴᠠᠭ᠎ᠠ 118 ᠡᠳᠦᠷ ᠪᠣᠯᠤᠨ᠎ᠠ ᠃ ᠨᠠᠪᠴᠢ 20 ᠰᠢᠷᠬᠡᠭ ᠪᠣᠯᠤᠨ᠎ᠠ ᠃
19 ~ 22cm ᠃ ᠮᠣᠳᠣᠨ ᠤ ᠪᠠᠶᠠᠯᠢᠭ ᠨᠢ ᠰᠠᠶᠢᠨ ᠃ ᠭᠡᠷᠡᠯ ᠦᠨ 667m² ᠳᠤ 1 339.5 kg ᠪᠣᠯᠤᠨ᠎ᠠ ᠃
ᠰᠠᠢᠨ ᠴᠢᠨᠠᠷ᠂ ᠦᠨᠳᠦᠷ ᠨᠢ ᠬᠡᠮᠵᠢᠶ᠎ᠡ ᠪᠠᠢᠨ᠎ᠠ ᠃ ᠦᠨᠳᠦᠷ 8 ᠮᠥᠴᠢᠷ ᠨᠢ ᠪᠠᠢ᠂ ᠨᠠᠪᠴᠢ ᠮᠥᠴᠢᠷ ᠪᠣᠯ ᠬᠠᠭᠤᠷᠠᠮᠰᠢᠭ ᠲᠠᠢ ᠨᠢ ᠰᠠᠶᠢᠨ ᠃ ᠦᠨᠳᠦᠰᠦᠨ ᠦ ᠨᠢ ᠦᠨᠳᠦᠷ
ᠰᠢᠨᠵᠢᠯᠡᠯ ᠰᠣᠷᠢᠯᠲᠠ ᠶᠢᠨ ᠦᠵᠡᠮᠵᠢ ᠄ ᠰᠢᠨᠵᠢᠯᠡᠯ ᠦᠨ ᠬᠡᠯᠪᠡᠷᠢ ᠬᠠᠭᠤᠷᠠᠮᠰᠢᠭ ᠬᠡᠯᠪᠡᠷᠢᠲᠡᠢ᠂ ᠦᠨᠳᠦᠷ ᠨᠢ 324 cm᠂ ᠰᠢᠷᠬᠡᠭ ᠦᠨ ᠦᠨᠳᠦᠷ ᠨᠢ 163cm ᠪᠣᠯᠤᠨ᠎ᠠ ᠃ ᠨᠠᠪᠴᠢ ᠶᠢᠨ ᠲᠣᠭ᠎ᠠ ᠨᠢ
ᠪᠠᠲᠤᠯᠠᠭᠳᠠᠭᠰᠠᠨ᠂ 2007 ᠣᠨ ᠳᠤ ᠪᠠᠲᠤᠯᠠᠭᠰᠠᠨ ᠦᠦᠯᠡ ᠣᠨ ᠤ ᠦᠷ᠎ᠡ ᠲᠠᠷᠢᠮᠠᠯ ᠳᠤ ᠲᠣᠬᠢᠷᠠᠮᠵᠢᠲᠠᠢ ᠃ ᠪᠠᠲᠤᠯᠠᠭᠰᠠᠨ ᠣᠷᠣᠨ ᠤ ᠲᠠᠷᠢᠬᠤ ᠳᠤ ᠲᠣᠬᠢᠷᠠᠮᠵᠢᠲᠠᠢ ᠃
ᠬᠠᠮᠢᠶᠠᠷᠠᠨ ᠲᠠᠷᠢᠯᠲᠠ ᠶᠢᠨ ᠦᠨᠳᠦᠷ ᠰᠢᠷᠬᠡᠭ ᠦᠨ ᠲᠠᠷᠢᠯᠭ᠎ᠠ ᠶᠢᠨ ᠲᠣᠭᠲᠠᠭᠤᠯᠤᠯᠲᠠ ᠃ ᠪᠠᠲᠤᠯᠠᠭᠰᠠᠨ ᠨᠢ ᠲᠠᠷᠢᠯᠲᠠ ᠶᠢᠨ ᠰᠢᠨᠵᠢᠯᠡᠯ ᠦᠨ ᠨᠠᠷᠢᠨ ᠪᠠᠢᠳᠠᠯ ᠨᠢ ᠰᠠᠶᠢᠨ
13. ᠪᠠᠢ ᠬᠠᠷᠠ ᠬᠠᠮᠢᠶᠠᠷᠠᠨ ᠲᠠᠷᠢᠮᠠᠯ 208

14. 辽青85

青贮玉米专用品种。由辽宁省农业科学院玉米研究所培育。1994年通过国家牧草品种审定委员会审定。可在辽宁省南部地区和海河以南地区种植。

植物学特征：株高约307 cm，茎粗约3 cm，全株26片叶。果穗圆锥形，长20.3 cm，粗4.5 cm。植株高大，生长繁茂，青饲料产量高，生育期约134天。

栽培特性：高抗倒伏，在一些地区抗盐碱性能突出，叶片深绿，持绿性好，生长势强。高抗病。平均产青饲料35 988 kg/667 m^2。种植密度3 000 ～ 6 000株/667 m^2；对土壤肥力要求不高。生育期偏晚。

15. 雅玉青贮26

青贮玉米专用品种。2006年国家审定品种。由四川雅玉科技开发有限公司选育。适宜在北京、天津、山西北部、吉林中南部、辽宁东部、内蒙古呼和浩特、新疆北部等春玉米区和安徽北部、陕西中部夏玉米区种植，纹枯病重发区慎用。

植物学特性：株型平展，株高362 cm，穗位高151 cm，成株叶片数18片。幼苗叶鞘浅紫色，叶片绿色，叶缘绿色，花药紫色，颖壳浅紫色。花丝绿色，果穗筒型，穗长19 ～ 21 cm，穗轴白色，籽粒黄色。中性洗涤纤维含量47.04%，酸性洗涤纤维含量23.48%，粗蛋白含量7.78%。

栽培特性：出苗至青贮收获期比对照农大108（北京春播120天，夏播108天）晚5天左右。抗病性良好。两年区域试验平均生物产量（干重）1 322.9 kg/667 m^2。适宜密度4 000株/667 m^2左右。

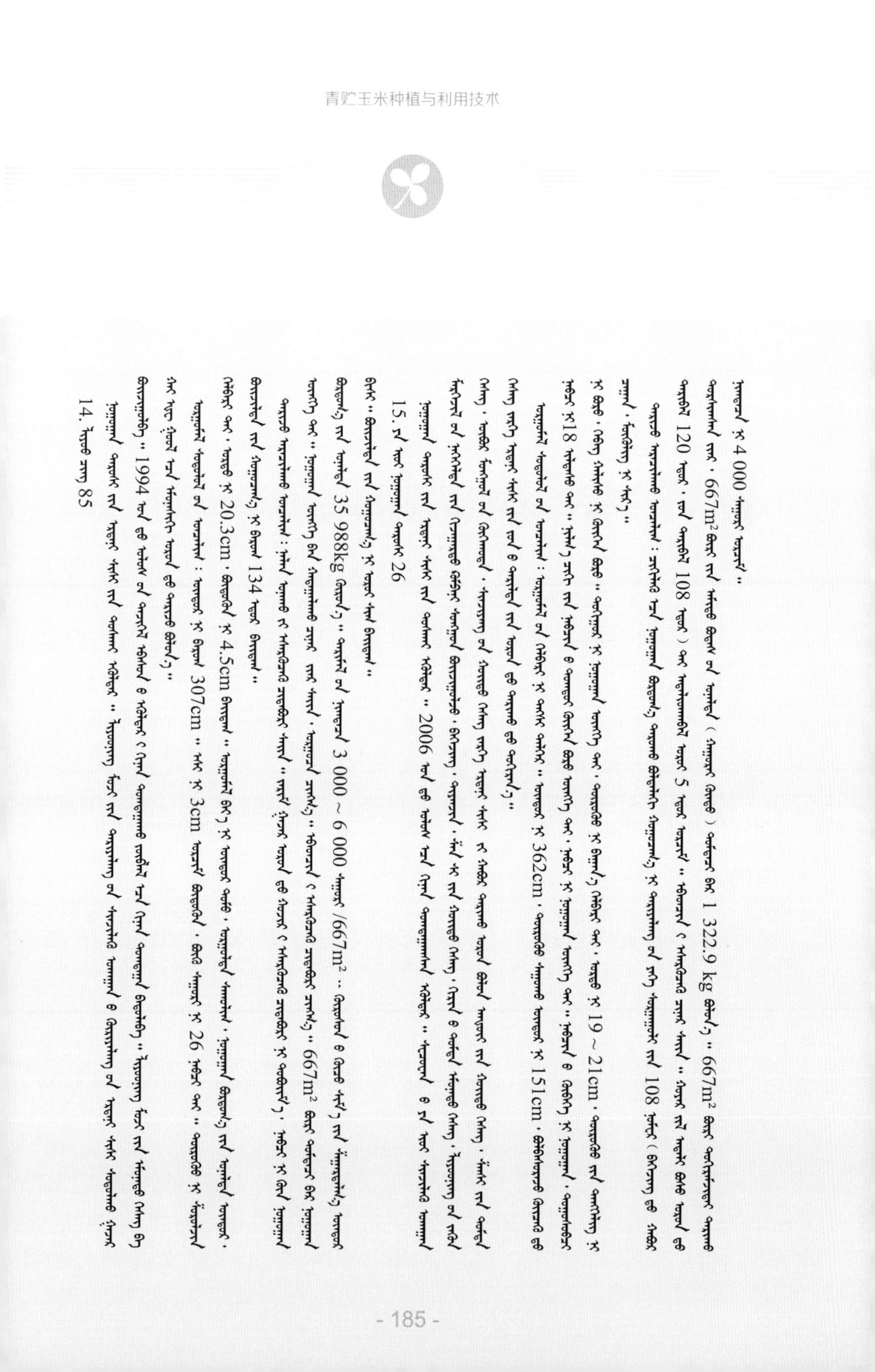

14. [illegible] 85

[illegible] 1994 [illegible]

[illegible] 20.3cm [illegible] 4.5cm [illegible] 307cm [illegible] 3cm [illegible] 26 [illegible]

[illegible] 134 [illegible]

[illegible] 35 988kg [illegible] 3 000 ~ 6 000 [illegible] /667m² [illegible] 667m² [illegible]

15. [illegible] 26

[illegible] 2006 [illegible]

[illegible] 362cm [illegible] 151cm [illegible]

[illegible] 18 [illegible] 19 ~ 21cm [illegible]

[illegible] 120 [illegible] 108 [illegible] 5 [illegible] 108 [illegible]

[illegible] 667m² [illegible] 1 322.9 kg [illegible] 667m² [illegible]

[illegible] 4 000 [illegible]

16. 中农大青贮67

青贮专用玉米品种。由中国农业大学选育而成的新品种。2005年国家审定品种。适宜在北京、天津、山西北部春玉米区及上海、福建中北部种植，丝黑穗病高发区慎用。

植物学特征：株型半紧凑，株高293 ～ 320 cm，成株叶片数23片左右。幼苗叶鞘浅紫色，叶片绿色，叶缘绿色。雄蕊浅紫色，颖壳浅紫色，穗轴白色籽粒黄色。中性洗涤纤维含量41.37%；酸性洗涤纤维含量19.93%；粗蛋白质含量8.92%。

栽培特性：在东北地区出苗至成熟133天。平均生物产量，鲜重4 516.31 kg/667 m^2。适宜密度为3 000 ～ 3 300株/667 m^2，注意防治丝黑穗病、纹枯病。

17. 京科青贮932

青贮玉米专用品种。由北京市农林科学院玉米研究中心培育。2018年国家审定品种。适宜在东北和华北中晚熟春玉米区种植，吉林、内蒙古、山西、河北、北京市春播区、天津市春播区种植。

植物学特征：株型半紧凑，株高308 cm。幼苗叶鞘紫色。中抗病。粗蛋白含量7.66% ～ 8.20%，淀粉含量30.07% ～ 31.93%，中性洗涤纤维含量41.58% ～ 41.98%，酸性洗涤纤维含量15.32% ～ 16.99%。

栽培特性：中晚熟青贮玉米，出苗至收获期125天。平均生物产量（干重）1 481.4 kg/667 m^2。中等肥力以上地块栽培，春播播种期4月中下旬，种植密度4 000 ～ 4 500株/667 m^2。品种生物产量高，抗倒性好，抗病性强，纤维品质优。

[illegible] · [illegible] 4 [illegible] · 667m² [illegible] 4 000 ~ 4 500 [illegible] 667m² [illegible] ([illegible]) 1 481.4 kg [illegible]

[illegible] 125 [illegible] 41.58% ~ 41.98% · [illegible] 15.32% ~ 16.99% [illegible] 7.66% ~ 8.20% · [illegible] 30.07% ~ 31.93% ·

[illegible] 308cm [illegible] 2018 [illegible]

17. [illegible] 932

[illegible] 4 516.31 kg [illegible] 3 000 ~ 3 300 [illegible] /667m² [illegible]

[illegible] 133 [illegible] 667m² [illegible] 41.37% · [illegible] 19.93% · [illegible] 8.92%

[illegible]

[illegible] 293 ~ 320cm · [illegible] 23 [illegible] 2005 [illegible]

16. [illegible] 67

18. 晋单青贮42

青贮玉米专用品种。由山西省强盛种业有限公司选育。2001年山西省审定品种，2005年国家审定品种。适宜在北京、天津、河北、辽宁东部、吉林中南部、内蒙古中西部、上海、福建中北部、四川中部、广东中部春播区和山东中南部、河南中部、陕西关中夏播区。

植物学特征:株型半紧凑，株高275 cm，成株叶片数21片。幼苗叶鞘紫色，叶片绿色，叶缘绿色，花药淡红色，颖壳淡绿色。花丝淡绿色，穗轴红色，籽粒黄色。中性洗涤纤维含量41.25% ～ 46.45%，酸性洗涤纤维含量19.17% ～ 21.31%，粗蛋白含量7.66% ～ 8.41%。

栽培特性：需有效积温2 800℃以上。抗倒伏，抗病良好。平均生物产量（干重）1 389.76 kg/667 m^2。在东北、华北和南方地区种植，适宜密度3 500株/667 m^2左右；在黄淮海地区种植，适宜密度4 500株/667 m^2左右。出苗至青贮收获106天，注意适时收获。

19. 西蒙919

青贮玉米专用品种。由内蒙古西蒙种业有限公司、宁夏钧凯种业有限公司选育。2017年内蒙古自治区审定品种。适宜在内蒙古自治区青贮玉米种植区种植。

植物学特征：株型半紧凑，株高311 cm，总叶片数23，收获时平均叶片数12。幼苗叶鞘紫色，叶片绿色，颖壳绿紫色，花药黄色，花丝黄色。果穗长筒型，穗轴红色，籽粒黄色。高中抗病性，中性洗涤纤维含量36.3%，酸性洗涤纤维含量15.51%，粗蛋白8.38%，纤维品质为优。

[illegible] 15.51%᠂ [illegible] 8.38%᠂ [illegible] ᠃ [illegible] ᠃ [illegible] 36.3%᠂ [illegible] ᠃ [illegible] ᠃ [illegible] 12 ᠃ [illegible] 311cm᠂ [illegible] 23᠂ [illegible]

[illegible] ᠃ [illegible] 2017 [illegible] ᠃ [illegible]

19. [illegible] 919

[illegible] ᠃ [illegible] 4 500 [illegible] ᠃ [illegible] 106 [illegible] 667m² [illegible] 3500 [illegible] 667m² [illegible] 667m² [illegible] 1 389.76 kg ᠃ [illegible]

[illegible] 2 800℃ [illegible] ᠃ [illegible] 19.17%～21.31%᠂ [illegible] 7.66%～8.41% [illegible] ᠃ [illegible] 41.25%～46.45%᠂ [illegible]

[illegible] 275 cm᠂ [illegible] 21 [illegible] ᠃

[illegible] 2005 [illegible] ᠃ [illegible]

[illegible] 2001 18. [illegible] 42

栽培特性：出苗至成熟124天。2014年平均生物产量鲜重6 570.1 kg/667 m^2；2015年平均生物产量鲜重5 871.2 kg/667 m^2；2016年平均生物产量鲜重4 702.6 kg/667 m^2。4月15日左右播种；栽培密度5 000株/667 m^2。播前种子应进行包衣处理，以便减轻病虫害，早管理、勤锄草，适时灌溉。注意防治玉米螟。

20. 金岭青贮10

通用型青贮玉米品种。由吉林省金波青贮玉米种业有限公司、内蒙古农业大学、赤峰市草原工作站、林西县草原工作站共同培育。2011年内蒙古自治区第一届草品种审定委员会审定通过。适宜在内蒙古、黑龙江、吉林、辽宁、宁夏、甘肃、新疆等区域春播区种植，属中晚熟青贮玉米品种。

植物学特征：株高340 ~ 360 cm，全株叶片数20片。中性洗涤纤维41.26%，酸性洗涤纤维19.62%，粗蛋白9.58%，粗脂肪3.85%，粗纤维18.63%。

出苗至青贮收获（蜡熟期）120天左右，需活动积温2 750℃。一般蜡熟期全株收获鲜重5 500 kg/667 m^{2}左右，水肥、地力条件好的可达6 500 kg/667 m^2。种植密度为保苗4 500株/667 m^2。

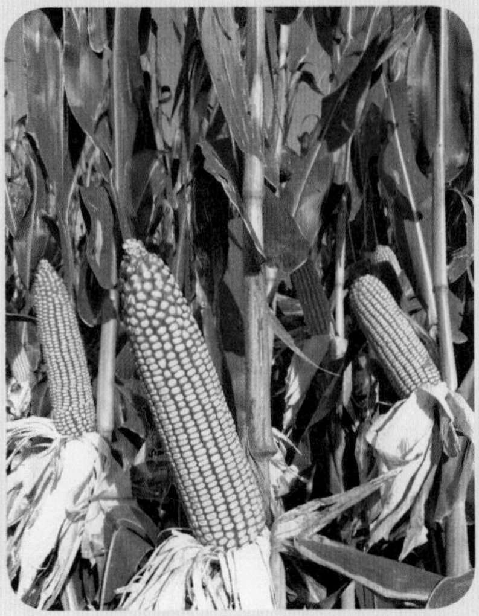

金岭青贮10

667m² ᠭᠠᠵᠠᠷ ᠤᠨ ᠨᠡᠢᠲᠡ ᠪᠦᠲᠦᠭᠡᠯ 4 500 ᠺᠢᠯᠣᠭ᠍ᠷᠠᠮ ᠃

ᠰᠠᠢᠵᠢᠷᠠᠭᠤᠯᠬᠤ ᠨᠢ 667m² ᠭᠠᠵᠠᠷ ᠤᠨ ᠲᠠᠷᠢᠯᠲᠠ ᠶᠢᠨ ᠨᠢᠭᠲᠠᠷᠠᠴᠠ/5 500kg ᠪᠠᠢᠬᠤ ᠳᠤ ᠲᠣᠬᠢᠷᠠᠮᠵᠢᠲᠠᠢ ᠃ ᠲᠠᠷᠢᠬᠤ ᠪᠠᠭᠤᠷᠠᠢ ᠳᠤ ᠨᠢᠭᠲᠠᠷᠠᠴᠠ ᠶᠢᠨ ᠬᠡᠮᠵᠢᠶ᠎ᠡ 6 500kg ᠪᠠᠢᠬᠤ ᠪᠣᠯᠤᠨ᠎ᠠ ᠃

ᠰᠠᠢᠵᠢᠷᠠᠭᠤᠯᠬᠤ ᠬᠤᠭᠤᠴᠠᠭ᠎ᠠ ᠪᠣᠯᠪᠠᠰᠤᠷᠠᠯ ᠤᠨ ᠡᠳᠦᠷ ᠨᠢ 120 ᠡᠳᠦᠷ ᠬᠦᠷᠳᠡᠭ ᠂ ᠬᠤᠷᠢᠶᠠᠩᠭᠤᠢ ᠢᠯᠴᠢ 2 750°C ᠬᠡᠷᠡᠭᠰᠡᠨ᠎ᠡ ᠃ ᠦᠨᠳᠦᠰᠦᠨ ᠦᠵᠦᠭᠦᠷ ᠂ ᠰᠢᠷᠬᠡᠭ ᠲᠠᠭᠠᠢ ᠪᠦᠳᠦᠭᠦᠨ ᠡᠬᠡ ᠮᠥᠩᠭᠡᠯᠢᠭ 9.58% ᠂ ᠪᠦᠳᠦᠭᠦᠨ ᠲᠣᠰᠣ ᠲᠠᠷᠤᠭ 3.85% ᠂ ᠪᠦᠳᠦᠭᠦᠨ ᠰᠢᠷᠬᠡᠭ 18.63% ᠃

ᠳᠤᠮᠳᠠᠳᠤ ᠬᠦᠴᠢᠯ ᠤᠭᠤᠰᠬᠠᠬᠤ ᠰᠢᠷᠬᠡᠭ 41.26% ᠂ ᠬᠦᠴᠢᠯ ᠤᠭᠤᠰᠬᠠᠬᠤ ᠰᠢᠷᠬᠡᠭ 19.62% ᠂ ᠪᠦᠳᠦᠭᠦᠨ ᠴᠠᠭᠠᠯᠢᠭ 9.58% ᠂ ᠪᠦᠳᠦᠭᠦᠨ ᠰᠢᠷᠬᠡᠭ ᠤᠨ ᠡᠬᠡ ᠮᠥᠩᠭᠡᠯᠢᠭ ᠪᠠᠶᠢᠨ᠎ᠠ ᠃ ᠮᠣᠴᠢ ᠶᠢᠨ ᠥᠨᠳᠦᠷ ᠨᠢ : ᠮᠣᠴᠢ ᠶᠢᠨ ᠥᠨᠳᠦᠷ 340 ~ 360cm ᠂ ᠨᠠᠪᠴᠢ ᠶᠢᠨ ᠲᠣᠭ᠎ᠠ ᠪᠣᠯ 20 ᠣᠷᠴᠢᠮ ᠪᠣᠯᠤᠨ᠎ᠠ ᠃ ᠬᠣᠷᠣᠭᠠᠴᠠ ᠶᠢᠨ ᠡᠰᠡᠷᠭᠦᠴᠡᠬᠦ ᠴᠢᠳᠠᠪᠬᠢ ᠨᠢ ᠰᠠᠶᠢᠨ ᠃

ᠲᠠᠷᠢᠯᠲᠠ ᠶᠢᠨ ᠣᠷᠤᠨ ᠨᠤᠲᠤᠭ ᠤᠳᠠ ᠪᠠᠷ ᠪᠠᠲᠤᠯᠠᠭᠳᠠᠭᠰᠠᠨ ᠲᠠᠷᠢᠯᠲᠠ ᠶᠢᠨ ᠣᠷᠤᠨ ᠨᠤᠲᠤᠭ ᠤᠨ ᠪᠠᠷᠤᠭ ᠢ ᠬᠠᠮᠤᠷᠤᠨ᠎ᠠ ᠃ ᠬᠠᠶᠢᠯᠠᠷ ᠂ ᠬᠥᠭᠡᠬᠣᠲᠠ ᠂ ᠪᠠᠭᠤᠲᠤ ᠂ ᠣᠷᠳᠤᠰ ᠂ ᠪᠠᠶᠠᠨᠨᠠᠭᠤᠷ ᠂ ᠤᠯᠠᠭᠠᠨᠴᠠᠪ ᠳᠣᠷᠤᠭᠰᠢ ᠪᠢᠳᠡ ᠬᠣᠣᠰ ᠲᠠᠷᠢᠯᠲᠠ ᠶᠢᠨ ᠣᠷᠤᠨ ᠳᠤ ᠲᠣᠬᠢᠷᠠᠮᠵᠢᠲᠠᠢ ᠃ 2011 ᠣᠨ ᠳᠤ ᠮᠣᠩᠭᠤᠯ ᠤᠨ ᠥᠪᠡᠷᠲᠡᠭᠡᠨ ᠵᠠᠰᠠᠬᠤ ᠣᠷᠤᠨ ᠤ ᠤᠷᠢᠭᠤᠯᠠᠭᠰᠠᠨ ᠲᠠᠷᠢᠯᠲᠠ ᠶᠢᠨ ᠰᠣᠷᠢᠯ ᠢ ᠪᠠᠲᠤᠯᠠᠭᠰᠠᠨ ᠬᠣᠣᠰ ᠢ ᠡᠭᠦᠯ ᠪᠣᠯᠭᠠᠨ ᠰᠠᠶᠢᠰᠢᠶᠠᠭᠳᠠᠵᠤ ᠂ ᠰᠢᠯᠢᠨᠭᠣᠯ ᠂ ᠬᠢᠩᠭᠠᠨ ᠠᠶᠢᠮᠠᠭ ᠤᠨ ᠪᠠᠷᠠᠭᠤᠨ ᠥᠮᠡᠷᠡᠳᠦ ᠲᠠᠷᠢᠯᠲᠠ ᠶᠢᠨ ᠣᠷᠤᠨ ᠳᠤ ᠂ ᠮᠣᠩᠭᠤᠯ ᠤᠨ ᠥᠪᠡᠷᠲᠡᠭᠡᠨ ᠵᠠᠰᠠᠬᠤ ᠣᠷᠤᠨ ᠤ ᠲᠥᠪ ᠬᠡᠰᠡᠭ ᠤᠨ ᠲᠠᠷᠢᠯᠲᠠ ᠶᠢᠨ ᠣᠷᠤᠨ ᠳᠤ ᠲᠣᠬᠢᠷᠠᠮᠵᠢᠲᠠᠢ ᠃

20. ᠭᠠᠨ ᠶᠡᠬᠡ ᠰᠢᠷᠬᠡᠭᠲᠦ ᠬᠣᠯᠢᠮᠠᠭ ᠲᠡᠵᠢᠭᠡᠯ ᠦᠨ ᠡᠭᠦᠯ ᠵᠡᠭᠦᠮᠡ 10

ᠰᠣᠷᠢᠯ ᠤᠨ ᠭᠠᠷᠤᠯ ᠤᠨ ᠭᠠᠵᠠᠷ : ᠭᠠᠨ ᠶᠡᠬᠡ ᠰᠢᠷᠬᠡᠭᠲᠦ ᠤᠷᠢᠭᠤᠯᠤᠨ ᠥᠰᠬᠡᠯᠲᠡ ᠶᠢᠨ ᠬᠣᠷᠢᠶ᠎ᠠ ᠳᠤ ᠤᠷᠢᠭᠤᠯᠤᠨ ᠪᠣᠯᠪᠠᠰᠤᠷᠠᠭᠤᠯᠤᠭᠰᠠᠨ ᠠ ᠃ ᠲᠠᠷᠢᠬᠤ ᠪᠠᠶᠢᠳᠠᠯ ᠂ ᠲᠠᠷᠢᠯᠲᠠ ᠶᠢᠨ ᠬᠡᠮᠵᠢᠶ᠎ᠡ ᠂ ᠨᠠᠪᠴᠢ ᠶᠢᠨ ᠪᠠᠶᠢᠳᠠᠯ ᠂ ᠬᠤᠷᠢᠶᠠᠬᠤ ᠂ ᠲᠡᠵᠢᠭᠡᠯ ᠦᠨ ᠴᠢᠨᠠᠷ ᠤᠨ ᠰᠢᠯᠭᠠᠯᠲᠠ ᠳᠤ ᠲᠡᠨᠴᠡᠭᠦ ᠪᠠᠶᠢᠨ᠎ᠠ ᠃ ᠲᠡᠷᠢᠭᠦᠨ ᠣᠨ ᠤ ᠲᠤᠷᠰᠢᠯᠲᠠ ᠶᠢᠨ ᠳᠤᠮᠳᠠᠴᠢ ᠪᠦᠲᠦᠭᠡᠯ ᠪᠣᠯ 4 702.6 kg ᠪᠣᠯᠤᠨ᠎ᠠ ᠃ 4 ᠣᠨ ᠤ 15 ᠤ ᠲᠤᠷᠰᠢᠯᠲᠠ ᠶᠢᠨ ᠴᠡᠭ ᠲᠦ ᠪᠡᠨ ᠃ ᠨᠡᠢᠲᠡ ᠪᠦᠲᠦᠭᠡᠯ ᠨᠢ 5 000 ᠺᠢᠯᠣᠭ᠍ᠷᠠᠮ/667m² ᠃ ᠨᠡᠢᠲᠡ ᠶᠢᠨ ᠬᠡᠮᠵᠢᠶ᠎ᠡ ᠶᠢᠨ ᠳᠤᠮᠳᠠᠴᠢ ᠪᠦᠲᠦᠭᠡᠯ ᠪᠣᠯ 4 702.6 kg ᠪᠣᠯᠵᠠᠢ ᠃ 4 ᠣᠨ ᠤ 15 ᠤ ᠲᠤᠷᠰᠢᠯᠲᠠ ᠶᠢᠨ ᠴᠡᠭ ᠲᠦ ᠪᠡᠨ ᠃ 2015 ᠣᠨ ᠳᠤ 667m² ᠭᠠᠵᠠᠷ ᠤᠨ ᠨᠣᠭᠤᠭᠠᠨ ᠲᠠᠷᠢᠯᠲᠠ ᠶᠢᠨ ᠳᠤᠮᠳᠠᠴᠢ ᠪᠦᠲᠦᠭᠡᠯ 5 871.2 kg ᠪᠣᠯᠪᠠ ᠃ 2016 ᠣᠨ ᠳᠤ 667m² ᠭᠠᠵᠠᠷ ᠤᠨ ᠨᠣᠭᠤᠭᠠᠨ ᠲᠠᠷᠢᠯᠲᠠ ᠶᠢᠨ ᠳᠤᠮᠳᠠᠴᠢ ᠪᠦᠲᠦᠭᠡᠯ ᠪᠣᠯ 6 570.1kg ᠪᠣᠯᠪᠠ ᠃

ᠨᠡᠢᠲᠡ ᠶᠢᠨ ᠲᠤᠷᠰᠢᠯᠲᠠ : ᠰᠠᠢᠵᠢᠷᠠᠭᠤᠯᠬᠤ ᠬᠤᠭᠤᠴᠠᠭ᠎ᠠ ᠪᠣᠯᠪᠠᠰᠤᠷᠠᠯ ᠤᠨ ᠡᠳᠦᠷ ᠨᠢ 124 ᠡᠳᠦᠷ ᠃ 2014 ᠣᠨ ᠳᠤ ᠂ 667m² ᠭᠠᠵᠠᠷ ᠤᠨ ᠨᠣᠭᠤᠭᠠᠨ ᠲᠠᠷᠢᠯᠲᠠ ᠶᠢᠨ ᠳᠤᠮᠳᠠᠴᠢ ᠪᠦᠲᠦᠭᠡᠯ ᠪᠣᠯ 6 570.1kg

21. 高油4515

高油型青贮玉米品种。2005年通过北京市品种审定，北京地区春播种植。由中国农业大学选育。

植物学特征：株高305 cm，穗位133 cm，穗位下部叶鞘紫色，浅紫颖壳，浅紫花药，浅紫花丝。叶片数23片。幼苗叶鞘浅紫。叶片宽大，波浪明显，深绿色，穗位以上叶片半紧凑。籽粒黄色。含油率8.1%～8.51%。籽粒粗蛋白含量10.02%，粗脂肪含量7.69%，粗淀粉含量69.79%。

栽培特性：北京地区春播生育期平均125.2天。生产试验平均产590.7 kg/667 m^2。种植密度3 000～3 300株/667 m^2为宜。肥料管理应以基肥为主，及时除草，要防治玉米螟，适时晚收。植株健壮，根系发达，抗倒伏能力中等，抗病性强，保绿性好。

22. 青油1号

高油型青贮玉米品种。由中国农业大学、国家玉米改良中心选育的高油型青贮玉米新品种。省级审定品种，籽粒及秸秆双优质。

植物学特征：株型松散，株高330 cm左右，穗位高145 cm左右;果穗筒形，穗长25 cm左右，穗粗5 cm左右；穗轴白色，籽粒黄色，千粒重350 g；籽粒品质好，粗蛋白质含量8.1%。含油量8.6%，比普通玉米高4.6%，达到国家高油玉米标准。青贮品质优良，中性洗涤纤维含量平均为44.32%，达到国际纤维品质最高级一优良级标准。

栽培特性：抗病性高，持绿性强。春播生育期130天左右，夏播生育期100天左右。一般生物产量6 000 kg/667 m^2，高产可达8 000 kg/667 m^2。

ᠰᠢᠨᠵᠢ ᠴᠢᠨᠠᠷ ᠤᠨ ᠣᠨᠴᠠᠯᠢᠭ: ᠢᠳᠡᠭᠡᠯ ᠦᠨ ᠦᠨᠳᠦᠷ ᠢᠨᠦ 305cm ᠂ ᠰᠤᠮᠪᠤᠯ ᠤᠨ ᠪᠠᠢᠷᠢ ᠦᠨᠳᠦᠷ ᠢᠨᠦ 133cm ᠂ ᠰᠤᠮᠪᠤᠯ ᠤᠨ ᠤᠷᠲᠤ ᠨᠢ ᠵᠢᠭᠠᠷᠯᠠᠯ ᠤᠨ ᠪᠣᠭᠤᠨᠢ ᠬᠣᠪᠢ ᠨᠢ ᠪᠠᠭ᠎ᠠ ᠂ ᠬᠡᠷᠡᠭᠯᠡᠭᠡ ᠶᠢᠨ ᠬᠤᠭᠤᠴᠠᠭ᠎ᠠ ᠳᠤ ᠲᠣᠬᠢᠷᠠᠮᠵᠢᠲᠠᠢ ᠃

ᠪᠦᠲᠦᠭᠡᠭᠳᠡᠬᠦᠨ ᠦ 667m² ᠲᠤ ᠭᠠᠷᠴᠤ 590.7kg ᠃ ᠲᠠᠷᠢᠬᠤ ᠨᠢᠭᠲᠠᠷᠠᠭ 3 000 ~ 3 300 ᠮᠦᠴᠢ /667m² ᠪᠠᠶᠢᠯᠭᠠᠨ᠎ᠠ ᠃

ᠰᠢᠨᠵᠢ ᠴᠢᠨᠠᠷ ᠤᠨ ᠣᠨᠴᠠᠯᠢᠭ: ᠰᠢᠨᠵᠢ ᠴᠢᠨᠠᠷ ᠤᠨ ᠬᠡᠮᠵᠢᠶ᠎ᠡ ᠂ ᠢᠳᠡᠭᠡᠯ ᠦᠨ ᠦᠨᠳᠦᠷ ᠢᠨᠦ 330cm ᠂ ᠰᠤᠮᠪᠤᠯ ᠤᠨ ᠪᠠᠢᠷᠢ ᠦᠨᠳᠦᠷ ᠢᠨᠦ 145cm ᠃ ᠰᠤᠮᠪᠤᠯ ᠢ

ᠪᠠᠶᠢᠷᠢᠰᠢᠯ ᠪᠣᠯᠤᠨ᠎ᠠ ᠂ ᠰᠤᠮᠪᠤᠯ ᠤᠨ ᠤᠷᠲᠤ ᠨᠢ 25 cm ᠬᠦᠷᠦᠨ᠎ᠡ ᠂ ᠪᠦᠳᠦᠭᠦᠨ ᠢ 5cm ᠬᠦᠷᠦᠨ᠎ᠡ ᠃ ᠰᠤᠮᠪᠤᠯ ᠤᠨ ᠮᠦᠷ ᠢ ᠤᠳᠠᠭᠠᠨ ᠪᠦᠬᠦ ᠂ ᠦᠷ᠎ᠡ ᠶᠢ

ᠳᠤᠮᠳᠠ ᠪᠦᠬᠦ ᠂ ᠵᠠᠭᠤᠨ ᠦᠷ᠎ᠡ ᠶᠢᠨ ᠵᠢᠩ ᠨᠢ 350g ᠃ ᠦᠷ᠎ᠡ ᠶᠢᠨ ᠤᠤᠷᠠᠭ ᠂ ᠡᠮᠦᠨ ᠡᠷᠢᠯᠳᠡ ᠬᠡᠮᠵᠢᠶ᠎ᠡ 8.1% ᠃ ᠨᠡᠶᠢᠲᠡ ᠪᠦᠲᠦᠭᠡᠭᠳᠡᠬᠦᠨ

NDF ᠤᠨ ᠬᠡᠮᠵᠢᠶ᠎ᠡ ᠨᠡᠶᠢᠲᠡ ᠳᠤᠮᠳᠠᠵᠢ 44.32% ᠪᠣᠯᠤᠨ᠎ᠠ ᠂ ᠲᠡᠵᠢᠭᠡᠯ ᠦᠨ ᠴᠢᠨᠠᠷ ᠰᠠᠶᠢᠨ ᠲᠠᠢ ᠪᠣᠯᠤᠨ᠎ᠠ ᠃

ᠨᠣᠭᠣᠭᠠᠨ ᠤ ᠨᠡᠮᠡᠭᠳᠡᠯ ᠢ 130 ᠬᠤᠪᠢ ᠬᠦᠷᠦᠨ᠎ᠡ ᠂ ᠨᠡᠶᠢᠲᠡ ᠶᠢᠨ ᠨᠡᠮᠡᠭᠳᠡᠯ ᠢ 100 ᠬᠤᠪᠢ ᠬᠦᠷᠦᠨ᠎ᠡ ᠃ ᠲᠣᠰᠤ ᠶᠢᠨ ᠨᠣᠭᠣᠭᠠᠨ ᠦᠷ᠎ᠡ ᠶᠢᠨ ᠭᠠᠷᠴᠤ 6 000kg/

667m² ᠪᠣᠯᠤᠨ᠎ᠠ ᠂ ᠬᠠᠮᠤᠭ ᠦᠨᠳᠦᠷ ᠭᠠᠷᠴᠤ ᠢ 8 000kg/ 667m² ᠬᠦᠷᠴᠡᠢ ᠃

23. 青油2号

高油型青贮玉米品种。由中国农业大学、国家玉米改良中心选育的高油青贮型玉米新品种。籽粒及秸秆双优质。

植物学特性：株型平展，株高300 cm左右，穗位高140 cm左右；果穗筒形，穗长25 cm左右，穗粗5 cm左右；籽粒黄色，粗蛋白质含量8.2%，含油量8.6%左右，达到国家高油玉米标准，青贮品质优良。

栽培特性：抗病性高。叶色深绿，持绿性好，根系发达，高度抗倒。春播生育期130天左右，夏播100天左右。一般生物产量6 000 kg/667 m^2，高者可达8 000 kg/667 m^2。

（三）对选择品种的建议

1. 选择生物产量高的品种

（1）生物产量与品种：生物产量是指单位面积土地上获得的不包括根系的作物干物质的总量。青贮玉米生物产量是指原料含水量65% ～ 70%时的地上部分生物产量。生物产量与品种、栽培管理、青贮玉米的收割时间有关系。一般青贮玉米品种分为长、中、短熟期品种，熟期越长，产量越高。所以，选择品种要适合当地气候地理条件，要选择和当地积温条件相适应的品种。积温2 700℃以上可以选择长熟期品种，积温2 400 ～ 2 700℃选择中熟期品种，积温2 400℃以下可以选择短熟期品种。

（2）生物产量与栽培管理条件：青贮玉米的生物产量与栽培管理的技术有关。一般，高产的青贮玉米需要的水肥条件比粮食玉米更高一些，尤其是长熟期青贮玉米容易出现脱肥现象，所以生长后期注意追施氮肥，保持青贮玉米的营养和持绿性以获得更高的地上生物产量。

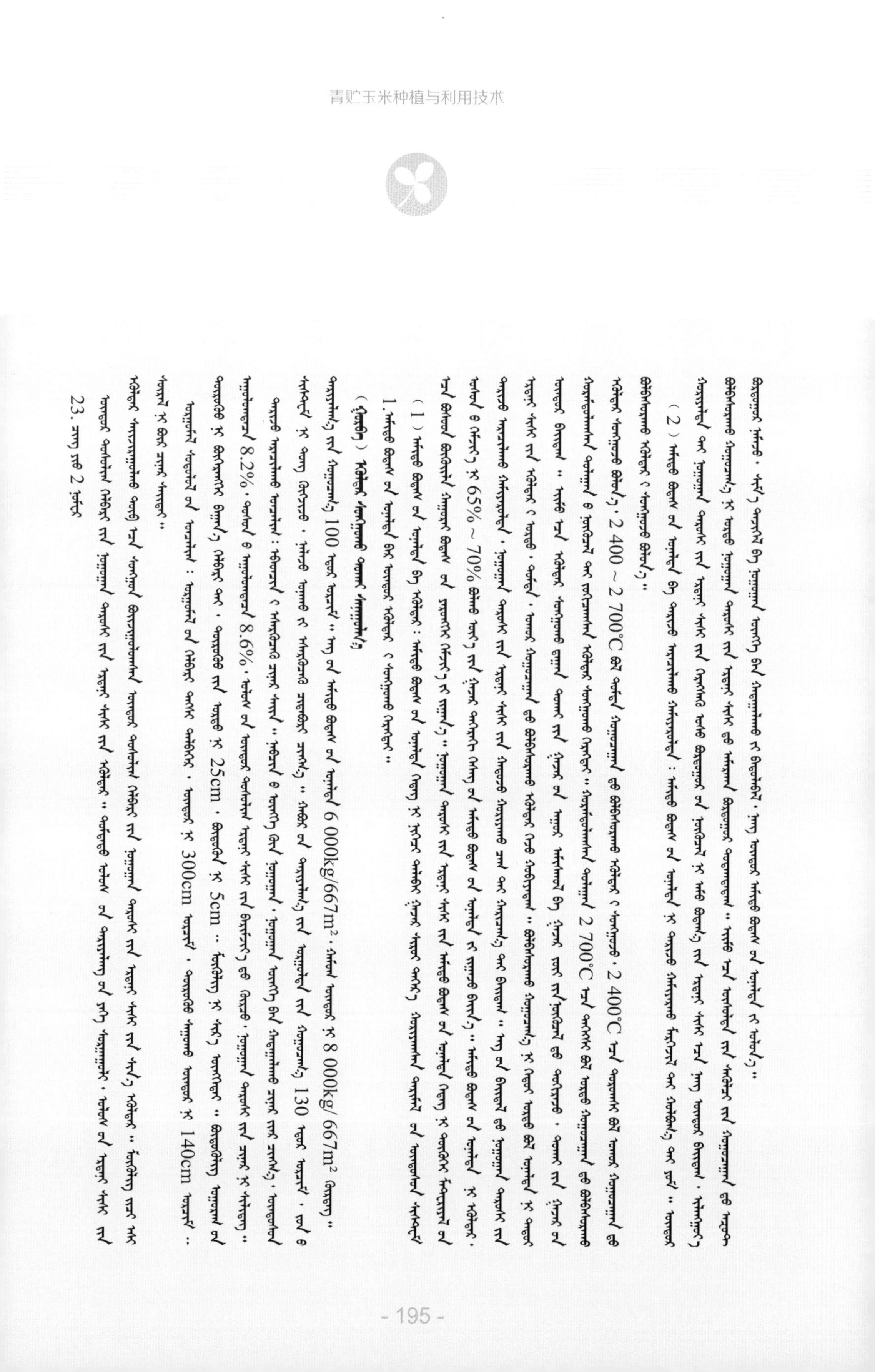

[illegible]

(2) [illegible]

[illegible] 2 400～2 700℃ [illegible] 2 400℃ [illegible] 2 700℃ [illegible]

[illegible] 65%～70% [illegible]

(1) [illegible]

1. [illegible]

(一) [illegible]

[illegible] 100 [illegible] 6 000kg/667m² [illegible] 8 000kg/ 667m² [illegible] 130 [illegible]

[illegible] 8.2% [illegible] 8.6% [illegible] 25cm [illegible] 5cm [illegible]

[illegible] 300cm [illegible] 140cm [illegible]

[illegible]

23. [illegible] 2 [illegible]

（3）生物产量与收割时间：青贮玉米一般在灌浆期产量达到最高，随后干物质营养积累增多，水分逐渐下降。当干物质积累到30%时候，水分在70%左右，此时收获青贮玉米时间适当。水分过高、过低均会影响青贮玉米的品质。

品种是收获生物产量的基础，但栽培管理与收获时间也对生物产量有影响。

2. 选择抗倒伏性好的品种

（1）抗倒伏性与品种：由于有些青贮玉米高大，穗位高达1.8 m以上。杂交一代的穗位整齐，均集中在0.5 m的空间范围，多风季节很容易倒伏。三交种后代有部分性状分离，分解风的压力，抗倒伏能力更强一些。一些BRM（褐色中脉）品种，虽然可消化营养较高，但较容易倒伏。粗纤维中半纤维素（柔性纤维）含量较低的品种更容易倒伏。

（2）倒伏与青贮产量和品质的关系：青贮玉米实际收获的产量是生产产量，就是说以收到青贮窖中的产量为准。目前，全世界还没有发明有效收获倒伏的青贮玉米收割机器，所以青贮玉米倒伏后没有办法有效收割，浪费和损失巨大。青贮玉米倒伏以后会把更多的杂菌和腐败菌带入青贮窖，青贮质量难以保证。

3. 选择营养含量高的品种

（1）干物质含量高：青贮玉米地上部分由水分和干物质组成。干物质包括粗纤维、粗蛋白质、粗脂肪、矿物质、维生素等。营养物质均包含在干物质中。青贮原料中，干物质含量30% ～ 35%、水分含量65% ～ 70%的青贮玉米利于乳酸菌发酵，青贮饲料品质好、营养含量高。

（2）粗纤维组成好，可消化率高：牛羊是反刍动物，可以消化粗纤维作为营养物质。青贮玉米粗纤维中纤维素和半纤维素含量高，可消化利用率高；而木质素含量高，消化吸收利用率低。所以，选择青贮玉米品种时要考虑纤维素中可消化粗纤维的比例，木质素含量低的品种为好。

（2）ᠮᠠᠰᠢᠨ ᠮᠧᠬᠠᠨᠢᠭ ᠢᠶᠠᠷ ᠬᠤᠷᠢᠶᠠᠬᠤ ᠄ ᠮᠠᠰᠢᠨ ᠪᠡᠷ ᠬᠤᠷᠢᠶᠠᠬᠤ ᠳᠤ ᠬᠤᠷᠢᠶᠠᠬᠤ᠂ ᠵᠢᠭᠠᠬᠤ ᠠᠵᠢᠯ ᠢ ᠨᠢᠭᠡ ᠤᠳᠠᠭ᠎ᠠ ᠳᠠᠭᠤᠰᠬᠠᠵᠤ ᠪᠣᠯᠬᠤ ᠃ ᠬᠤᠷᠢᠶᠠᠬᠤ ᠮᠠᠰᠢᠨ ᠢᠶᠠᠷ ᠬᠤᠷᠢᠶᠠᠬᠤ ᠳᠤ ᠬᠤᠷᠢᠶᠠᠬᠤ ᠮᠠᠰᠢᠨ ᠪᠠ ᠬᠠᠭᠠᠯᠠᠬᠤ ᠮᠠᠰᠢᠨ ᠢ ᠬᠡᠷᠡᠭᠯᠡᠨ᠎ᠡ ᠃ ᠵᠢᠱᠢᠶᠡᠯᠡᠪᠡᠯ ᠬᠤᠷᠢᠶᠠᠬᠤ ᠮᠠᠰᠢᠨ （ᠰᠢᠯᠢᠮᠡᠯ ᠬᠤᠷᠢᠶᠠᠬᠤ ᠮᠠᠰᠢᠨ）ᠤ ᠬᠤᠷᠢᠶᠠᠭᠰᠠᠨ ᠰᠢᠯᠢᠮᠡᠯ ᠢ ᠮᠠᠰᠢᠨ ᠪᠡᠷ ᠵᠦᠭᠡᠵᠦ ᠪᠣᠯᠬᠤ ᠃ ᠵᠢᠱᠢᠶᠡ ᠨᠢ BRM（ᠪᠦᠭᠦᠳᠡ ᠨᠠᠶᠢᠷᠠᠮᠳᠠᠬᠤ ᠤᠯᠤᠰ）ᠬᠤᠷᠢᠶᠠᠬᠤ ᠮᠠᠰᠢᠨ ᠢᠶᠠᠷ ᠬᠤᠷᠢᠶᠠᠬᠤ ᠳᠤ᠂ ᠬᠤᠷᠢᠶᠠᠬᠤ᠂ ᠵᠢᠭᠠᠬᠤ᠂ ᠴᠤᠬᠢᠬᠤ ᠠᠵᠢᠯ ᠢ ᠨᠢᠭᠡ ᠤᠳᠠᠭ᠎ᠠ ᠳᠠᠭᠤᠰᠬᠠᠨ᠎ᠠ ᠃ ᠦᠯᠡᠳᠡᠭᠰᠡᠨ ᠦᠨᠳᠦᠷ ᠨᠢ 0.5m ᠤᠨ ᠳᠣᠣᠷ᠎ᠠ᠂ ᠬᠤᠷᠢᠶᠠᠬᠤ ᠦᠷᠭᠡᠨ ᠨᠢ 1.8m ᠪᠠᠢᠳᠠᠭ ᠃

（3）有一定的淀粉含量：青贮玉米中的淀粉提供饲料营养中的能量。青贮玉米中的淀粉主要集中在籽粒中，没有籽实的青贮玉米能量非常低，营养价值较低。选择青贮玉米品种时一定考虑淀粉含量。基础母牛用青贮饲料中淀粉含量26%以上，奶牛和育肥牛用青贮饲料中淀粉含量30%以上为好。

除了以上，青饲、青贮玉米品种的选择还要求适口性好。通过利用添加剂、调制TMR等可以改善适口性。

总之，选择品种要从实用出发，切不可唯新是求。一些新品种没有在当地经过多年多点试验，能否适应当地的环境条件还不大清楚，种植风险相对较大。在当地经过3年或更长时间的试验示范以后，基本上可以知道该品种在当地的适应性。选择多年多点表现较好的品种，生产上出现各种灾难性损伤的可能性就较小。

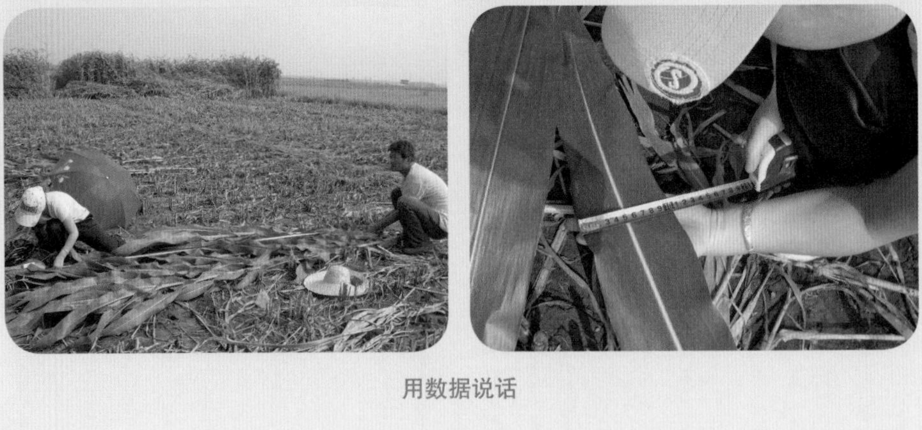

用数据说话

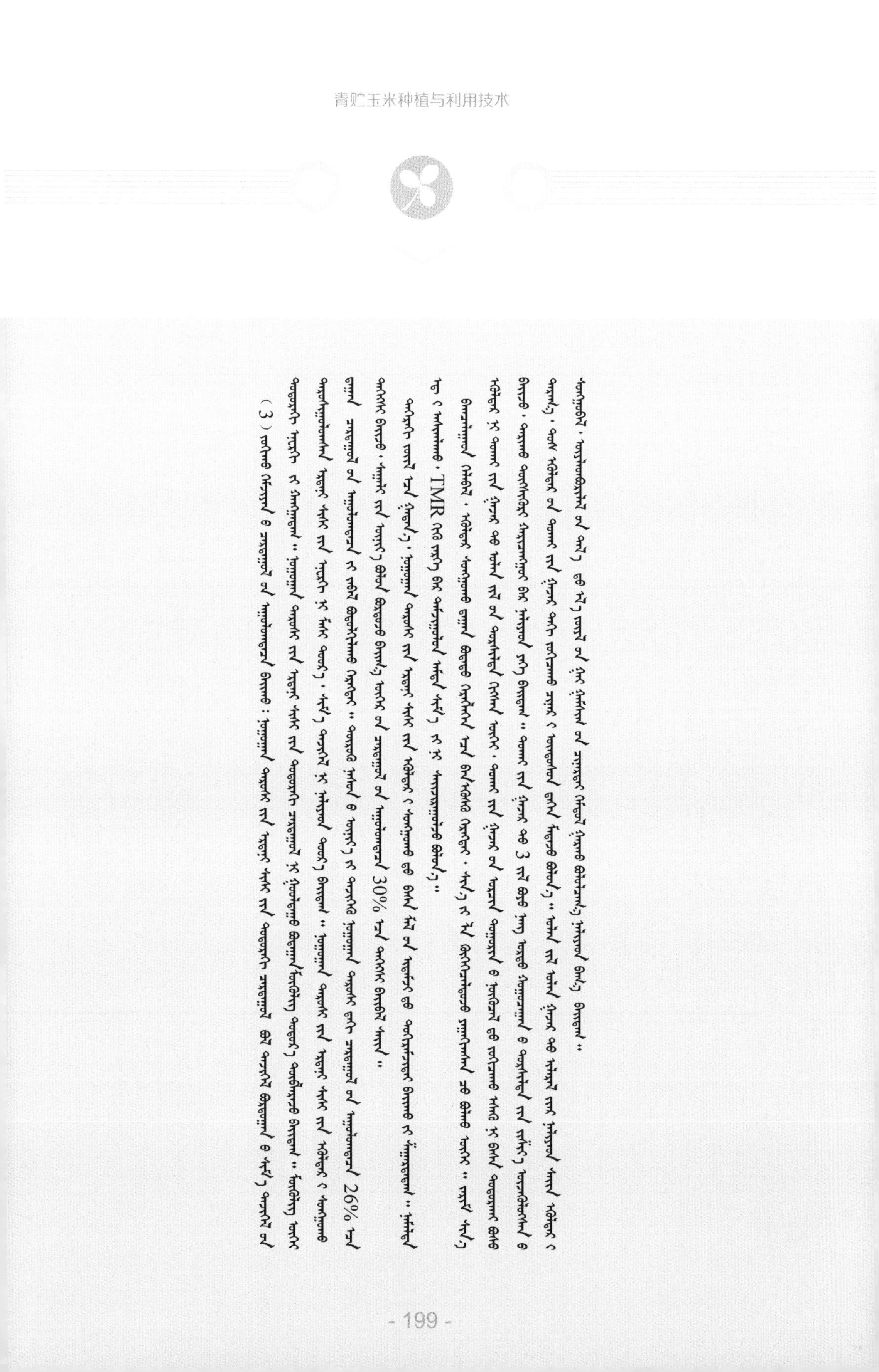

[illegible] … TMR … [illegible] … 30% … [illegible] … 26% … [illegible]

(3) [illegible]